パンダが来た道

The Way of the PANDA

人と歩んだ150年

ヘンリー・ニコルズ 著
遠藤秀紀 監修
池村千秋 訳

白水社

パンダが来た道

人と歩んだ１５０年

エドワードに捧げる

装幀／天野昌樹
装画／Rodney Moore, RRMWorks

パンダが来た道　人と歩んだ150年——目次

第3部 保護される動物

凡例

＊原著者による註は、本文中の該当箇所に（1）（2）と番号を振り、「原註」として巻末にまとめた。

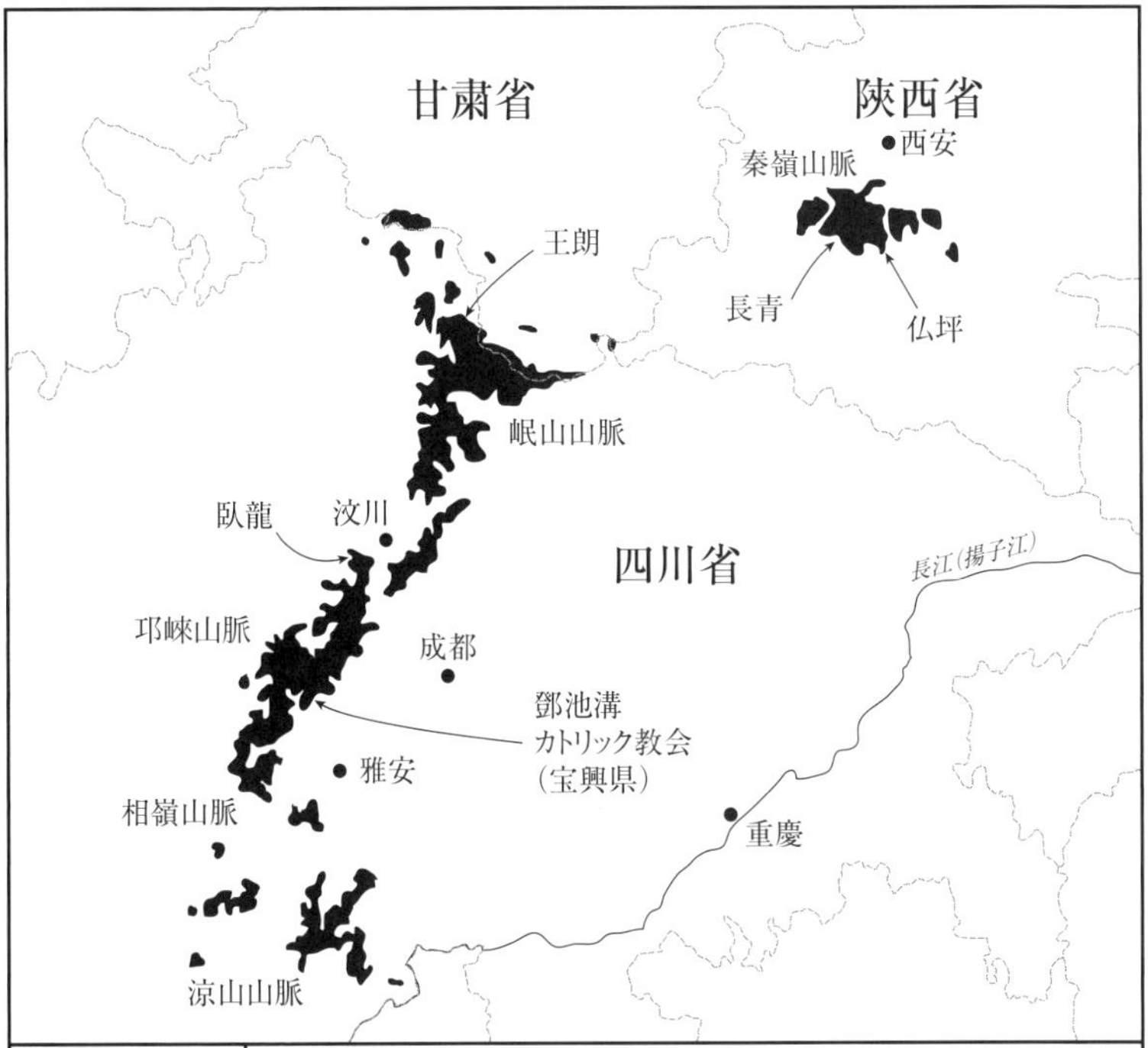

甘粛省
陝西省
西安
秦嶺山脈
王朗
長青
仏坪
岷山山脈
臥龍
汶川
四川省
長江（揚子江）
邛崍山脈
成都
鄧池溝
カトリック教会
（宝興県）
雅安
相嶺山脈
重慶
涼山山脈

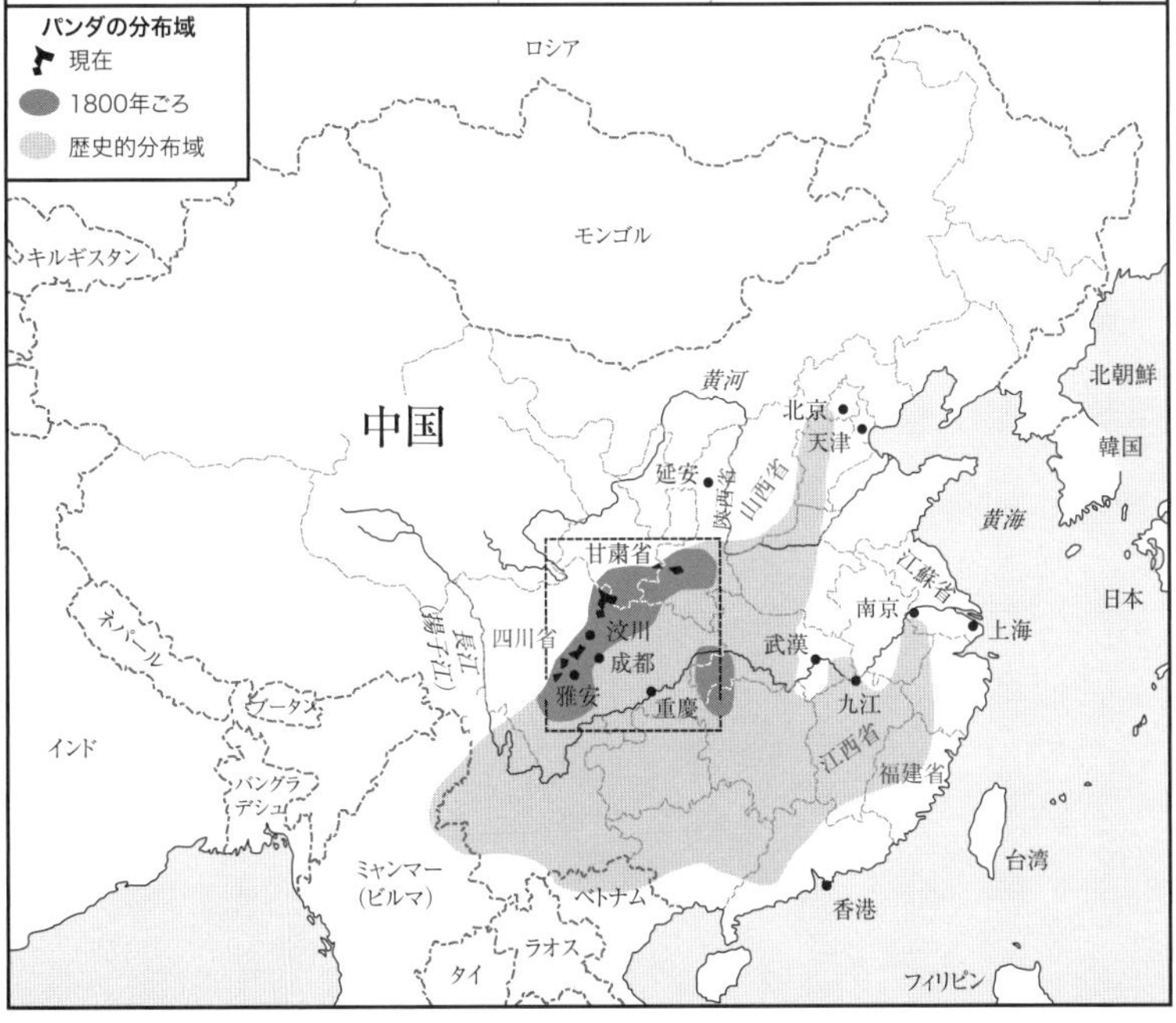

パンダの分布域
現在
1800年ごろ
歴史的分布域
ロシア
モンゴル
キルギスタン
中国
黄河
北京
天津
延安
陝西省
山西省
甘粛省
四川省
汶川
成都
雅安
重慶
長江（揚子江）
武漢
南京
上海
江蘇省
九江
江西省
福建省
ネパール
ブータン
インド
バングラデシュ
ミャンマー（ビルマ）
ベトナム
ラオス
タイ
香港
台湾
フィリピン
北朝鮮
韓国
黄海
日本

プロローグ

印象的な毛皮を別にすれば、ジャイアントパンダについては、白黒はっきりしていないことが意外に多い。どのような進化史的足跡をたどってきた動物なのか？　食べるものの九九％は竹なのに、どうして肉食獣に分類されるのか？　もし一般のイメージどおり生殖に興味がないのだとすれば、どうして何百万年もの間、子孫を残し続けてこられたのか？　そして、こんなに数が少なく、見つけにくい動物なのに、どうしてこれほど人気者になったのか？

最後の点は、ことのほか大きな謎に思える。この動物は、一八六九年まで中国の外では存在すら知られていなかったからだ（実は、中国の中でもほとんど知られていなかったらしい）。つまり、一五〇年足らずの間に、まったく無名だった動物が、世界で最も人気のある動物になったことになる。現在のように人間に愛される存在になるまでにかかった期間は、実質的にはおそらく一〇〇年に満たない。実に驚くべきことだと、私には思える。

動物学者のデズモンド・モリスと妻ラモナは、一九六六年の共著『パンダ』（邦訳・中央公論社）で、どうしてパンダがこれほど愛されるのかを考察した。[1]人間のように平面な顔、大きな黒い斑点に囲まれた目、人間の赤ちゃんを思わせる体形など、モリス夫妻が挙げた要因の多くは、確かに納得できる。しかし、私の興味は別の点にあった。歴史を通じて、パンダはどのように人間をとりこにしてきたのか？　どのような経緯で、人間はパンダに魅了されるようになったのか？　私が知りたいのはそういう点だった。ジャイアントパンダの歴史、言ってみれば「パンダが来た道」を可能なかぎり詳しく解き明かしたいと考えた。

私がこのテーマに関心をもった理由はいくつもあるが、最大の理由は、それがきわめて興味深い歴史物語だということだ。放っておくのがもったいないくらい魅力的なストーリーが、ここにはある。私は物書きとして、大勢の人が楽しんで読んでくれるものを書きたい。私にとって、この本の取材と執筆はとても楽しい経験だった。読者のみなさんにも、この類まれな動物がたどってきた紆余曲折の歴史物語を楽しんでいただければうれしい――というより、かならず楽しんでもらえるはずだと、密かに自負している。

パンダが来た道に光を当てようと思った理由はほかにもある。ジャイアントパンダは、人間の社会で絶大な人気を誇り、野生動物保護のシンボルになっていて、莫大なお金を動かす力もある。生物学的特徴を解明するために数多くの学術研究がなされており、保護のために各国の政治家が強い熱意を示してきた。こうした事情を考えれば意外ではないが、パンダが来た道を描き出すことにより、きわめて興味深い人類史も浮き彫りになる。また、ほとんど誰も知らない動物だったパンダが世界中で誰もが知っている動物になったのと同じように、中国という国も苦闘の末に植民地支配を抜け出し、いまや自立した経済大国にのし上がった。パンダについて考えることで、現代中国が世界の大国として台頭するまでの歴史も見えてくる。

このアイドル動物の歴史は、二十世紀を通じて動物や自然に対する人間の態度がどのように変わっていったのかも映し出す。人間は最初、パンダを狩り、毛皮を剥いだ。その後、生きたまま捕獲して動物園に展示し、大勢の観客を集めようと考えるようになった。そして今日では、野生の生息地で保護するために真剣な努力がなされている。このように、私たちの動物保護への意識はずいぶん高まったが、ジャイアントパンダについての人々の認識はどうだろう？　イギリスとアメリカではとくに、「ジャイアントパンダは適応力の低い動物で、絶滅しても仕方がない」というイメージをもたれがちだ。クリス・カットンは一九九〇年の著書『パンダ』（未邦訳）で、こう指摘している――「長年主流になってきたのは、ジャイアントパンダが環境に適応できていない動物で、種の存続に欠かせない機能に関してはほぼことごとく無力であるという考え方だ[2]」。

　たとえば、ＢＢＣ（英国放送協会）で自然史関連番組の進行役を務めているクリス・パッカムは二〇〇九年、「ラジオ・タイムズ」誌にこう述べている[3]。「この動物は、自業自得で進化の袋小路にはまり込んでいる。強い種とは言えない」。はたして、そこまで言い切れるだろうか？　パンダが――厳密に言えば、今のパンダによく似た先祖たちが――何百万年もの間、生き続けてきたことはまぎれもない事実だ。この期間は人類よりも長い。竹は、それを食べられる動物にとっては（知ってのとおり、パンダは竹を食べるのがとても上手だ）理想的なエサだ。人間のいない世界では（パンダは進化の過程のほとんどの期間、人間と接点がなかった）、竹は一年中、食べられる新芽を生やすのである。それに、パンダの生殖の仕方が人間と違うのは事実だが、その方法が人間より非効率だと断定する根拠はどこにもない。このように考えると、私はパンダが弱い種だと決めつける気にはなれない。

　しかしこれまでの経験を通して、私もわかっている。どんなに論理的に説明しても、ジャイアントパンダを物笑いの種にする人はいなくならない。それは、大ヒットアニメ映画『カンフー・パンダ』のヒーローであるジャイアントパンダのポーに、カンフーで勝負を挑むくらい勝ち目がない戦いだ。いくら緻密な議論をしたところで、「デブっちょパンダ」に対する偏見には勝てない。固定観念に異を唱えるような主張は、人々のイメージの中に生きているパンダのでっぷりしたお腹に押しのけられて、意識の片隅に追いやられてしまう。ジャイアントパンダに関する罪のない誤解——ときには、悪意のある誤解も見受けられるが——に噛みついても無駄だと気づいた。それより、そのようなイメージが形づくられた原因を明らかにしたいと思うようになった。とくに、いつ、どこで、なぜ、ジャイアントパンダが風刺の対象にされるようになったのかを知りたいと思い始めた。この点についての私の考えは、本書の中で披露していく。

本書は三部で構成される。第一部は、一八六九～一九四九年までの八十年を取り上げる。ここでは、もっぱら西洋人のパンダに対する熱中ぶりを見ていきたい。一八六〇年代末にフランス人のカトリック宣教師がはじめてジャイアントパンダを西洋の科学界に紹介し、それを機に、この不思議な動物をどう呼ぶべきかをめぐって主にヨーロッパで激しい論争が戦わされる。やがて、主にアメリカの博物館に展示するためにパンダを撃ち殺して持ち帰ることをめざす競争が始まり、その後、それが欧米の動物園で展示するためにパンダを生け捕りにする競争に変わる。この時期、中国はパンダをめぐる物語で積極的な役割を果たしていなかった。当時の中国は、欧米列強による植民地支配のくびきを払いのけ、疲弊した清朝に代わって新しい共和国を樹立し、日本の猛烈な攻勢をはね返すことで手いっぱいだったのだ。

状況が大きく変わり始めるのが第二部だ。一九四九～七二年にかけての時期である。ここでは、チチという一頭のメスのパンダに光を当てる。その波乱万丈の生涯を通じて、混乱の時代について多くのことが見えてくる。チチは、東西冷戦の緊張のなかで共産主義体制の中国から西側世界に連れてこられ、一九六一年のＷＷＦ（世界野生生物基金［現・世界自然保護基金］）の設立に一役買い、当時のソ連の動物園にいたオスのアンアンとお見合いをさせられ、死後は風変わりな——ある意味できわめてリアルな——

第二の生涯を送るようになる。中国の共産党政権がジャイアントパンダを「自分たちのもの」と主張し始めたのは、この時期だ。中国政府は、西洋人がパンダにまつわるものに片端から夢中になるのを目の当たりにして、国内だけでなく国外でも、国としての固有のイメージを確立するためにパンダを利用するようになったのだ。

第三部で扱う一九七二年以降は、科学がパンダの歩む道を決めるようになる。中国からアメリカに贈られた二頭のパンダが徹底した学術研究の対象となり、中国と欧米（欧米側でこの活動を担ってきたのは、主としてWWFだ）が共同して野生のパンダの研究に着手し、動物園などでは飼育下のパンダの繁殖に成功し始める。最後の章では、ジャイアントパンダの未来についても考えたい。この第三部で取り上げる時期、中国はジャイアントパンダの、そして世界の未来を大きく大きく左右する存在になっていく。

前置きはこのくらいにして、さっそくパンダが来た道へ出発することにしよう。ジャイアントパンダは、その白と黒のツートンカラーの顔をのぞかせたあらゆる場所で興奮と騒動を引き起こしてきた。生物学上の分類をめぐる激しい論争の主役になる一方で、何十年にもわたってハンターたちを出し抜き、罠を逃れ続けた。あるときは動物園を大混雑させ、またあるときは外交使節として国境を越えて旅をした。そうかと思えば、さまざまな商品に姿を変え、多くの企業や慈善団体のロゴマークにも描かれてきた。そして、世界規模の野生動物保護運動の「顔」になり、多くの優秀な科学者と莫大な研究予算を引きつけてもきた。この本では、そんな中国生まれの政治的動物の興味深い歴史の世界に、みなさんをお連れしたい。

施設で職員から与えられた竹を食べるジャイアントパンダ。
(四川省雅安市郊外の碧峰峡ジャイアントパンダ保護研究センターで)

第1部

未知の動物

第1章

極上の白黒のクマ

鄧池溝《トンチーコウ》カトリック教会の重厚なオーク材の扉はいつも固く閉ざされているが、週に一回、それが開け放たれる。ここは、中国・南西部の四川省に現存する最古のカトリック教会のひとつ。毎週日曜日には、近くの信者たちが礼拝に集まってくるのだ。そのほかに、ときおり地元の信者以外の人が訪ねてくることがある。月に二、三回くらい、奇特な旅行者が道なき道を踏みしめ、砂埃舞う峡谷を越えて、ここまで足を延ばす。彼らを招き寄せるのは、ほとんどの場合、神様ではない。ジャイアントパンダだ。

この山奥の土地こそ、一八六九年にフランス人のカトリック宣教師で博物学者でもあったアルマン・ダヴィドが、西洋人としてははじめてジャイアントパンダを見た場所なのである。彼の「発見」により、この類まれな動物の存在が西洋の科学界に正式に報告され、そこから、今日にいたるまでの世界規模のパンダブームが始まった。当然、鄧池溝や近隣の住民はそれ以前からパンダと遭遇していたはずだが、頻繁に目撃していたわけではなかったようだ。そればかりか、中国でもこの一帯以外では、パンダはまったくと言っていいほど存在を知られていなかったらしい。

そうだとすれば、驚くべきことだ。これほど目につきやすい動物が十九世紀後半までほとんど知られていなかったとは、にわかに信じ難い。なにしろ、中国では何万年も昔から人類が暮らしていて、三〇〇〇年以上前に書かれた文献（そこには当然、それよりさらに古い出来事が記されている）も残っているのだ。中国で遠い昔から人間が生きていた以上、誰もジャイアントパンダと出くわしたことがなかったとは想像しにくい。昔はもっと多くのパンダが生息していたとすれば、人間がパンダを目撃する確率は今より高かった。それに、こんなに印象的な外見の動物を見れば、誰かに話したくなるのが人情というものだろう。そう考えると、中国の膨大な古文書のなかの一つや二つは、パンダに触れているはずだ。誰かがペンをインクに浸し、この白と黒のツートンカラーの動物のスケッチを残しているに違いない。

これまで多くの人が、ジャイアントパンダらしき動物についての記録を探して中国の古文書や昔の芸術作品を丹念に調べてきた。そして期待どおり、数多くのパンダ目撃情報を見つけた。しかしそうした発見すべての上に、巨大な疑問符が暗雲のように垂れ込めている。一つの問題は、私たちが昔の史料を見るとき、自分がパンダについて現在知っている知識にどうしても影響されてしまうことだ。そのせいで、自分の頭の中にあるパンダのイメージに合致しない記述を無視しがちだし、資料に記されている動物が本当にパンダなのかも判断のしようがない。こうした制約があることを頭に入れたうえで、中国の古い文献や芸術作品の中の「パンダ候補」のリストを見てみよう。信憑性が比較的乏しいものから始めて、順に信憑性が高いものへと目を移していくことにする。

まず、第三位は「貔貅《ひきゅう》」。紀元前三〜二世紀ごろに完成したとされる中国最古の辞書『爾雅《じが》』では、この動物を「虎、もしくは熊に似ている」と描写している(1)。これがパンダなのか、確かなことはわからない。紀元前九十年ごろに記された司馬遷の歴史書『史記』によれば、貔貅は獰猛《どうもう》な動物で、戦いの前に兵士たちの闘志をかき立てるマスコットの役割を果たしていたという。ジャイアントパンダがそのように攻撃的な動物だったとは考えにくいが、想像力旺盛な人たちが話に尾ひれをつけて語り、その描写が貔貅（今では伝説上の動物とされている）の特徴のなかに入り込んだ可能性は否定できない。

第二位は「貘」だ。十六世紀中国の博物学の巨人、李時珍《リーシーチェン》の記述によれば、これは今日の四川省一帯に生息し、竹を食べる動物だという。この点では、かなりパンダに近いように思える。しかしその半面、李やそのほかの著者たちは、貘を攻撃的な動物と書いているケースが多い。どうして、この動物の特徴のなかに、パンダに似ている要素と似ても似つかない要素が混ざり合っているのか？

貘に関する描写には、二種類の異なる動物の特徴が含まれている可能性がある。その二種類の動物とは、ジャイアントパンダとマレーバクだ。今日、この両者を同じ森で見かけることはない。パンダの生息地は中国の高地の竹の生育地に限られており、一方のマレーバクはミャンマー（ビルマ）からインドネシアのスマトラ島にかけての東南アジアの熱帯雨林で生きている。しかし、一〇〇〇年ほど前までマレーバクの北限は黄河付近で、両者の生息地は重なり合っていた。歴史学者のE・エレナ・ソングスターも著書『パンダ・ネーション』（未邦訳）で、ジャイアントパンダとマレーバクが混同された可能性を指摘している。(2)「体毛の色は驚くほどよく似ているし、体の大きさもだいたい同じ」というのが理由だ。

ただし、この仮説でも説明がつかない点がある。マレーバクもパンダと同じくらい、攻撃性が乏しい動物なのだ。「マレーバクはおとなしい動物としてよく知られている」と、マレーバクの専門家である第五代クランブルック伯爵ガソーン＝ハーディは指摘している。(3)「もう少し獰猛《どうもう》だったら、多くの動物がひしめき合う世界で、もっと広い生息地を確保できていただろう」。

最も信憑性が高いのは、「騶虞《すうぐ》」だ。中国最古の詩集『詩経』では、この動物を「虎ほどの大きさに成長する場合もある大形の動物で、白い毛皮に覆われているが、黒い部分もある。ほかの動物を食べることはなく、おとなしく、急に暴れたりしない」と記している。(4) パンダのことを言っているように読めないだろうか？

古文書の世界には、貔貅や獏や騶虞や、そのほかのパンダに似ていると言えなくもない動物に関する記述がそれなりに見つかる。(5) もしそれらの動物が本当にパンダだとすれば、二〇〇〇年ほど昔、長安（現在の西安）にあった宮廷の庭で、ほかの珍獣たちと一緒にパンダも飼育されていたのかもしれない。唐のある皇帝は忠実な家臣たちにご褒美としてパンダの毛皮を与え、唐の別の皇帝は友好の証しとして日本につがいのパンダを贈った可能性がある。

こうした物語は魅力的だが、問題は、そこに記されている動物が本当にパンダなのか確認のしようがないことだ。古文書に記されている動物が本当にパンダで、中国の人々が何千年も前からパンダを知っていたのだとすれば、どうして誰もその姿を絵に描いたり、器の絵柄に彫り込んだりしていないのか？不可解なことに、十九世紀まで、パンダを描いた芸術作品はまったく残っていない。この点からほぼ確実なこととして推測できるのは、比較的最近までパンダの存在は中国の中でもほとんど知られていなかったのだろう、ということだ。

第三章で述べるように、のちにパンダを見る（あるいは狩る）ことを目的に中国の山奥にわけ入っていった西洋の探検家たちも、事前に思っていたよりはるかにパンダを見つけるのに苦労した。歴史学者のソングスターに言わせれば、こうした点は、アルマン・ダヴィドが世界にデビューさせるまで、パンダがおおむね噂の中の存在でしかなかったという強力な証拠とみなせる。

アルマン・ダヴィドという名前には、聞き覚えがない読者が多いかもしれない。しかし、このフランス人宣教師がいなければ、あなたの庭は今とだいぶ違う風景になっていた可能性が高い。園芸愛好家に人気のあるフサフジウツギ *Buddleia davidii* やクレマチスのなかま *Clematis armandii* や *Clematis davidiana* は、いずれもダヴィドが採集して西洋に紹介し、彼の名前にちなんで学名がつけられたものだ。ほかにも、ノモモのなかま *Prunus davidiana* や、ユリの一種 *Lilium davidii* 、スイカズラのなかま *Viburnum davidii* など、そういう植物はたくさんある。

ダヴィドが中国に滞在した期間は十年近く。その間に、北京の近郊に何十回も採集旅行に出かけたほか、三度にわたって長期の遠征も敢行した。こうした活動を通じて、西洋の科学者に知られていなかった植物をおよそ一五〇〇種も見つけた。それまで、これらの植物はアジアでしか――多くの場合は中国の不便な山奥でしか――見られなかったが、今日では、たとえあなたの家の庭に植えられていなくても、近所を散歩すればこうした植物のどれか一つはすぐ見つかるだろう。

物心ついたころから動植物の研究にのめり込んできたダヴィドだったが、三十代半ばでフランスのピレネー地方の故郷の町を旅立った最大の目的は、それとは別の使命を追求することにあった。「私が望んでいたこと、それは、自分の適性を生かして極東で布教活動に携わることだった。この三〇〇年ほど、極東の多くの人々を改宗させてキリスト教文明に迎え入れることをめざして、過酷な生活を送ってきた偉大な宣教師たちがいる。私はその仲間入りをしたかった」と日記に記している(6)。ダヴィドはパリにやって来ると、教会の上層部に懇願し続け、ようやく中国でキリスト教の神の言葉を伝える任務を与えられた。当時、中国の人々をキリスト教に改宗させる機は熟したと考えられていた。

一八六二年に中国に赴任したダヴィドは、北京を拠点に布教することになったが、博物学への関心を追求する自由も認められていた。「あらゆる科学は、神のなせる業を学び、神を称えるために存在している[7]」と考えていたダヴィドは、手に入る資料すべてに目を通し、たびたび郊外に標本採集に出かけ、収集した標本をせっせとパリの国立自然史博物館に送った。

一八六六年のあるとき、持ち前の好奇心に突き動かされて郊外に調査旅行に出かけたことがあった。北京のはずれにある皇帝の狩猟用庭園「南苑《ナンユアン》」に奇妙な動物がいるという噂を耳にはさんだからだ。その動物は、シカの角に、ラクダの首、ウシの蹄《ひづめ》、ロバの尻尾をもっているという話で、四つの動物のどれにも似ていないという意味で「四不像（シフゾウ）」と呼ばれていた。庭園は高い壁で囲われていて、武装した兵士が部外者の侵入を阻んでいた。この珍獣を殺した者は、死刑に処せられるとのことだった。それでもダヴィドは手を尽くして、メス一頭と若いオス一頭の皮と骨を入手した。

フランス人のカトリック宣教師アルマン・ダヴィドは、1869年にパリの国立自然史博物館に標本を送り、今日にいたるパンダブームのきっかけをつくった。

標本がパリに届いたとき、書斎派の動物学者たちは驚きのあまり腰を浮かせたに違いない。彼らははじめて見た動物に、ダヴィドにちなんで *Elaphurus davidianus* という学名をつけた。この動物は、西洋では一般に「ダヴィド神父のシカ」と呼ばれるようになる。

これで自信を深めたダヴィドは、国立自然史博物館の資金援助を受け、北京の西の山岳地帯へ最初の長期の調査旅行に出発した[8]。「ヨーロッパ人が足を踏み入れたことのない土地」に足を延ばしたが、本人も認めているように、八カ月にわたる遠征は「素晴らしいとは言い難い」結果に終わった。また、三度目の最後の調査旅行では一八七二〜七四年にかけて内陸部に遠征したものの、体調を崩し、思わしい結果は得られなかった。

最も目覚ましい成果があったのは、一八六八〜七〇年の二度目の調査旅行だった。まず天津から黄河を渡って上海まで行き、そこから長江（揚子江）を上流にさかのぼることざっと二〇〇〇キロ。未開の西部地域に入り、現在の四川省に着くと、その三十年ほど前に建てられた鄧池溝カトリック教会で旅を終えた。ダヴィドはこの教会に身を寄せて布教するかたわら、膨大な数の植物と動物の標本を収集して、パリで待つ資金提供者たちに送り続けた。この土地に来て間もない一八六九年三月十一日、標本を収集していたとき、ダヴィドはリーという名の地元の住人から「お茶とおやつ」に招かれた。彼はその家にあった動物の毛皮を見て、目を見張ることになる。そのごわごわした毛皮は、それまで見たこともない不思議な生き物のものだったのである。それは「極上の白黒のクマ」だった。(9)

教会に戻ったときはもう夕方遅かったが、ダヴィドは翌朝まで待てなかった。標本用の動物の入手を頼んでいる地元の猟師たちを呼ぶと、見たばかりの白黒のクマの毛皮について説明し、この動物を手に入れたいと伝えた。「すぐにお持ちしますよと猟師たちが請け合ったので、とても満足している」と、その夜の日記に彼は書いている。「明日さっそく狩りに出て、この動物を狩って持ってくるという。科学界に新しい発見をもたらせるに違いない(10)」。

数日後、猟師たちは、二本の長い竹に縛りつけられた巨大な動物の死体を持ってきた。しかし、それは白黒のクマではなかった。図体の大きな黒いイノシシだった。短い耳に、長い脚、ごわごわした体毛を一目見て、子どものころにフランスでよく見たイノシシとは別の種類だとわかった。そこで、お金の交渉をしてそれを引き取り、猟師たちに金を持たせて帰した。その後、猟師たちに白黒のクマを探させる一方で、自分も使用人の若者を従えて深い山の中に繰り出した。一歩間違えば、二人はこの冒険から生きて帰れないところだった。一八六九年三月十七日付の日記を読むと、ひとつの大きな疑問しか浮かんでこない――彼はいったい、どういうつもりでそんな行動をとったのか？

その日、ダヴィドと使用人は夜明けとともに教会を出発し、岩地の間を流れる小川に沿って進んだ(11)。昼までにかなり山奥深くにわけ入っていたが、やがて小川が滝になり、道が行き止まりになっていた。「いくつもの小さな滝が連なっていて、激しい水しぶきが上がり、川面が泡立っていた」。ダヴィドは休憩をとり、「固いパンの耳を川の冷たい水に浸して食べ」ながら、今後の方針を検討した。あきらめて引き返すべきか？ それとも、滝の脇の急斜面を登って進むべきか？ 彼がどちらを選んだかは、お察しのとおりだ。

私たちは四時間にわたって、木の幹や根っこにしがみつきながら、岩から岩へとよじ登り、上をめざし続けた。垂直に切り立った絶壁を別にすれば、どこもかしこも固く凍った雪に覆われていた……せめてもの救いは、木や藪が茂っていて、下が見えないことだった。なにしろ、私たちは自分の手だけで、高い場所に危うくぶら下がっていたときもあったのだから。

ついに断念して、引き返すことを決めたときには、もはや安全にくだることは不可能だった。二人はたびたび足を滑らせ、氷の上に転倒した。

ときどき、溶けかけの雪に足を滑らせて転んだ。つかまっていた枝が折れて、木や岩の上に投げ出されたこともあった。それでも、若く屈強な使用人が最後まで守ってくれた。地元の人間を雇っていたら、ここまで献身的に助けてはくれなかったかもしれない。もっとも、彼が足を滑らせて奈落の底に転落しそうになり、私が抱きかかえて助けたことも二度あった。彼はこう言った――もし今日生きて帰れれば、私たちは不死身の男に違いありません、と。

ダヴィド自身にとっても、そしてパンダ「発見」の物語にとっても幸いだったが、二人は生きて帰った。それは、地元の猟師たちにとっても幸いだった[12]。この数日後、彼らが若い白黒のクマの死体を持ち帰ったとき、その獲物を喜んで買おうとする――というより、喉から手が出るほど欲しがる――人物がいてくれたのだから。ダヴィドはそれを「けっこうな金額」で買い取ると、教会に駐在していたデュグリテ神父が自由に使わせてくれていた一室に、硬直して冷たくなった死体を運び込んだ。そして、それを作業台にそっと載せ、メスを握ると、さっそく作業に取りかかった。

十九世紀には、キリスト教の宣教師が博物学者も兼ねていて、布教先の異国で動植物の研究に励むことが珍しくなかった。少なくとも中国の場合、ことのほか目覚ましい発見をしたのは、ダヴィドのようなカトリックの宣教師たちだった。「プロテスタントの宣教師には、(カトリックの宣教師の)半分の業績も残した人がいない」と、ニューヨーク州立大学ビンガムトン校の歴史学者、范発迪《ファンファティー》の著書『清代中国のイギリス人博物学者――科学、帝国、文化の遭遇』(未邦訳)は指摘している[13]。この本によれば、結婚が許されているプロテスタントの聖職者は、妻子を連れて中国に赴任し、西洋流の暮らしをしやすい沿岸部の都市に拠点を置くケースが多かった。それと対照的に、独身で身軽なカトリックの聖職者は中国全土に布教拠点を建設し、動植物が豊かな内陸部への調査旅行に繰り出した。また、カトリックの聖職者はその土地の文化を吸収し、地元の人たちと同じような服装や生活をし、自然について学ぼうとする傾向も強かった。

こうした事情もあり、中国の動植物に関する研究の扉を開くうえで最も大きな役割を果たしたのは、カトリックの力が強いフランスの聖職者たちだった。その先駆者的な存在がエヴァリスト・レジス・ユックだ。中国にやって来たのは一八三九年。一八四四年には、元チベット仏教の聖職者でカトリックに改宗したジョセフ・ガベーとともにチベットまで足を延ばした。一八五〇年に出版した『韃靼・西蔵・支那旅行記』(邦訳・生活社)に記された手に汗握る冒険物語は、ダヴィドを含む、のちの多くの宣教師たちを探索の旅にいざなった。

パリの国立自然史博物館も、宣教師たちの標本採集活動への資金援助を惜しまなかった。宣教師は教育レベルが高いうえに、標本採集を行なうのに打ってつけの立場にもあったからだ。ダヴィドは一八六八年に四川に向かう途中、上海近郊のカトリック教会の拠点に立ち寄っている。それは「広大な美しい施設」で、フランス人宣教師のピエール・ウードが収集した動物学関連の標本を展示する博物館もあった。このとき、ウードは「揚子江に魚の採取」に出かけていて不在だった。「彼らの調査活動により、自然史博物館のコレクションがさらに充実することを望む」と、ダヴィドは日記に書いている[14]。

広東省の昆明を拠点に活動していたジャン・マリー・デラヴェは、植物学の調査を行ない、二〇万点を上回る植物標本を本国に送った(ダヴィドは中国を離任したあとの一八八一年、フランスでデラヴェと会っている)。一八六七年以降、四川省を拠点に活動したポール・ファルジュは竹について詳しく報告し、その功績により、ある竹の属名*Fargesia*にその名を残している。この竹は、ジャイアントパンダの主要な食料の一つでもある。十九世紀の終盤には、ジャン・アンドレ・スリエという宣教師が四川省とチベットで調査活動を行ない、膨大な植物標本をパリの植物学者たちに送った。

ただし、誤解しないでほしい。宣教師たちは暇つぶしに野外散歩をして、のんきに押し花づくりを楽しんでいたわけではなかった。実態は正反対だった。「この国で大きな成果をあげようと思えば、途方もない試練を乗り越えなくてはならない」と、ダヴィドも述べている。具体的には、どういう試練が待ち受けていたのか？

当時の中国は大混乱の時代だった。約二〇〇〇年続いた中国の王朝支配の時代に終止符を打ったのがアヘンだった、というのはさすがに言いすぎだが、中国最後の王朝が崩壊する過程で、アヘンの流行が重要な役割を果たしたことは間違いない。十九世紀前半、イギリスがインド産のアヘンを中国に売り込むと、中国の人々はそれに夢中になった。中国のアヘン需要は、右肩上がりに増えていった。アヘン常用者を待つ運命は悲惨だった。ダヴィドは行く先々で、精製アヘンがもたらす社会の荒廃を目の当たりにした。

はじめてモンゴル地方に遠征した途中で立ち寄った町は、一見すると豊かな都市に見えた。しかしよくよく観察すると、「次第に色あせて見え始めた」という。[15]「明らかに、アヘン吸引という唾棄すべき習慣のせいだ。アヘン常用により、多くの住民がゆっくりと死に近づきつつあった」。四川に向かうとき、上海から現在の武漢まで長江をさかのぼるために乗船した「平戸号」では、「(中国人たちが)のんびりアヘンの煙を吸っていて、不快なにおいが風に乗って流れてきた」[16]。ダヴィドは、船長の母親についてこう記している。

夫に先立たれたその女性は、重度のアヘン吸引者で、臆することなく乗組員たちに命令を飛ばす。肌は青白く、骨と皮だけと言ってもいいくらい痩せている……一日の大半を狭い部屋にこもって過ごし、アヘン吸引にふけり、そのせいで健康をそこない、財産も減らしている。アヘンは人間を容赦なく支配する。ひとたびその魔手に落ちれば、みずからの破滅と死を早めることになるとはっきり理解していても、この習慣から抜け出すことは絶対に、あるいはほぼ確実にできない。[17]

一八三〇年代後半に入って、清朝がアヘン密輸の取り締まりに本腰を入れると、イギリスはそれを受け入れず、軍事力にものを言わせて中国側を屈服させようとした。こうして始まったのが、一八四〇〜四二年のアヘン戦争である。イギリスは中国の主要港を封鎖し、貿易活動を妨害した。戦いは中国の敗北に終わり、一八四二年に南京条約が結ばれる。これにより中国は、国内でイギリスの活動をコントロールする権限を実質的に失った。

このあと、ほかの欧米列強も同様の不平等条約を中国と結んだ。アメリカは、中国のいくつかの港にプロテスタントの布教拠点を設ける権利を獲得した。フランスも、カトリックの布教活動に関して同様の権利を認めさせた。これが、のちにウード、デラヴェ、ファルジュ、スリエ、そしてダヴィドのようなカトリック宣教師の博物学者たちが活躍する道を開くことになる。

中国の人々は、こうした状況を快く思っていなかった。幅を利かせる外国人への怒り、そして弱体化した清朝への不満を背景に、暴動や反乱が相次いで起きていた。とりわけ多くの死傷者を出したのは、一八五一年ごろに始まった太平天国の乱だ。この大規模な反乱の奇妙な原点を知れば、ダヴィドが中国を旅していたころ、この国でどのような文化の衝突が起きていて、社会にいかに不穏な空気が充満していたかが見えてくる。

一八三七年、官吏をめざして受験勉強に励んでいた洪秀全《ホンシウチュアン》という野心的な若者が、寝ているときに夢を見た。夢のなかで、洪は二人の男と出会う。金髪にあごひげをたくわえた老人からは、ひと振りの剣を授けられた。そして、中年の男――彼は「お兄さま」と呼んでいる――からは、その剣で邪悪な存在を斬る方法を教えられた。この夢は脳裏に深く刻み込まれたという。それから六年、まだ試験に合格できず、受験勉強中だった洪は、ある日、プロテスタントの布教パンフレットを手渡される。「それを見た瞬間、洪はハッとした」と、イギリスの歴史学者ジョナサン・D・スペンスは著書『現代中国の探求』（未邦訳）で記している。[18]「夢で見た二人の男は、聖書に出てくる神とイエスだと思った。ということは、自分も神の子に違いないと、彼は考えた。イエス・キリストの弟だ、と」。

洪はこうした突飛な主張と、中国の支配層に対する燃えたぎる憎悪を組み合わせることにより、今日で言うところの狂信的カルト集団を築いていった。一八五〇年には二万人規模の軍隊組織を結成し、この集団を「太平天国」と呼び、みずからを「天王」と称して、中国南部から北へ進軍し始めた。太平天国軍は逆らう者を片っ端から打ち殺し、食糧、財産、兵力を徴発しながら進攻を続け、いくつかの大都市を制圧した。やがて、太平天国軍は南京を陥落させ、ここを都として新王朝の樹立を宣言した。南京と言えば、上海からはわずか三〇〇キロほど。北京ともけっして遠いとは言えない。財産と家族を守ろうとする住民たちの激しい抵抗にあい、太平天国は支配地域をこれ以上広げることはできなかったが、それでも十年以上にわたって強大な力を振るい続けた。

一八六四年、太平天国は崩壊するが、戦いの生々しい傷跡がすぐに消えたわけではなかった。ダヴィドも一八六八年に四川に向けて長江をさかのぼる途中で、それを目の当たりにしている。船が九江《チウチアン》という町に着くと、「博物学者特有の強烈な好奇心に突き動かされて」船を飛び出し、壁で囲まれた町の中に入ってみた。(19) すると、そこにあったのは、「太平天国に略奪され、焼き払われたあと、ほとんど廃墟と化した町だった」という。

ダヴィドは危険な経験もしたが、それで怖気づくような人間ではなかった。一八六六年にモンゴル地方に赴く途中、予定していたルート上でイスラム教徒の大規模な反乱が起きていることがわかったときも、達観していた。「中国が平和になるのを待っていたら、国内の遠隔地への旅はすべてやめなくてはならない。なにしろ、この国ではきわめて長い間、いつもどこかで山賊や反乱軍が暴れ回ってきたのだから」(20)。彼は荷造りをすると、危険地帯に向けて突き進んでいった。

問題は、大がかりな反乱だけではなかった。盗賊や泥棒、ときには海賊にもつねに警戒が必要だった。しかし、この点に関してもダヴィドは腹が据わっていた。(21)

もしその類のものを恐れていたら、調査旅行などできない。盗賊やそのほかのならず者たちが跋扈《ばっこ》しているとされる未開地帯こそ、博物学者にとって最も魅力的な標本採集地だからだ。いざというときのために、そして悪い想像に押しつぶされないために、銃をいつも身近に置いておくことにしよう。

こうした用心のおかげで、命を救われたことが一度ならずあった。一八六四年、まだ布教が主で、博物学研究が従だったころのある日、馬に乗った八人の盗賊に出くわした。ヨーロッパ製の武器を振りかざしている者も何人かいた。このとき一緒にいたのは、中国人の使用人が一人と、脅えきった荷物運搬人が二人だけ。明らかに、多勢に無勢だ。しかし、ダヴィドにはライフルがあった。盗賊たちが見ている前で、これ見よがしに、それを手元に引き寄せた。「肩で風を切っていた男たちは、私がおめおめと略奪を受け入れるつもりがないのだと、すぐに察した。ましてや、こんな連中にあっさり殺されるつもりがないことも伝わったはずだ。私を殺して荷物を奪おうと思えば、連中は戦わなくてならない。戦えば、盗賊たちのなかにけが人が出る可能性だってあった[22]」。結局、盗賊たちは引き下がり、もっと従順な餌食を探しに去っていった。

こうした血も凍るような経験は数十回に及んだ。命を失わなかったことが不思議なくらいだった。本人に言わせれば、それは「神のおぼしめし」であると同時に、当時の中国人がヨーロッパ人に抱いていたイメージのおかげでもあったという。「(ヨーロッパ人には)特殊な能力と超人的な力があると、多くの人が簡単に信じていた。私の印象で言うと、東洋人は本能的に、そして心の底から、あらゆる西洋人が自分たちより優れた存在だと、信じて疑わないようだ[23]」。もしダヴィドが想像したとおり、この一八六六年の段階で中国人が西洋人に服従することを本当によしとしていたとしても、そういう状態は長くは続かなかっただろう。

十九世紀を通じて、中国で活動するキリスト教の宣教師たちは、次第に強い敵意にさらされるようになっていった。ダヴィド自身、宿で宿泊を拒まれたり、ものごとをわざと遅らされたり、法外な料金を請求されたりすることが日常茶飯事だった。毒を盛られたこともあった。鄧池溝カトリック教会に滞在していたときには、この一帯の「キリスト教徒を皆殺しにする」計画を伝え聞いた。[24]「噂を振りまいているのは、清朝政府のスパイたちだろう。危険なイメージをつくり出して、私たちを脅えさせ、逃げ出させたいに違いない」。その一年後、北京に戻る旅の途中で恐ろしいニュースが届く。以前、北京を発って四川に向かったとき、天津に一週間ほど滞在し、友人たちと過ごしたことがあった。そこには、同じ敷地の中に、フランス領事館、カトリック教会、そして慈善修道女会が運営する孤児院が同居していた。これらの施設が破壊されたというのだ。

一八七〇年六月、天津のフランス領事アンリ・フォンタニエが地元の裁判官に怒鳴り込んだ。天津の中国人の間で、不穏な噂が飛び交っていたからだ。フランス人のキリスト教関係者が中国の貧しい親から子どもを買い取り、虐待したり、もっとひどい仕打ちをしたりしているという噂である。ダヴィドも九江のカトリック系孤児院を訪ねたとき、同じような話を聞いていた。「宣教師が貧しい家の子どもたちをヨーロッパの売春宿に送り込んでいる——そんな噂が悪意ある異教徒たちによって流されている」と、一八六八年に日記に書いている。[25]

天津の教会と孤児院の関係者にとって不運だったのは、裁判官に抗議しに行ったフォンタニエ領事がピストルを持ち出したことだった。銃弾は裁判官には当たらなかったが、別の人物を死なせてしまう。彼はすぐに、自分の行動を後悔する羽目になった。事件を知って激怒した中国人が暴徒と化し、領事を襲って撲殺。さらに、フランス租界に向かう途中で数人のフランス人貿易商夫妻を殺害し、カトリック教会に火を放ち、ルイ・シュヴリエ神父を殺した（シュヴリエ神父は、一八六六年にダヴィドと一緒にモンゴル地方を旅した人物だ）。続いて、敷地内の孤児院に押し入ると、恐怖に震える一〇人の修道女たちを裸にして、全員を殺した。

　こういった手荒な事件は、その後に起きることの序章にすぎなかった。清朝が外国への譲歩を強いられ続けるにつれて、黄海沿岸の貿易港周辺を中心にヨーロッパ人の人口が増えていった。そうしたなかで、中国の人々が洪水と旱魃《かんばつ》に激しく痛めつけられるうちに、自分たちと異なるヨーロッパ人の流儀、文化、信仰への寛容な態度は次第に影をひそめ、反発が社会にくすぶり始めた。このような社会状況を背景に、一八九八年、暴力的な反外国人・反キリスト教運動を展開する秘密結社「義和団」が誕生した。のちにこの組織が主体になって起こした義和団の乱では、多くの血が流された。こうした文化の衝突の構図は、このあと半世紀以上にわたって、中国と諸外国の関係を形づくることになる。後述するように、義和団の乱を通じていっそう強まった緊張は、二十世紀前半の波乱に満ちたパンダの歴史に暗い影を落とした。

　時代は変わり、いまの中国はヨーロッパ人が安心して旅行できる国になった。二〇〇九年には、四川省雅安《ヤアン》市の観光当局がパンダファン向けに、州都の成都を出発して鄧池溝をめざす観光ツアーを企画した。一四〇年前のダヴィドの足跡をたどる旅だ。

　一八六九年二月二十二日、ダヴィドは成都を出発。険しい土地だったが、三五〇キロ近くを旅するのに一週間しか要さなかった。平均して一日に五〇キロという驚異的なペースだ。その一週間は、新しい発見の連続だった。(26)「きれいに整えられた」水田地帯を通過し、十数人の「本物の小人」とも遭遇した。道端のドブで服も着ていない人が物乞いしているのを、通行人があざ笑っていた。それを見て、こう感じたという。「概して中国人には、ハートがない。他人に同情する気持ちもなければ、やさしさもない。

自分のことしか考えず、自尊心ばかり強い」。ダヴィドは、ソラマメやカラシナのなかまの花を目にとめ、サギ類や、チドリやタゲリのなかまといった鳥たちも目撃した。荷物運びのために雇った男の一人が重さ八〇キロもの荷物を運ぶのを見て、目を丸くした。「荷物運びにかけては、世界を探しても中国人の右に出る者はいない。肉類をほとんど食べず、きわめて質素な食事をしているように見えるのに、疲れを知らない」。

やがて丘陵地帯から山岳地帯に入り、一行は長く深い峡谷に足を踏み入れていった。「トラがたびたび出没し、それに輪をかけて頻繁に盗賊が跋扈しているという噂だった」。その後、峠を越えて、崩れ落ちそうな石段をくだると、目の前に「美しい小川があらわれた。澄んだ水が勢いよく流れていた」。一刻も早く鄧池溝カトリック教会に着きたかったダヴィドは、ついに一行の先頭に立って歩き始めた。「踏破不能な山」を迂回し、標高三二〇〇メートルの雪に覆われた峠を通過した。一八六九年二月二十八日午後二時、「無事到着した。神に感謝」。デュグリテ神父が出迎え、中庭をはさんで教会と反対側にある建物の一階の客用寝室に案内してくれた。

その後、ダヴィドはこの教会内の一室で、地元の猟師から手に入れたパンダの死体の皮を剝いで乾燥させると、布地を巻くようにして丸めて箱に入れ、パリに送った。さらに、国立自然史博物

ダヴィド神父が滞在していた四川省宝興近くの鄧池溝カトリック教会。

館の動物学関係の窓口役だったアルフォンス・ミルヌ＝エドワール宛に手紙をしたためて、毛皮とは別便で送った。標本がパリに届くまでには時間がかかるので、その前にこの動物のおおよその特徴を学界に発表してほしいとせっついたのだ。重要な発見だと考えていたので、最初の発見者としての地位を確かなものにしたかったのである。

ダヴィドは手紙の中で、さしあたり *Ursus melanoleucus* ――ラテン語で「白黒のクマ」という意味だ――という呼称を提案し、その動物の毛皮の際立った特徴を説明した。「ヨーロッパの博物館でこんな生き物にお目にかかったことはありません。私がこれまで見たなかでは、飛び抜けて美しい動物です。おそらく、新しい科学的発見と言えるでしょう！」(27)

この言葉に間違いはなかった。しかし、ミルヌ＝エドワールやそのほかの西洋の人々は、この標本についてどう思ったのだろう？　それが第二章のテーマだ。

第2章

皮と骨

パリのフランス国立自然史博物館の地下に、「ズーテック」と呼ばれる施設がある。動物標本の巨大収蔵庫だ。数フロアにわたって、膨大な数の動物の死体が保管されている。基準標本（世界の科学界がある生物を定義する基準となる標本）も多数所蔵されており、世界屈指の動物学関連のコレクションと言っていいだろう。この地下収蔵庫の一画に、アルマン・ダヴィド神父が送った「白黒のクマ」の毛皮も眠っている。ここには、ダヴィドが入手したもう一頭のパンダの標本もある。最初の若いパンダの数日後に、地元の猟師たちが持ち込んだものだ。「(二頭目も）毛皮の色は、若いほうとまったく同じだ。ただし、黒い部分は少し色が薄く、白い部分はいくらか汚れて見えた」と、一八六九年四月一日付の日記にダヴィドは書いている[1]。この二頭の標本をもとに、動物学者のアルフォンス・ミルヌ＝エドワールがこの動物について正式な科学的記載を行なうこととなった[2]。

今日では、新たに発見された動植物に命名する栄誉は、たいてい有力な研究機関の幹部級の分類学者に与えられる。しかし、十九世紀は違った。当時の有力な分類学者たちは、新種の命名をめぐって不満を抱くこともあった。現場で採集活動に携わる人たち――分類学者たちは「格下」の存在として見下していた――が大した根拠もなく、しばしばいい加減な情報に基づいて命名していると、腹を立てていたのだ。一八六五〜八五年にロンドンのキュー王立植物園の園長を務めた植物学者のジョセフ・フッカーも、そういう不満を抱いた一人だ。世界に広がる大英帝国の隅々から送られてくる植物標本について判断を下す立場にあったフッカーにしてみれば、植物標本の採集家たちは、新種発見者の称号を得たいあまりに、既存の種との違いをことさらに強調していると思えた。彼はそういう人たちを「細分主義者」「新種マニア」とばかにしていた。

生物学史研究者のジム・エンダーズビーは、そういう標本採集家の一人であるウィリアム・コレンソについて記している。(3) ニュージーランドの宣教師兼博物学者だった人物である。キュー王立植物園は新しい植物の種が発見されると、その都度、正式な科学的説明文を添えたうえで、植物標本室に基準標本を大事に保管しなくてはならない。ただでさえ煩雑を極める業務だが、コレンソのような人物はその作業負担をいっそう重くしかねなかった。

あるとき、フッカーはコレンソ本人に手厳しい言葉を浴びせた。「植物標本室をお持ちでないのでご存知なかったのでしょうが、貴殿が新種とお考えの植物は、世界で非常によく知られているシダです」。このような辛辣な言葉を通じて、フッカーは自分の権威を思い知らせたかったのだろうと、エンダーズビーは考えている。ある植物が新種かどうかの最終判断を下し、それが既存のどの種に近いかを認定し、さらにはその新種に名前をつけるのに最適任なのは、最大規模の標本室を擁する人物なのだ――フッカーはそう言いたかったのだろう、というのだ。「フッカーは常々、膨大な量の蔵書と標本を所蔵していることを根拠に、自分に新種の命名権があると主張していた」と、エンダーズビーはフッカーの評伝『インペリアル・ネイチャー』（未邦訳）で記している。[4]

中国のダヴィドとパリのミルヌ＝エドワールの間でも、ジャイアントパンダをめぐってささやかな分類学上のさや当てがあった。ダヴィドは最初の手紙をパリに送ったときすでに、この生き物をクマの一種と結論づけていた。しかし、ミルヌ＝エドワールはその説を受け入れなかった。中国から送られてきた「白黒のクマ」と、ある別の動物――これもパリの国立自然史博物館ではじめて新種と認定された動物だった――との間に、興味深い共通点がいくつかあることに気づいたからだ。

ほぼ半世紀前の一八二五年、国立自然史博物館に赤褐色の美しい動物の死体が送られてきた。同博物館の植物園付属動物園で飼育責任者を務めていたフレデリック・キュヴィエ（比較解剖学の草分けであるジョルジュ・キュヴィエの弟）が分析することになった。キュヴィエは、その動物とクマの違いを強調する一方で、アライグマとの類似性を強く主張し、両者の中間に位置する新しい「属」としての分類上の位置づけを与えた。「属名はネコに似た外見をしていることから *Ailurus*、種を体毛の色に基づいて *fulgens* と名づけるべきだと主張したい」[5]。こうしてキュヴィエは、まったく新しいパンダ科という分類群を設け、「*Ailurus fulgens*（炎色のネコ）」という学名の新種をそこに帰属させた。これがレッサーパンダ（レッドパンダ）である。

ミルヌ＝エドワールは、ダヴィドの「白黒のクマ」を見たとき、頭骨の構造、歯の並び方、足裏に体毛が生えていることなどの特徴に興味を引かれた。これらの要素は、キュヴィエの赤褐色のパンダと驚くほどよく似ていた。「なるほど外見だけを見ると、クマに非常によく似ている。しかし骨格上の特徴と歯の並び方を見ると、クマとは明らかに異なる。パンダの同類であろうし、アライグマに近い」と、ダヴィドへの軽蔑を隠さずに書いている(6)（当時、単に「パンダ」と言えば、レッサーパンダを意味した）。「アイルロポーダ *Ailuropoda* 属という新しい属を認定すべきだ。これは『パンダの足』という意味の言葉である」。やがて、ダヴィドの「白黒のクマ」をジャイアントパンダと呼んで、キュヴィエの赤褐色のパンダ（レッサーパンダ）と区別するようになる。

自説を却下されたダヴィドは、最初の考えを完全に撤回したわけではなかったようだ。翌年、国立自然史博物館に宛てた返信の中でも「白黒のクマ」という表現を用いている(7)。それでも、「骨格の特徴の一部を見ると、本物のクマとは相違点が多く、（キュヴィエの）パンダに近い」ことは潔く認めた。

しかし、この問題は、その後も論争の対象であり続けた。ジャイアントパンダは、クマとレッサーパンダのどちらに近い動物なのか？

ほどなく、何十人もの専門家が論争に参戦した。脳の形態や内耳の構造など、単一の特徴を根拠に自説を主張する論者もいれば、頭骨と歯、歯と骨格、骨格と頭骨といった具合に複数の特徴を組み合わせて自説の根拠とする論者もいた。化石の比較も行なわれた。しかし、論争は一向に決着がつかなかった。テニスのラリーのように、クマ派とレッサーパンダ派の間で反論と再反論が延々と繰り返された。そういう状態が五十年以上続くうちに、ジャイアントパンダへの関心がますます高まっていった。この動物は、人間による解明の努力をことごとくはねつけるかのように見えたからだ。

一九六〇年代にシカゴの解剖学者、ドワイト・D・デーヴィスが論争に新しい光を当てようと試みた。

フレデリック・キュヴィエによる正式な記載（1825年）に描かれたレッサーパンダ。アルフォンス・ミルヌ＝エドワールは、この動物とダヴィドの「白黒のクマ」に共通点があると感じた。

アルフォンス・ミルヌ＝エドワールによる正式な記載（1870年代前半）に描かれた、ダヴィドの「白黒のクマ」。

デーヴィスはジャイアントパンダの解剖学的構造に関する画期的な研究書の冒頭で、論争が袋小路にはまり込んでいる現状をおさらいしている。その指摘は単純だが、非常に重要なものだ。「同じデータを分析しているにもかかわらず、多くの優秀な研究者たちの結論がまったく一致しない」(8)。この状況がなにを意味するかは一目瞭然だと、彼は主張した。「いま用いられているデータだけでは、客観的な結論を導き出すにはまだ十分でないということだ。現状では、科学者たちが結論に到達する過程で主観が大きな影響を及ぼしている」。要するに、頭骨と骨格と歯だけを材料に結論を出そうとし続けるかぎり、論争にケリがつくことはない、というわけだ。

手厳しい批判だが、おそらく的を射ている。デーヴィスは同じ著作で、さらに痛烈な指摘もしている。「アイルロポーダ属の類縁関係について研究者がどちらの立場に立つかは、ほぼ地理的境界線に沿ってわかれている」というのである。その実例として、彼は二点の研究を紹介した。一点は、ロンドン動物学協会紀要に一八八五年に発表された長大な論文だ。この論文の執筆者であるイギリス人動物学者は、ジャイアントパンダはクマよりも、レッサーパンダやアライグマに近いと主張していた。デーヴィスいわく、「一九四三年までのイギリスとアメリカのすべての研究者」がこの説を採用していた(フランス人のミルヌ＝エドワールともう一人の非英語圏の研究者もこの立場に立っていたが)。

デーヴィスが紹介しているもう一点の研究は、デンマーク人動物学者の一八九五年の論文で、ジャイアントパンダをクマ科と位置づけたものだ。「これ以降、大陸ヨーロッパの権威ある研究者が発表した研究はことごとく、この考え方を踏襲している」という。デーヴィスに言わせれば、「地理的・言語的境界線に沿って見解の亀裂が生じているのは、偶然であるはずがない」。実際、ドイツ人は、ジャイアントパンダを「バンブスベア(竹クマ)」と呼び、クマの一種と分類してきたのに対し、英語圏の人はそれに「パンダ」という呼び名を与えることで、レッサーパンダの同類と位置づけてきた。「この問題で研究者がどういう立場を取るかは、客観的分析の結果によるものではなく、権威に無条件に従っているだけだ」と、デーヴィスは結論づけた。

大胆な指摘だ。「見解の亀裂」が生じている原因は、英語圏の研究者が英語の文献ばかりを読み、非英語圏の研究者が英語以外の文献をもっぱら読んでいるために、それぞれの陣営がみずから読んだ研究を焼き直すだけになっていることにある、と言っているに等しい。幸い、デーヴィスは状況の打開策を用意していた。ジャイアントパンダの分類学に、まったく新しい資料を持ち込んだのだ。その資料とは、史上はじめて生きて中国の国外に出たジャイアントパンダ、スーリン（蘇林）の死体である（スーリンの生涯については、第四章で詳しく述べる）。死亡してすでに数年がたっていたが、分類学者たちは内臓を取り出して保存液に漬けて保存していた。まだ誰もその内臓を調べていなかったので、デーヴィスの判断が先行研究にゆがめられる心配はなかった。

頭骨と骨格の研究によっては明確な結論が導き出せずにいたが、内臓を調べた結果、デーヴィスはジャイアントパンダの分類学上の位置づけに確信をもてた。「アイルロポーダはクマである。したがって、クマ科に分類すべきだ」と、前出の著作の序論で述べている。[9] 早々に結論に到達したことで、彼は「もっと興味深い問題」に踏み込むことができた。そのテーマとは、ジャイアントパンダがほかのクマとどう違い、その違いがどういう理由で生まれているのか、という点である。

デーヴィスの優れた業績により、一連の論争に事実上の終止符が打たれたが、その後、生物の謎を解明するための分子レベルのアプローチが登場し、遺伝学者たちの間でまったく別の視点から新たな論争が始まった。

目に見えないくらい小さなバクテリアに始まり、巨大なシロナガスクジラにいたるまで、あらゆる生物は一つもしくは複数の細胞で構成されており、その一つひとつの細胞にはDNAという分子が含まれている。これは、細胞がタンパク質（生命の基本物質）を合成する際のヒナ型となるものだ。つまり、タンパク質合成のメカニズムは、地球上のあらゆる細胞がそなえている。この事実は、すべての細胞が共通の起源をもっていることの強力な証拠だ。

あなたの足の親指の皮膚細胞と髪の毛の細胞を調べると、その二つの細胞にまったく同じDNAが含まれているとわかるだろう。あなたの細胞と私の細胞を比べるとどうか？　DNAはよく似ているけれど、まったく同じではない。その些細な違いこそ、あなたと私の違いを生み出している要素だ。あなたのDNAをチンパンジーと比べると、違いはもう少し大きい。ラッパスイセンと比べると、違いはさらに大きくなる（もっとも、自分とラッパスイセンの共通点が思いのほか多いことを知って、驚くだろう）。そして、バクテリアとの比較になると、共通点はきわめて少なくなる。

こうした発見を合理的に解釈する方法はただひとつだ。DNAというものが存在し、それが親から子へと順々に受け継がれていき、その過程でDNAの構成要素である塩基の配列が変わる場合があると考える以外にない。これまでに研究がなされたすべての生物はこのきわめてシンプルな法則に従っており、あらゆる生物の種のDNA配列が異なる理由はこの法則によって鮮やかに説明できる。バクテリアに始まりシロナガスクジラにいたるまで、現存する生物のDNAが目を見張るほど多様なのは、生物の絶え間ない生殖活動と、それにともなうDNAの変化の結果なのだ。この前提に立つと、DNAは分類学者にとって非常に重要な意味をもつ。なにより、チャールズ・ダーウィンの主張が正しかったという強力な裏づけになる。すなわち、地球上の生命は一本の樹木が枝わかれして繁茂するようにして多様化してきたと考えることができるのだ。すべての生命はひとつの共通の祖先という根っこから出発し、何十億年もの年月をかけて枝わかれを繰り返し、豊かな枝と葉を天高く生い茂らせるようになった――そう考えなければ、毒キノコやブヨ、シロナガスクジラなど、似ても似つかない生物が共通のDNAをたくさんもっていて、まったく同じ分子レベルのメカニズムによって同種のタンパク質をつくり出していることの説明がつかない。

地球上の生命が樹木のように枝わかれしていったとすれば、分類学者は異なる生物のDNA配列の共通点と相違点を割り出すことにより、枝がどのようなルートをたどって分岐していった可能性が高いかを知る手がかりを得られる。たとえば、三種類の生物について考えるとしよう。その個々の種のDNA配列を調べれば、それぞれの種の形態学的特徴を見るまでもなく、三種類の生物を「生命の樹」の上のしかるべき場所に位置づけられる。ほとんどの場合、この方法で描かれる樹木の姿は、DNA配列を調べずに、形態学的特徴に基づいて生命の樹を描く（つまり、類似点の多い種同士を近くに配置する）場合に完成する樹木と一致する。

だとすれば、どうしてわざわざDNA解析を行なう必要があるのか？　その最大の理由は、あらゆる生物がDNAをもっているという点にある。DNAに着目すれば、たとえばチョウと樫の木の比較もできる。形態学的特徴だけを手がかりにするのであれば、そんなことは不可能だ。どこから手をつけていいか見当がつかないだろう。

デーヴィスによるスーリンの解剖学的分析により、ジャイアントパンダはおおむねクマの一種とみなされるようになっていたが、あらためてDNA解析の光を当てることはきわめて魅力的な取り組みに思えた。実は、デーヴィスの研究が発表された一九六四年にはすでに、分子生物学者たちがパンダの研究に乗り出していた。厳密に言えば、この時点ではDNAそのものを調べていたわけではない。DNA解析の方法が開発されるのはまだ先のことだ。しかし、基本的な発想は同じだった。当時の研究者たちは、DNAがつくり出すタンパク質を比較したのである。DNAの違いはタンパク質の違いという形で表面にあらわれる場合があり、そうしたタンパク質について調べる方法は二十世紀の前半には編み出されていた。

そのような研究が発展していた証拠に、一九四八年にはアメリカのラトガース大学（ニュージャージー州）に血清学博物館という施設が設立されている。血清とは、血液から赤血球などの細胞成分と凝固因子を取り除いたもので、その中にはタンパク質も含まれている。ネイチャー誌によると、血清学博物館が設立された目的は「さまざまな生命体の血液中のタンパク質を収集、保管、研究すること……そのようなタンパク質は生物を特徴づける要素であり、皮膚や骨格と同様に、保存して比較研究を行なうべきだと考えている」とのことだった。(10)

設立当初の血清のコレクションは貧弱だったが、すぐに意欲的な若手生物学者たちにとって頼もしい施設に成長していった。一九五〇年代のあるとき、カンザス大学の二人の生物学者が同博物館にジャイアントパンダの血清標本の提供を求めた（そのサンプルは、当時ニューヨークのブロンクス動物園にいたパンダのものだった）。彼らの目的は、この標本に含まれるタンパク質がクマとアライグマのどちらに似ているかを調べることにあった。

分析はどのように進められたのか？　二人の研究者はこう考えた――もし、ジャイアントパンダがアライグマよりクマに近いとすれば、ジャイアントパンダの血清でつくられた抗体は、アライグマのタンパク質より、クマのタンパク質に結びつきやすいはずだ、と。[11] このような合理的予測をもとに分析を進めると、まさにそのとおりの結果が得られた。それを受けて彼らは、「血清に関して、ジャイアントパンダはアライグマよりクマに近い」と結論づけた。

さらに時代はくだり、一九七二年にロンドン動物園のジャイアントパンダ、チチが死ぬ直前、飼育員たちは血液標本を採取し、カリフォルニア大学バークレー校の人類学者ヴィンセント・サリッチに送った。サリッチは一九五〇年代のカンザス大学の生物学者たちと同様の手法でそれを分析し、彼らときわめて近い結論に達した。「ジャイアントパンダとほかのクマが近い種であることは、疑問の余地がない」[12]。

しかし、このように断定することには疑問の声もあった。一九六六年、ロンドン大学キングス・カレッジ付属病院医学校の研究チームは、ほかのクマの染色体の数が七四本なのに対し、ジャイアントパンダは四二本しかないことを発見した。[13] この点を考えると、ジャイアントパンダとクマが近い仲間だとは言えないようにも思えた。

一九八〇年代に入って「DNAハイブリダイゼーション」という分子生物学の新しい研究方法が登場すると、この方法でパンダの謎に挑もうという動きが出てくるのは必然だった。「私はその誘惑にあらがえなかった。論争は一世紀にわたって完全決着をみておらず、新しいアプローチが必要とされていた」と、アメリカ国立癌研究所の遺伝学者スティーブン・オブライエンは二〇〇三年の著書『チータの涙、そしてそのほかの遺伝学最前線の物語』(未邦訳)で述べている。[14]

DNAハイブリダイゼーションは、異なる種の遺伝学的類似性を大ざっぱに明らかにするものにすぎないが、DNA自体を比較できれば、タンパク質を比較するよりはるかに好ましい。オブライエンらは明確な結論を導き出すために、ほかの分子生物学的アプローチも可能なかぎり併用することにし、タンパク質を大きさと荷電状態を基準に分離するゲル電気泳動を行ない、サリッチが確立していた免疫学的方法も実践した。

また、最新の染色法を用いて、過去に例がないくらい詳細にジャイアントパンダの染色体の構造を明らかにすることができた。こうしてジャイアントパンダとヒグマの染色体の明晰な写真を入手したオブライエンらは、両者の染色体の長さ、太さ、パターンが似ている箇所を探した。すると、そのような箇所が見つかった。「写真が手に入るようになり、染色体の類似箇所を見つけることが格段に容易になった」と、オブライエンは述べている。[15] この分析の結果、「ジャイアントパンダがもっている染色体はおおむね、クマの染色体同士が融合して生まれたものに思えた」という。[16]

こうしたさまざまな分子生物学的分析の結果をもとに、オブライエンの研究チームは、ジャイアントパンダをクマの仲間と断定した。また、ジャイアントパンダとクマの分子生物学的な相違点が明らかになったことで、進化の歴史上のどの時期に、この二種類の動物に大きな変化が起きたのかを知る道も開けた。DNAとそれがつくり出すタンパク質は、時間がたつにつれて一定のペースで変化していくと考えられている。したがって、二つの種の分子生物学的違いが大きいほど、生命の樹の早い段階で両者が枝わかれしたとみなせる。一九八五年にオブライエンが発表した研究結果やその後のさまざまな研究によれば、おおよそ以下のような進化の歴史があったようだ。約四〇〇〇万年前、生命の樹がまだそれほど高い木でなかったころ、その一本の枝の上に、ジャイアントパンダやクマやレッサーパンダの共通の祖先である小さな肉食獣がいた。その後、この枝は大きな二本の太い枝に分岐した。そして、さらに時代がくだると、その一本の枝の先には、ジャイアントパンダやそのほかのクマの仲間たちが、もう一本

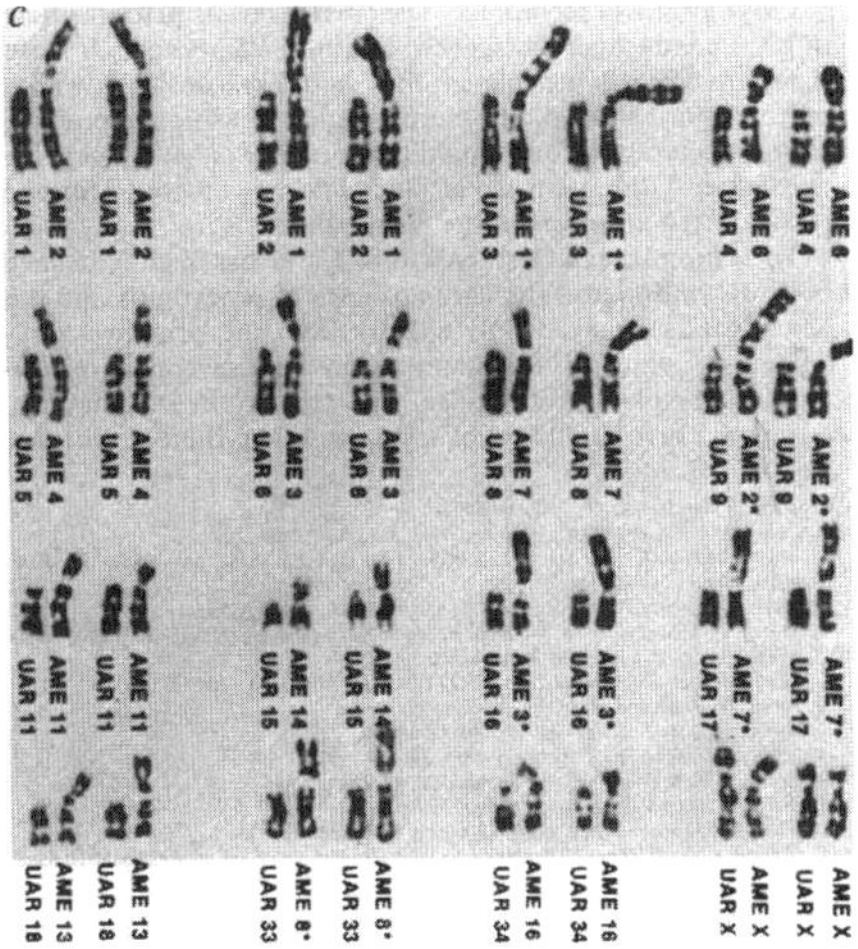

クマの仲間はたいてい染色体の数が74本なのに対し、ジャイアントパンダは24本しかない。それを理由にジャイアントパンダが本当にクマの仲間なのか疑う論者もいたが、ヒグマ（写真の「UAR」）とジャイアントパンダ（「AME」）の染色体を比較したところ、両者が酷似していることがわかった。パンダの染色体がほかのクマより少なく、サイズが大きいのは、おそらく、ジャイアントパンダが長年にわたり子孫を代々残してきた過程のどこかで染色体の融合が起きたためだろう。

の枝の先には、レッサーパンダやアライグマの仲間たちが出現することになる。こうした大まかなシナリオは、その後の大半の研究によっても裏づけられている。(17)

しかし、オブライエンが論争を完全に終結させるつもりだったとすれば、期待どおりにはならなかった。(18) まず、ジャイアントパンダとレッサーパンダの前肢に解剖学上の類似点があることを理由に、両者が近い種であると主張する論者がいた。この二種類のパンダはともに、手首の骨が人間の親指状の突起になっており、竹を上手につかめるようになっているのだ。また、フンの類似性を根拠に、両者の類縁性を強調する論者もいた。一九九一年、アメリカのバージニア州で開かれたパンダ関連の国際会議で、中国の有名な生物学者、胡錦矗《フーチンチュー》――一九八〇年代に行なわれた史上初の野生パンダの本格的な調査で共同責任者を務めた人物である（詳しくは第十章で触れる）――が登壇し、ジャイアントパンダとレッサーパンダをひとつの独立したグループに分類すべきだと主張した。聴衆の一人として講演を聞いていたオブライエンは衝撃を受けた。胡のスライドに映し出されていたのは、よく似た形をした二つのフンだった。両方とも細長い魚雷状の形をしている。そっくりに見えるが、片方はジャイアントパンダのフン、もう片方はレッサーパンダのフンだ。「このとき、私は反対説の手ごわさを思い知った」と、オブライエンは振り返っている[19]。

自分の直感を信じたのは、胡だけではない。四川省で胡と共同で野生パンダの研究を行なった動物学者のジョージ・シャラーもその一人だ。「最先端の高度な手法を用いたからと言って、謎を解き明かせるとは限らない」と、一九九三年の著書『ラスト・パンダ——中国の竹林に消えゆく野生動物』（邦訳・早川書房）で書いている。シャラーは、「個人的感情としては（論争の）結論がどちらでもかまわない」と述べてはいるが、ジャイアントパンダをクマの仲間に分類するのはこの動物のユニークさを軽んじる発想だと考えていたようだ。「ジャイアントパンダはクマに最も近いとはいえ、ただのクマではないと思う」と記している。結論としては、胡と同様、ジャイアントパンダとレッサーパンダを一緒にして、一つの独立したグループと位置づけるべきだと主張した。「パンダはパンダだ」というわけだ[20]。

延々と続く論争にうんざりした読者もいるかもしれない。高名な生物学者のエルンスト・マイヤーも、一九八六年にネイチャー誌に寄せた論説でいらだちを隠そうとしなかった。ジャイアントパンダをクマ科と位置づけたデーヴィスの一九六四年の研究にいまだに納得しない人たちを手厳しく批判し、こう書いている。「ジャイアントパンダがクマの仲間だという説に異を唱え続けている数少ない人たちがよりどころにしているのは、ジャイアントパンダがレッサーパンダと近い動物であるべきだという思い込み、そして、ＤＮＡ配列の違いについての怪しげな解釈だけだ」。ただし、マイヤーはオブライエンらの主張に賛同しながらも、論文の題名には文句をつけた。「分子生物学でジャイアントパンダの系統発生論上の謎を解く」という題名は、大げさすぎるというのだ[21]。「この問題はとっくの昔に、謎ではなくなっ

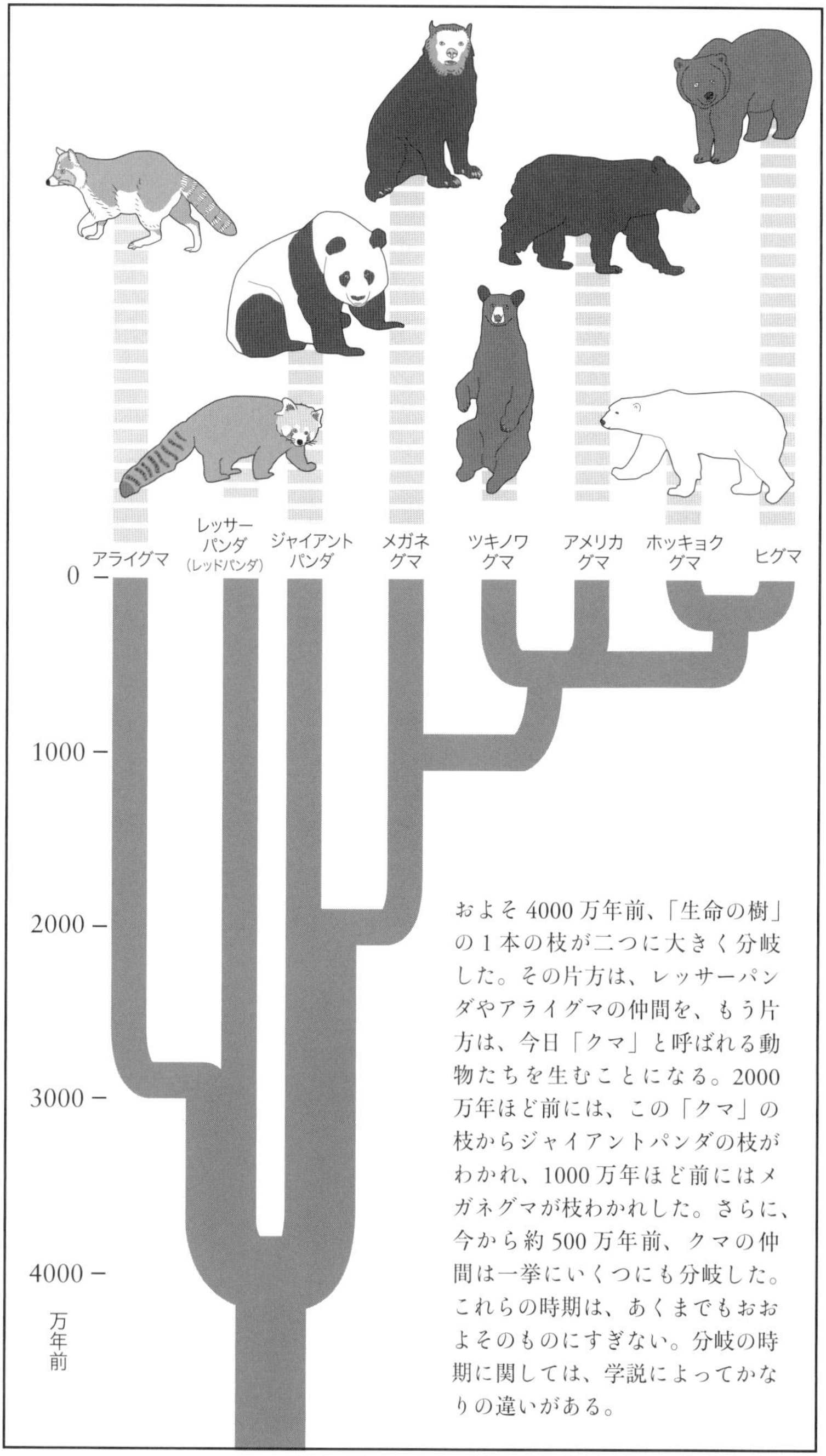

およそ4000万年前、「生命の樹」の1本の枝が二つに大きく分岐した。その片方は、レッサーパンダやアライグマの仲間を、もう片方は、今日「クマ」と呼ばれる動物たちを生むことになる。2000万年ほど前には、この「クマ」の枝からジャイアントパンダの枝がわかれ、1000万年ほど前にはメガネグマが枝わかれした。さらに、今から約500万年前、クマの仲間は一挙にいくつにも分岐した。これらの時期は、あくまでもおおよそのものにすぎない。分岐の時期に関しては、学説によってかなりの違いがある。

ていたのだから」と指摘した。もっとも、マイヤーが自分のネイチャー誌の論説につけた題名も、「科学の不確実性――ジャイアントパンダはクマかアライグマか」だったのだが。

以上から見て取れるのは、分類学という学問の難しさだ。たとえば歯が専門の研究者は当然、生物の歯を比較するだろう。そういう研究により、ジャイアントパンダとレッサーパンダなど、二種類の動物の歯の類似性を指摘することは比較的簡単だ。しかし、そういう発見は興味深いものではあるが、それだけをもって二種類の動物の類縁性が裏づけられたと断言することはできない。歯が似ているのは、同種の食料を食べるために適応を遂げた結果である可能性もあるからだ。実際、類縁性の乏しい二種類の動物がそれぞれ環境に適応した結果、よく似た形態学的特徴をもつにいたる現象――専門的には「収斂進化」と呼ばれる――は、けっして珍しいものではないようだ。

なかなか結論が出ない状況で研究者がなすべきなのは、一九六〇年代に解剖学者のデーヴィスが心得ていたように、さらに多くの、そしてさらに多様なデータを集めることだ。その点、一九九〇年代以降は、DNA配列の解読が可能になり、新たなデータが続々と手に入り始めた。たとえば、ミトコンドリアDNAの詳細な解析により、「ジャイアントパンダはレッサーパンダよりクマに近い」ことが裏づけられた[22]。今日では、DNA配列解読の技術が目覚ましく進歩して、多くのデータを、短い時間で、コストをあまりかけずに得られるようになった[23]。きわめて多くのDNAデータが集まり、いまや生息地ごとのジャイアントパンダの違いも解明できるようになっている[24]。ジャイアントパンダの分子生物学的研究が大きな進歩を遂げたことを象徴するのが、二〇一〇年のゲノム（全遺伝情報）解読の完了だ[25]。その成果を発表した同年のネイチャー誌の論文では、ジャイアントパンダの分類問題に触れてすらいない。ジャイアントパンダがクマの仲間だということには、もはや疑問の余地がなかったのだ[26]。

こうした膨大な量の分子生物学的データをくつがえすことはきわめて難しい。生物が親から子へ、子から孫へと世代交代を重ねる過程でDNAが変化していくという考え方自体を否定することになるからだ。勝負はあった。行動学的・形態学的データによって生命の樹を描き直すことは、もはや不可能に近い。しかし、分子生物学という剥き出しの枝の上に豊かな葉を茂らせるべく、ジャイアントパンダの行動や形態の詳細を明らかにするのは、行動学や形態学の役割だ。

結局は、アルマン・ダヴィドが最初に唱えた「クマ説」が正しかったことになる。しかし、アルフォンス・ミルヌ＝エドワールが赤褐色のパンダとの類似性を指摘したことは、その後にパンダがたどる道に大きな影響を及ぼした。赤褐色のパンダ（レッサーパンダ）と区別するために、ダヴィドの「白黒のクマ」をジャイアントパンダと呼ぶようになったからだ。こうしてこの珍しい動物は、愛くるしい外見と印象深い呼び名という最強のセットを手にした。

マーケティングの専門家なら知ってのとおり、魅力的な

ネイチャー誌2010年1月21日号の表紙。この号では、ジャイアントパンダの全ゲノム解析完了に関する特集が組まれた。それにより明らかになったのは、遺伝学的に見て、ジャイアントパンダが肉食獣にふさわしい特徴を備えているということだった。肉を消化するのに必要な酵素をもっている半面、植物を食べる動物に必要とされる酵素はもっていなかったのだ。この点から、ジャイアントパンダはおそらく消化器内の微生物に竹を分解させているのだろうと推察できる。

商品をうまくブランド化して売り出せば、多くの人を振り向かせられる。人々はそれを自分の目で見るために、あるいは自分の手で触れるために、どこまでも出かけていくのである。

第3章 狩りの始まり

アルマン・ダヴィドがジャイアントパンダを「発見」してから数十年、さらにいくつかのパンダの標本が中国から運び出され、分類学上の論争に素材を提供してきた。しかし、一八七〇年に天津で火を噴いた緊張はその後も高まり続け、動植物の標本を採集しようとする西洋人にとって、中国を旅することがますます危険になっていった。

パリでダヴィドが七十四年の生涯を終えた一九〇〇年、中国と列強の間の緊張が頂点に達した。十九世紀末の数年間、中国の清朝が弱体化していくのに乗じて、列強は中国でますます思うままに振る舞い始めていた。そうなれば当然、中国人の間で強烈なナショナリズムがかき立てられる。それが最も強くあらわれたのが、「扶清滅洋（清を助け、西洋を滅ぼす）」というスローガンを掲げた義和団の乱だ。[1] 一九〇〇年、義和団が西洋的な存在を片端から攻撃し始めたとき、清朝の最高権力者だった西太后はそれをチャンスと見て、六月、列強に宣戦布告した。北京の外国公使館が義和団の攻撃を受けると、外交官と家族たちは市内の公使館区域に立てこもって救援を待った。これに対し、列強は兵力二万の八カ国連合軍を派遣して義和団鎮圧に乗り出し、八月には北京を陥落させた。戦争を終結させるために一九〇一年に結ばれた北京議定書は、清朝にとってきわめて屈辱的な内容となった。

1900 年に北京を制圧した義和団に攻めかかるイギリスなどの連合軍部隊。

こうして列強が清朝を崩壊寸前まで追いつめていった間も、西洋の探検家たちは中国の動植物を採集し続けた。たとえば、ジェームズ・ヴィーチ・アンド・サンズというイギリスの同族経営の会社は、当時のヨーロッパで最大規模の種苗会社で、世界の隅々にまで人を送り込んで珍しい植物を集めさせていた。その一環として、同社はアーネスト・H・ウィルソンという若い植物学者を中国に派遣し、ハンカチノキ *Davidia involucrata* の種子を持ち帰るよう指示した。一八六〇年代にアルマン・ダヴィドが西洋にはじめて紹介した珍しい植物だ。「今回の目的は、この植物の種子を大量に集めることである」と、同社の経営者はウィルソンに言い渡した。[2]「あくまでもそれがターゲットだ。ほかの植物に時間やエネルギーや資金を無駄使いしないこと」。ウィルソンは首尾よく、ダヴィドが紹介したまさにその木を見つけ出し、大量の種子を（そのほかの商業的価値のある植物の種子と押し葉標本と一緒に）

雇い主に送った。

これ以降、ウィルソンはたびたび中国西部に採集旅行に出かけた。一九〇八年には、ハーバード大学比較動物学博物館の動物学者ウォルター・ザッピーとともにパンダの主要な生息地にも赴いた。しかし、「うっそうと茂る」竹林の中に、白と黒の毛皮に覆われた動物を見ることはできなかった。ウィルソンは一九一三年の著書『博物学者、中国西部に行く』（未邦訳）で、ジャイアントパンダについて人々の興味をかき立てることを書いている。「どこにでもいるような動物ではない。主要な生息地の自然環境の厳しさを考えると、捕獲することはきわめて難しいだろう」。当時すでに、地元ではパンダの毛皮が高値で売買されていた。「ごくまれに毛皮が成都の町で売られるときは、きわめて高い値がつく」。彼は著書のパンダに関する記述を次の端的な言葉で締めくくっている――「中国西部において、ハンターたちが苦労して狙うに値する最高の獲物である(3)」。この本で彼は、「外国人がこの動物を撃ち殺したという記録はない」「この動物を生きた状態で見た外国人はいない」と記し、西洋のハンターたちに二つの課題を設定した。生きたパンダをはじめて見る西洋人になること、そして、パンダをはじめて撃ち殺す西洋人になること、である。

ウィルソンが中国西部を探索していたころ、清朝に対する中国人の不満が高まっていった。孫文が一九〇五年に設立した中国革命同盟会は、清朝打倒をめざし、一九〇六～〇八年に少なくとも七回の武装蜂起を行なった。やがて、一九一一年までに中国各地で革命勢力が生まれ、相次いで反乱を起こし始めた。もはや、清朝にはそれを鎮圧する力は残されていなかった。一九一二年二月十二日、清朝最後の皇帝である「ラストエンペラー」こと、宣統帝愛新覚羅溥儀が退位し、清朝が崩壊した。こうして、中華民国の時代が幕を開けた。

しかし、新体制への移行が円滑に進んだとは言えなかった。新政権は清朝崩壊後の空白を埋めようとしたが、国をひとつにまとめることができず、さまざまな軍閥が台頭し始めた。このあとの十五年ほど、中国は軍閥の抗争に明け暮れることになる。そうした混乱期に、パンダを探して西洋から数組の探検隊が中国にやって来た。

一九一四年にヨーロッパが第一次世界大戦に突入する直前、ドイツ人のグループが中国西部とチベットに入った。猟犬にパンダを追跡させ、居場所を突き止めて銃で仕留める計画だったが、なにかが竹の枝を揺らす音を近くで聞いた以上の成果は得られなかった。パンダが危険を交わす達人のようだと気づき、ドイツ隊は作戦を変更した。リーダーのワルター・ストッツナーが、生きた赤ちゃんパンダを地元住民から買い取ったのだ（おそらく、隊に同行していた動物学者フーゴ・ヴァイゴルトのアイデアだったのだろう）。そのパンダはすぐ死んでしまったが、なにはともあれ、このドイツ隊の面々は「生きたパンダを見た最初の外国人」になった(4)。

一九一六年には、オーストラリアの宣教師ジェームズ・ヒューストン・エドガーが、パンダらしき動物を目撃した経験について書き記している(5)。「高いナラの木の大きな枝の根元に一頭の動物が寝ているのを見た。以来、その動物のことが気になって仕方がない。それはとても大きくて、とても白く見えた。ネコのように体を丸めて寝ていた。見たこともない動物で、同行していたチベット人たちも目を丸くしていた」。そのとき、エドガーは銃を持っていなかったので、撃ち殺して持ち帰ることはできなかった。そこで、一〇〇メートルほど離れた場所に陣取って、木から降りてくるのを待った。しかし最後まで、その生き物は木を降りなかった。激しい嵐により彼が引き揚げざるをえなくなったときも、まだ木の上にいた。彼はこの出来事がずっと頭に引っかかっていたようだ。のちに、「パンダを待つ」と題した詩を書いている[6]。

パンダを待つ。
まだらのクマと呼ぶべきか。
ナラの木の隠れ家で
眠っているのを私は見た。

パンダを待つ。
深い霧に濡れながら。
パンダを待ち続けて
私たちのテントは無事か。

パンダを待つ。
雪に覆われた高地にて。
ハンターたちはどのように
恐ろしい夜を震えて過ごすのか。

パンダを待つ。

山の松林の中で。
この動物を見守る遊牧民は
それがなにを食べるか知っている。

けれど狡猾《こうかつ》なパンダは
退屈な竹林ではなく
神秘的な岩山の上で
敵をやり過ごす。

そして、パンダが宣言する。
ラマが役に立たないなら
犬でも鉄砲でも持ってくるがいい
私は平気だ、と。

パンダを待つ。
パンダの魂の中に
平凡な石ころを山吹色の黄金に
変える方法が隠れているから？

いや違う。パンダを待つのは
わが子に財産を残すためではない。
この動物には、なにかがあるから。
それがなにかは、誰も説明できないけれど。

そして、このパンダという動物は
庭で飼われるようなペットではない。
チベットやその近くで
生きている。

一族に対して罪を犯した
狡猾なヤコブさながらに
人はパンダを欲する。
その高価な毛皮のために。

パンダを待つ。
荒地の中で。
ストア派の哲学者のように
嵐や大自然の試練にも動じずに。

太古の人々が冷笑する。
おまえはパンダのために
この世の終わりまで待ち続け
結局はパンダを手にできないだろう、と。

私たちはパンダの前を離れる。
その骨がいつの日か
化石になって
ここ穆坪《ムーピン》の地の石になることを願って。

そしてあなたは将来、パンダを見る。
素晴らしい動物園で。
そんな日がいつか来ると
夢想せずにいられない。

一九二一年には、イギリスの外交官で探検家でもあったジョージ・E・ペレイラ准将が、パンダを撃ち殺した最初の外国人という称号を手にしようと、四川の地に三カ月滞在した。結局、目的を果たせず、白い毛皮の動物が木の上にいるのをちらっと見ただけに終わった。そればかりか、足の感染症を患って七週間寝込む羽目になった。また、現地のサンダルのようなものを履いて雪の中を一〇〇キロ近く歩き、重度の凍傷にも苦しめられた。ペレイラはこうした苦難を味わいながらも、北京からチベットのラサまで徒歩で踏破するという偉業を成し遂げた。

こうした冒険談の数々は、西洋人のジャイアントパンダに対する関心をいっそうかき立てた。しかし、このあとさらに十年がたっても、アーネスト・H・ウィルソンが挙げた二番目の課題は誰も成し遂げられずにいたようだ。しかしそもそも、どうして当時の人々は、パンダを自分の手で撃ち殺すことにこれほど固執したのか？　西洋の博物館がそれを望んでいたことは想像がつく。大自然の驚異を研究し、それを展示するというビジネスを行なう上では、ジャイアントパンダとそれを撃った銃という組み合わせほど、魅力的な展示物はないだろう。しかし、ザッピーやヴァイゴルト、エドガー、ペレイラといった人たちは、なぜ自分の手でパンダを撃ちたいと強く願ったのか？　この点は、ほとんどの人がパンダの姿を見たり、写真を撮ったりするだけで満足する今日の発想からはなかなか理解しづらい。

なぜ、この時代の人たちがパンダをはじめとする野生動物を射殺したがったのかを知るためには、今日とはまったく異なる時代だったことを頭に入れる必要がある。当時は、まだ自然界に多くの野生動物がいた。そうした動物が農作物を荒らしたり、家畜を殺したり、ときには人の命を奪う場合もあり、野生動物を撃ち殺すことは必ずしも野蛮な行動とは思われていなかった。そういう時代環境のなかで、西洋諸国の博物館が動植物標本の所蔵品を充実させようとし始めた。今日の感覚からすると奇妙に思えるかもしれないが、博物館の標本収集活動は——その際、最も手っ取り早い方法で動物が殺されることが多かったのだが——野生動物保護の思想が形づくられる上できわめて大きな役割を果たした。そもそもどういう動物が自然界にいるか知らなければ、野生動物を守ろうという発想は生まれない。自然界に対する理解が深まり、目に見える標本が博物館の所蔵品として展示されてはじめて、野生動物を保護すべきだという倫理観が生まれたのだ。その意味で、博物館のために狩猟を行なった人たちが、今で言う野生動物保護思想を唱えた先駆者だったことは偶然ではない。

典型的な例を紹介しよう。十九世紀末に合衆国国立博物館（ワシントンDCのスミソニアン研究機構の一部）の主任分類学者だったウィリアム・T・ホーナデイは、アメリカバイソン（バッファロー）など、いくつかの印象深い動物が急速に絶滅に向かいつつあることに気づいた。この事態に、彼は自分が知っている唯一の方法で対処しようとした。残り少なくなった野生のアメリカバイソンのうちの数頭を殺して博物館に展示すべきだと、主張したのだ。「こうした野生の種の生息数が減っていることに、人々の注目を集めるべきだと（ホーナデイは）思っていた。そして、アメリカ社会全体で野生動物保護の倫理観を強めるためには、博物館で印象的な展示を行なうことが有効なのではないかと考えた」と、バージニア大学で博物学の歴史を研究しているメアリー・アン・アンドレイは記している。(7)

一八八六年、ホーナデイは上司の支援を得て、スミソニアン研究機構の「バッファロー隊」のリーダーとしてモンタナ州に遠征した。そこで目の当たりにしたのは、あたり一面を埋めつくす「白茶けた骨」の数々だった。(8)「大量殺戮の不気味な記念碑」のように、白骨が山をなしていたという。それでもバッファロー隊は、二五頭を射殺した。「目撃した個体はほぼことごとく撃ち殺した。モンタナ州に（アメリカバイソンは）三〇頭以上残っていないだろう」と、ホーナデイは一八八六年十二月に上司に書き送っている。(9)

それでもアンドレイによれば、このモンタナ州での経験がホーナデイにとって大きな転機になったようだ。その後、彼はアメリカバイソンなど、絶滅の危機に瀕している動物を保護するための動物園の建設を訴えるようになった。ほどなく、動物を飼育して繁殖させることを目的に国立博物館の「動物部」が開設され、数年後には、それが現在の合衆国国立動物園に改組された。第九章で見るように、このワシントンDCの動物園は一九七〇年代にパンダの物語に深く関わるようになり、今日にいたるまで重要な役割を果たし続けている。

しかし、ホーナデイのような考え方をする人はまだ少数派だった。博物館がこぞって標本の獲得に乗り出す一方で、民間の収集家たちも珍しい標本をかき集めようとして狩猟活動に熱を入れ始めた。ハンターたちがとくに狩りたがった野生動物は、アメリカバイソン、ゾウ、サイ、ライオン、ヒョウのいわゆる「ビッグファイブ」だった。当時は、今日に比べるとこれらの獰猛《どうもう》な野獣がまだたくさんいたので、それを駆除することには社会奉仕の側面もあった。しかし、ハンターたちを行動に駆り立てた最大の動機は、「男らしさ」を誇示することだった。男たちは――そう、当時ハンティングを行なうのはもっぱら男性と決まっていた――凶暴な野生動物と知恵比べをすることで力がみなぎってくるように感じたのだ（銃を使うことにより、そもそもハンターにとって圧倒的に有利な戦いだったのだが）。

この時代、男性ホルモンに突き動かされて狩りへの強烈な欲求を抱いた一人が、第二六代アメリカ大統領セオドア・ルーズベルトだ。一八八八年、ホーナデイが国立動物園の設立に向けて運動していたのと同じころ、大統領就任前のルーズベルトはブーン・アンド・クロケット・クラブという団体を発足させた。この団体の目的は、「健全な肉体と精神を擁し、強力なエネルギー、決意、男らしさ、自立心、自助の能力の持ち主である」[10]大物狙いのハンターたちの社会的評価を守ることにあった。科学史家のグレッグ・ミットマンは著書でこう指摘している。「ルーズベルトは、エリート層の男たちが現代文化によって肉体的にも精神的にも去勢されつつあると恐れていた。そこで、大自然と戦い、過酷な環境で過ごすことにより、先人の開拓者たちがいだいていた力強さと自助の精神を取り戻すべきだと考えた。そうすることで、男たちにリーダーにふさわしい資質を再びもたせたいと思っていたのだ」[11]。

さらにルーズベルトは、ブーン・アンド・クロケット・クラブを通じてスポーツマン精神にのっとった狩猟を普及させることにより、アメリカバイソンなどの大型動物を絶滅の危機に追いやった大がかりな産業型狩猟の招いた批判をはね返したいと考えていた。こうした点で、狩猟愛好家たちも野生動物保護論者という一面をもっていた。実際、ルーズベルトはアメリカ大統領を務めた一九〇一〜〇九年に、このような目的意識に基づいて、アメリカの環境保護の歴史上有数の重要な改革を相次いで打ち出した。政府内に森林局を創設して、広大な国有森林を管理させることにし、五カ所の国立公園、四カ所の禁猟区、五〇カ所以上の鳥類保護区も設けた。

これらの改革の結果、ハンティングに対する人々の意識が変わり始めた。しかし、ホーナデイは満足していなかった。一九二五年にこう述べている。「潤沢な資産とプロのガイド、そして高性能の連射ライフルさえもっていれば、どんなに間抜けな人間でも大きな獲物を仕留められる。しかし、自然界を自由に動き回る野生動物の素晴らしい写真を撮るためには、自然に関する知識、高度な技能、そして強い忍耐心が必要だ」[12]。

銃で動物を撃《シュート》つ文化から、カメラで動物を撮《シュート》る文化への移行は、まだ十分に進んでいなかった。ザッピーやヴァイゴルト、エドガー、ペレイラのような男たちにとっては、いまだに「カメラよりも銃」だった。もはや欧米諸国では獰猛な野生動物がほぼ絶滅していたので、彼らはアジアやアフリカに遠征してハンティングを行なった。ジャイアントパンダは、一部の噂によれば獰猛な動物で、これまで何十年も銃弾を逃れ続けており、西洋の博物館にごくわずかな標本しか所蔵されていなかった。狩猟愛好家の男たちにとって申し分ない標的だった。そして、狩りの道具は銃以外にありえなかった。

このような背景に照らせば、一九二〇年代にセオドア・ルーズベルトの息子であるセオドア・ジュニアとカーミットの兄弟がシカゴのフィールド自然史博物館に費用を拠出させて探検に乗り出すにいたった状況を理解しやすいだろう。ルーズベルト兄弟は、同博物館の「アジアホール」を飾る展示品として、ジャイアントパンダなどの標本を中国で収集させてほしいと申し出た。彼らは一九二九年の著書『ジャイアントパンダを追って』（未邦訳）の冒頭で、みずからに課した仕事がいかに手ごわいものだったかを記している(13)。

旅の最大の目的は、ジャイアントパンダだった……これまでペレイラ准将やウィルソン、ザッピー、マクニールといった人たちがこの動物を狩猟しようとしたが、成功していなかった。私

ブーン・アンド・クロケット・クラブが1895年に発行したガイドブックに掲載されていた、ジャイアントパンダのスケッチ。このガイドブックの共同編者には、セオドア・ルーズベルトも名を連ねていた。ルーズベルトの息子、セオドア・ジュニアとカーミットはパンダを撃つことを目的に1929年に中国に乗り込んだとき、この絵のような動物を探したのかもしれない。

たちがそれに成功する確率はきわめて低かった。だから、親しい友人たちにさえ、旅の本当の目的を事前に教えなかった。

「ウィリアム・V・ケリーとルーズベルト兄弟によるフィールド自然史博物館・南中国探検隊」（これが探検隊の正式名称だった）は四川に入ると、宝興《パオシン》から調査を始めた。かつてアルマン・ダヴィドがパンダを手に入れた場所だ。しかし六日たっても、「野生動物には一頭も遭遇しなかった」(14)。十数人の地元の猟師を動員したのに、そんなありさまだった。そこで一行は南に移動し、隊の通訳を務めていた中国系アメリカ人のティーンエージャー、ジャック・ヤンに、パンダについて知っている地元の猟師を探させた。すると、射殺した経験があるという住民が一人か二人見つかった。しかしこの人たちは、山でパンダを見つけたわけではなかった。村にさまよい込んだパンダが農作物を食べたので撃ち殺しただけだった。これでは参考にならない。野外でブタの骨を料理してパンダを山からおびき出してはどうかと提案した住民もいたが、ルーズベルト兄弟にしてみれば「救いようもない愚かなアイデア」としか思えなかった(15)。フェアなハンティングとは言えないと考えたのだ。

一九二九年四月十三日、ルーズベルト兄弟はパンダが通ったばかりの跡を見つけ、二時間半ほどそのあとを追った。すると、「思いがけず近くで甲高い声が聞こえた」と、カーミットは書いている(16)。偵察から戻った隊員が、急いで来るようにとメンバーに言った。カーミットがあわてて駆けつけると、トウヒの木の洞からパンダの頭と肩口がのぞいていた。「（パンダは）眠たげに左右を見回すと、のそのそと洞から出てきて、竹林の中に消えていった。その瞬間、テッド（セオドア・ジュニア）が追いついてきて、二人同時に発砲した。パンダの姿が吸い込まれようとしていたあたりを目がけて撃った」。パンダは逃げ出したが、雪の上の血痕を追うと、最高のご褒美が待っていた。「二人が撃った弾は、二発とも命中していた」。

一カ月後、今日のベトナムのハノイに着いたルーズベルト兄弟は、シカゴのフィールド自然史博物館に電報を打った。[17]「とびきりの幸運に恵まれた。貴館のために、二人でオスのジャイアントパンダの成獣を仕留めた」「専門家の一致した見方によれば、白人がジャイアントパンダを撃ち殺したのはこれが最初だ」。ひょっとすると、これより早くパンダを撃ち殺した白人がいたのかもしれないが、その人たちは歴史に記憶されていない。ルーズベルト兄弟が元アメリカ大統領の息子だったこと、この年に兄弟が出版した探検記が多くの人に読まれたこと、そして翌一九三〇年にフィールド自然史博物館でジャイアントパンダの標本が展示されて大反響を呼んだことを考えれば、それは当然の結果だった。

アメリカでは当時、最大の、そして最高の自然史博物館をめざす競争が熱を帯びていた（その競争は今も続いていると言えるかもしれない）。それは、アメリカにいくつもの優れた自然史博物館が存在したからこそ起きた現象でもあった。とくに有力なものだけでも、ワシントンDCの合衆国国立自然史博物館、ニューヨークのアメリカ自然史博物館、ピッツバーグのカーネギー自然史博物館、シカゴのフィールド自然史博物館などがすでにあった。十九世紀末にはアメリカの自然史博物館の間で、最高水準で最大規模の恐竜化石コレクションを築くことをめざして激しい競争が繰り広げられた。[18]一九三〇年代のパンダをめぐる状況は、それとよく似ていた。

フィールド自然史博物館のケリー＝ルーズベルト隊が成功を収めると、ほかの博物館も自前のパンダ狩猟隊を組織し、より多くの、より状態のいい標本を入手しようとした。一九三一年、フィラデルフィア自然科学アカデミー博物館は、ブルック・ドーランという人物を中国に派遣した。ドイツ人動物学者のフーゴ・ヴァイゴルト（十数年前に中国で赤ちゃんパンダを購入した人物だ）とエルンスト・シェーファーも同行した。このシェーファーという人物が木の上でごろごろしていた赤ちゃんパンダを見つけ、ライフルで射殺した。探検隊はその赤ちゃんパンダの毛皮をはぎ、地元住民から購入した数頭のパンダと合わせてフィラデルフィアに送った。

一九三四年、ニューヨークのアメリカ自然史博物館もパンダを手に入れようとして、「セージ西中国探検隊」に資金援助を行なった。この隊に参加した動物学者のドナルド・カーターによれば、地元の猟師たちは罠を仕掛ける手法をよく用いていた。パンダの通り道にコードを張り渡しておいて、パンダがそれに引っかかると、心臓に向けて槍が飛び出すようにしていたのだ。効果は実証済みだったが、自分の手で獲物を狩りたい西洋人の目には、フェアなやり方に見えなかった。そこで自分の足でパンダを追跡したものの、竹林の中に入ると、思うように前に進めなかった。「一メートルくらい先までしか見渡せず、しかも竹の落ち葉のせいでどうしても大きな音を立ててしまう。おまけに、根っこにたびたび足を取られた」と、カーターは書いている。(19)

竹林の中では、落ち葉のせいで、獲物を不意打ちすることが不可能だった。獲物がそばにいそうだとこちらが気づくよりずっと前に、こちらの存在が向こうに感づかれてしまう。そこで、比較的歩きやすい場所を選び、川が干上がったあとを歩いて移動することにし、竹林のてっぺんを見上げて、枝が揺れないかどうか目を凝らした。枝が揺れている下では、パンダが竹を食べているはず、と考えたのだ。また、竹林の向こうのトウヒの木も双眼鏡で観察し、枝の上でパンダが日なたぼっこをしているのを見つけようとした。しかし、いずれも成果はなかった。

セージ隊は作戦を変更し、地元住民から猟犬を借りた。するとある日、カーターと動物学者のウィリアム・シェルドンが二頭のパンダを目撃した。一頭は丘の向こうに姿を消した。そこで、猟犬たちがもう一頭をしばらく追いかけたが、結局は逃げられてしまい、力なく吠え声をあげただけだった。この一件に限らず、猟犬作戦は「きわめて効果が乏しかった」。別のある日、シェルドンは、パンダが通ったと思われる跡を見つけた。それをたどって深い草地に入っていくと、やがて草が押しつぶされている場所に出た。そこにパンダが寝ていたに違いない。「(シェルドンは)パンダが起きて逃げ出すときの音を聞いたという。しかし、草が生い茂っているせいで姿は見えなかったとのことだ」と、カーターは記している。シェルドンはそのあと夜までパンダの通った跡を追い続けたが、「パンダを目撃することはできなかった」という。

隊がいよいよ撤収する前、猟を行なえる最後の日に、隊長のディーン・セージとシェルドンはイチかバチかで、パンダが最近通った場所を探させるために猟犬たちを放った。セージは崖の岩棚に上り、シェルドンも見晴らしのいい場所に陣取った。やがて、竹の枝がへし折られる派手な音が突然聞こえた。その後のドラマについて、セージはナチュラル・ヒストリー誌にこう書いている。

犬たちがこちらに近づいてくる。吠え声が次第に大きくなり、ひっきりなしに竹の枝が折れる音がし始めた。突如、大型の動物のものらしい、怒りに満ちたうなり声が聞こえた。背筋がゾクゾクした。次の瞬間、夢のようなことが起きた。ジャイアントパンダが竹林から出てくるのが見えたのだ。私との間は、五〇メートルほどしか離れていなかった。パンダは猟犬に追われている。一発撃ったが、命中しなかった。すると、パンダは進路を九〇度変えて、私のいた岩棚のほうにまっすぐ向かってきた。私はもう一発撃った。

一心不乱に撃ち続けたが、命中しない。気がつくと、もう弾がなかった。パンダは六メートル前まで迫っていた。五メートル。パンダはまっすぐ近づいてくる。ライフルの台尻で叩き殺せるだろうか？セージはパニックになった。四メートル。そばにいたガイドから手に弾を握らされた。三メートル。その弾をライフルにねじ込むと、パンダに向けて発砲した。そのとき、シェルドンも自分の見張り場所から発砲した。「（パンダは）二つの方向から被弾し、坂をごろごろ転げ落ち、ようやく五〇メートル近く下の木にぶつかって止まった。われわれはジャイアントパンダを仕留めたのだ」と、セージは記している。[20] 翌日、隊のメンバーはパンダの肉を堪能したという。

このように、これ見よがしに派手な狩猟作戦が繰り広げられていたころ、合衆国国立自然史博物館はもっと地味だが効率的な方法でパンダの標本を集めていた。一九一九年、四川で活動していた宣教師のデーヴィッド・クロケット・グレアムはアメリカに一時帰国した際、ワシントンDCの同博物館に顔を出し、中国での標本収集を任せてくれないかと持ちかけた。博物館がその申し出を受け入れて物資と資金を提供することになり、グレアムはその後二十年にわたって何十回も標本採集旅行を行なうことになる。とくに、一九二九年のルーズベルト兄弟によるパンダ射殺成功が大きな話題になると、宝興と汶川《ウェンチュアン》で収集したパンダの死体を続々と博物館に送り始めた。一九三四年までの五年間に調達したパンダの標本は、二〇頭を上回る。

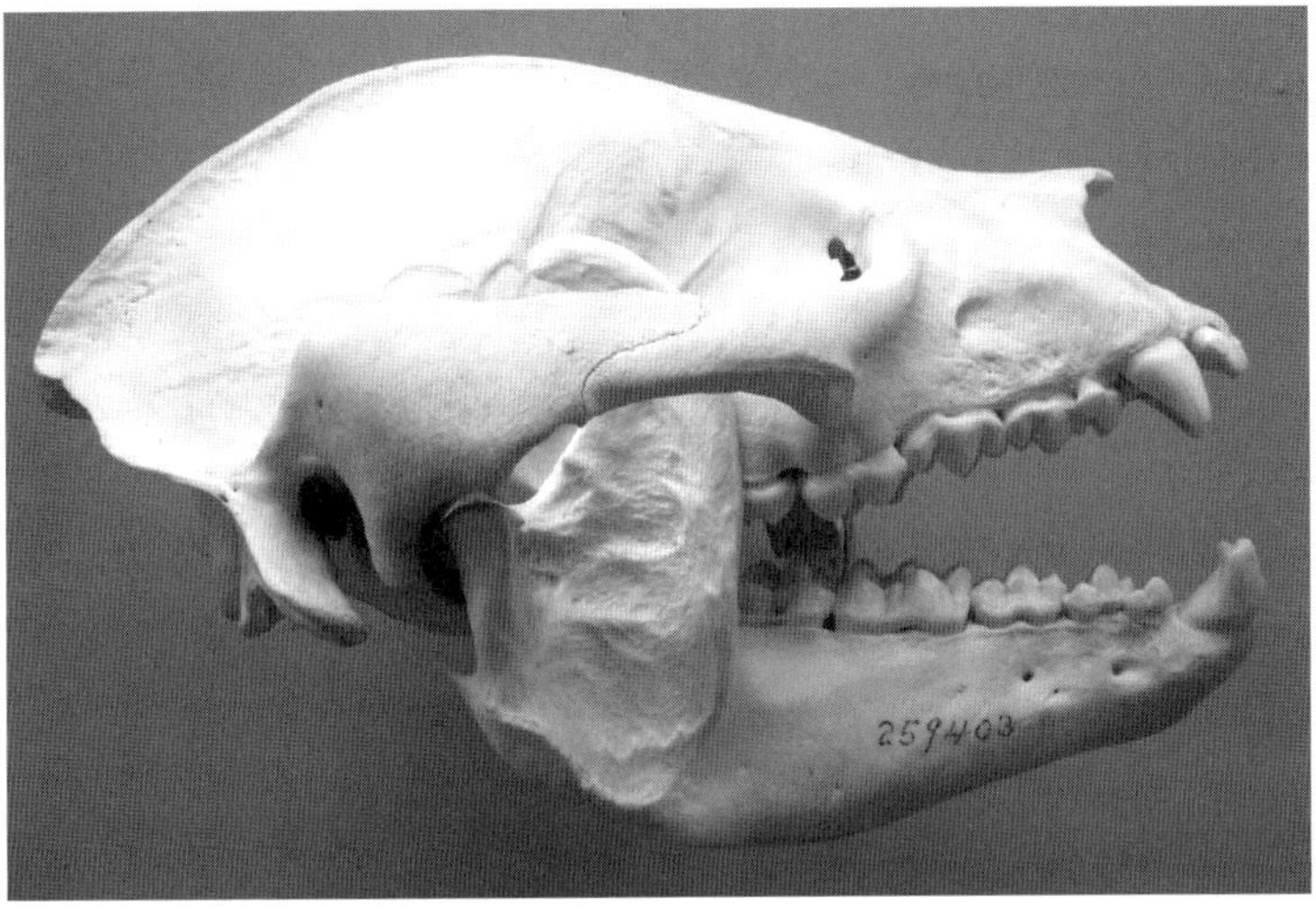

デーヴィッド・クロケット・グレアムが合衆国国立自然史博物館に送った標本のひとつ。この頭蓋骨は、1934年12月に四川省の汶川近くで射殺されたメスのパンダのものである。頭蓋骨の上部が稜線のように細長く盛り上がっているのが見て取れるだろう。ジャイアントパンダの強力な顎の筋肉がここに付着し、その筋力で大きな歯を機能させることができる。これらは、硬い竹を噛み砕くための適応の結果である。

多くの西洋人が中国に乗り込んで好き勝手に振る舞い続けていたことは、清朝に代わって政権を握った北京の中華民国政府の支配が全土に及んでいなかったことのあらわれと言えるだろう。それでも、国民党と中国共産党をはじめとする政治勢力は、軍閥の影響力を削いで中国を再統合しようと努めていた。

一九一九年に設立された国民党は、混沌状態に終止符を打てる存在として次第に力を強めていった。そして一九二五年、機能不全の北京政府に対抗して、南部の広東に国民政府を樹立。翌二六年には、軍事的志向の強い新指導者、蔣介石《チアンチエシー》の下で、同政府の国民革命軍が国家統一をめざして「北伐」を開始した。その後、二年間にわたり、北部の軍閥や共産党、日本軍との血みどろの戦いが続いたが、一九二八年には中国東部を制圧し、中華民国の首都を北京から南京に移した（南京は、中華民国の首都が北京に置かれる前、一九一二年に孫文を臨時大総統として中華民国臨時政府が樹立された都市だ）。

その後、国民党の中華民国政府は一党独裁体制を確立し、分裂状態にあった国の再建に乗り出した。アメリカとドイツなど、いくつかの国が新政権を支援した。この時期にアメリカとドイツが中国におけるパンダ狩猟で優位に立っていたことは、こうした国際政治状況とも関係があったのかもしれない。蔣介石政権は欧米諸国の資金と技術を導入し、キリスト教関係者の支援も得て、金融システムと教育制度の改革、道路と鉄道の整備、産業の振興を推し進めた。その一方で、同政権は共産党の紅軍を徹底的に掃討し、追いつめていった。一九三四年十月、紅軍は福建省と江西省の境界付近にあった拠点を包囲され、そこを放棄して、敵の虚をついて逃げ出す以外になくなった。およそ八万人が包囲線を突破して脱出した。これ以降、紅軍はつねに国民党軍の攻撃にさらされながら各地を転々とし、一年かけてざっと一万キロを踏破した末、陝西省の延安《イエンアン》にたどり着いた。最後まで生き延びた紅軍のメンバーは一万人まで減っていたと考えられている。このいわゆる「長征」の過程で、毛沢東が中国共産党の指導者としての地位を確立した。

国民党指導者の蔣介石（1928年）。

驚くべきことに、一九三五年六月、陝西省に逃れる途中の紅軍が雪に覆われた四川省の夾金《チアチン》山を通過したときも、この一帯では西洋人によるパンダ狩猟が続いていた。この少し前には、イギリスの貴族でハンターでもあったコートニー・ブロックルハーストが自費で遠征していた。ブロックルハーストもアメリカのセージ隊の面々と同様、地元の猟師たちがパンダを仕留めるために罠を仕掛けていることを知ったが、やはりこのやり方が気に食わなかった。「パンダが通ったばかりの痕跡を見つけて、それを追う以外の方法はありえない」と、のちにイギリスに帰国した直後に新聞の取材に語っている。追跡を開始して数週間後、彼はパンダのうなり声を聞いたという。「ヒョウの鳴き声に似ていたが、それより長く声が続いた」。猛獣の狩猟経験が豊富だった男らしい感想と言えるだろう。

次の日、ブロックルハーストはパンダの通った跡を見つけ、それをたどって歩いていった。しばらくして、ふと気づくと、黒い縁どりの中の二つの瞳と目が合った。頭上の岩棚に、「並はずれて大きなパンダ」が立っていた。[21]

同行していた荷物運搬役を大あわてで呼び、ライフルを持ってこさせると、必死にあとを追った。一発で仕留めなくてはならないだろうと、覚悟していた。ところが、木々が茂っている下は夜のように真っ暗だった。パンダの急所を識別することも難しかった。さらにまずいことに、連れていた犬がパンダを追いかけ、激しく吠え始めた。しかし次の瞬間、パンダが立ち止まり、こちらに向き直った。私は慎重に狙いを定めて、首に一発の銃弾を撃ち込んだ。即死だった。私はこの一発を撃つために、四万五〇〇〇キロを旅してきたのだ。

しかしこのころには、パンダを撃ち殺すことに、ハンターたちは以前ほど魅力を感じなくなっていた。西洋のハンターたちはもっと手ごわい課題に挑みたいと思うようになり、パンダを生きたまま中国から連れ出すことを真剣に考え始めた。

第4章

生け捕り作戦

シカゴのフィールド自然史博物館は、ルーズベルト兄弟が射殺したパンダを展示し始めたのと同じ年、中国西部の動物に関する十年間にわたる調査プロジェクトに資金を拠出することを決めた。その調査活動のリーダー役を務めたのは、日本生まれのアメリカ人であるフロイド・タンジェール・スミス。金融関係のキャリアを捨てて、冒険の人生を選んだ人物だ。博物館はスミスに、パンダを無視してそれ以外の動物の標本採集に専念するよう厳しく言い渡していたが、スミス自身は密かに別の思惑をいだいていた。生きたパンダを捕獲した最初の人間になりたいと考えていたのだ。そこで、あちこちに設けた拠点に地元の猟師たちを配し、自分が不在のときも捕獲作戦を行なえるようにした。「自分がいない間に大きな成果が得られるのではないかと、大いに期待している」と、スミスはアメリカの姉妹への手紙に書いた。[1]「うまくいけば、一頭か二頭のパンダが捕獲されていて、私の手からエサを食べるかもしれない」。

しかしフィールド自然史博物館は、二年もしないうちにスミスとの契約を打ち切る。大恐慌の時代で資金が不足していたのかもしれないが、仕事ぶりに満足できなかった可能性もある。なにしろ、ジャーナリストのヴィッキー・クロークの著書『レディーとパンダ』（未邦訳）によれば、スミスは、当時パンダ捕獲をめざした人たちのなかで「最も不運だったか、そうでなければ最も無能だったと言わざるをえない」ありさまだった[2]。不首尾の原因について、本人は悪天候、山賊、怠惰な地元猟師、役所の官僚体質、不安定な政情などを挙げていた。博物館との関係を出来高方式に切り替えられて以降、「運に見放されて、やつれたスミスは、収入のために獲物を追い続けるようになり、名声を守るために苦労していた。そんなとき、アメリカ東部の名門大学出身の若者の一団が上海にやって来た[3]」。

その若者たちのなかに、ウィリアム・ハークネスという探検家がいた。ハーバード大学出身のハークネスとローレンス・グリズウォルドは一九三四年五月、インドネシアでコモドオオトカゲを数匹生け捕りにし、それを連れてアメリカに帰国した。当時としてはエキゾチックで珍しい生き物だった。同じ年の九月、二人は次の冒険に乗り出した。新たに組織された「グリズウォルド＝ハークネス・アジア探検隊」が掲げたのは、生きたジャイアントパンダをはじめて中国の外に運び出すという、さらに大きな目標だった。ところが、一九三五年一月に上海に到着する前に、グリズウォルドが離脱。ハークネスは上海で、スミス、そして同じ目標をいだいていたイギリス人のジェラルド・ラッセルと意気投合し、一緒に四川に向かった。しかし、パンダ捕獲の許可を得ていなかったので、上海に引き揚げる羽目になった。そして一九三六年一月、ハークネスは上海で死去する。三十四歳の若さで癌に冒されていたのだ。

もしハークネスがアメリカを発つ直前に結婚していなければ、ハークネス家とパンダの関わりはここで終わっていただろう。しかし、ニューヨークで服飾デザイナーをしていた気丈な女性、ルース・ハークネスは、夫から受け継いだ二万ドルの資産を使って中国に夫の遺灰をまき、夫がやり残したパンダ捕獲という仕事を引き継ごうと決意した。この年のうちに上海にやってきた彼女は、夫が定宿にしていたパレス・ホテルに泊まり、この「無秩序に広がる平坦な都市」の蒸し暑い気候をみずからも体験した。(4)当時の上海のコスモポリタンな雰囲気について、前出のクロークの著書の一節を引こう。(5)

ナイトクラブでは、地元のギャングたちがロシア人オーケストラの生演奏でルンバを踊っている。中国人の金持ちの若い男たちは、真っ黒な髪をポマードでなでつけ、女の子たちをエスコートする。若いモダンな女性たちは、ピンヒールを履き、腰までの深いスリットが入った、シルクのハイネックのタイトドレスに身を包んでいる。ポーランドのマズルカや、フランスのアパッシュダンス、ブラジルのカリオカダンス、アルゼンチンのタンゴなど、あらゆるダンスを楽しめる。歌手たちは甘くせつない歌声で、恋を歌ったアメリカのジャズナンバーを歌い上げる。

ルース・ハークネスは上海に落ち着くとほどなく、二十歳近く年上のスミスにまとわりつかれるようになった。スミスは、パンダ捕獲活動を続けるために金が必要だったからだ。彼女は到着して一週間もしないうちに、自分はこの男と組めないという結論に達し、それをきっぱり言い渡した。「とうてい壮健とは言えないし、いい人だとは思うけれど、いろいろな面でまったく実務能力がない。そんな人と組むという賭けをする訳にはいかない」と、アメリカの親友への手紙で書いている。(6)

ある日、ハークネスは上海で開かれたパーティーで、ジャック・ヤンに紹介された。一九二〇年代末にルーズベルト兄弟のパンダ狩りに同行した中国系アメリカ人の若者だ。ジャック自身はヒマラヤ山脈への遠征に出発することになっていたので、弟のクエンティンをパンダ捕獲作戦のパートナーとして推薦した。ヤン兄弟の尽力により、ハークネスは政府の許可も得ることができた。その際に課された条件は、中華民国政府の最高学術機関である中央研究院（当時は首都の南京にあった）のためにクエンティンがパンダを一頭連れ帰ることだった。新たに若いパートナーを得たことで、彼女はジェラルド・ラッセルとも縁を切った。「このきわめて英国紳士らしい男性は、ハークネス・アジア探検隊と行動をともにしなくなった」と、祖国への手紙に書いている。(7)

一九三六年九月、ハークネスは上海でスミスとラッセルに別れを告げ、若くハンサムなクエンティン・ヤンと一緒に蒸気船に乗り、長江（揚子江）をさかのぼった。七十年近く前にアルマン・ダヴィド神父が旅したのと同じルートだ。二人は武漢をへて重慶まで船で行き、そこからは陸路で成都に入り、山岳地帯をめざした。途中で会った人たちは、どうしてわざわざこんな危険な旅を――ましてや若い女性が――するのか理解できず、やめたほうがいいと口々に言ったが、彼女の決意は揺るがなかった。

当時は、国民党軍が共産党の紅軍や山賊たちと激しい戦闘を繰り広げていた。旅の途中でもっと凄惨な光景を目にせずにすんだことが不思議なくらいだった。それでも、中国を包んでいた緊張の一端は目の当たりにした。成都のすぐ近くで、機関銃を携えた国民党軍の兵士たちが大勢、目の前を通過した。その一団は、ロープで縛られた二人の男を引き立てて歩いていた。その後しばらくして、彼女は道端に片方の男の死体が転がっているのを目撃した。「大量の銃弾を浴びて蜂の巣になっていた。一〇人程度の地元住民がその男に見覚えがあると言った」(8)。ヤンに通訳させて住民に話を聞いたところ、男は六〇〇人規模の山賊団のリーダーだった。山賊たちが奪還をめざして国民党軍を襲撃したが、国民党軍は男を解放せずに、銃弾の雨を浴びせて殺し、そのまま逃げ出したのだ。もう一人の捕虜は、その際に脱走したようだ。

現地に入ったハークネスは、スミスに雇われた地元の猟師たちがパンダを探していることを知った。また、ラッセルも「きわめて英国紳士らしい」人物とは言い難かったことがわかった。ラッセルは、ハークネスとヤンが上海で蒸気船に乗り込むとすぐに、飛行機で成都に入っていた。なんとしてでも二人より早くパンダを生け捕りにしたかったのだ。こうした動きはどうしようもなかったが、ハークネスはそのまま汶川に入り、高齢だが細身で屈強なチベット人猟師を雇った。その男はパンダを捕獲させてやろうと約束し、二人を西の山へと導いた。

ヴィッキー・クロークは『レディーとパンダ』で、ハークネスとヤンの間にロマンスが芽生えたと書いている。二人がはじめて結ばれたのは、エロチックな像や絵画がたくさん飾られたチベットの廃城の一室だったようだ。以前この土地を旅した植物学者のアーネスト・H・ウィルソンは、そうした美術品を「おぞましく、吐き気がするほど猥褻」と呼んだが[9]、その約三十年後にここを訪れた二人の旅人はそれに刺激を受けたらしい。

十一月前半、ヤンは高度の異なる三カ所にベースキャンプを設けた。彼らは知る由もなかったが、実はパンダの捕獲にはもってこいの時期だった。スミスはおとなのパンダを捕まえようとしていたようだが、これは季節を問わず難しい。しかし、パンダは生殖上の知恵で夏の終わりに出産するので、十一月ごろに、生後数カ月もたっていない赤ちゃんパンダを捕まえることはそう難しい話ではない。ある朝早く、二人は罠の様子を見に行く途中、朽ちかけたトウヒの木から、哀れで静かな鳴き声が聞こえることに気づいた。奇跡的に、パンダの巣をたまたま発見したのだ。母親のパンダはエサを食べるために、巣を留守にしていた（母親のパンダがそういう行動を取ることは珍しくない）。ヤンは木の洞の中に手を伸ばし、白と黒の小さな塊を慎重に持ち上げ、ハークネスに手渡した。

難しいのは、ここから先だ。赤ちゃんパンダを生かしておくためには、どうすればいいのか？　スミ

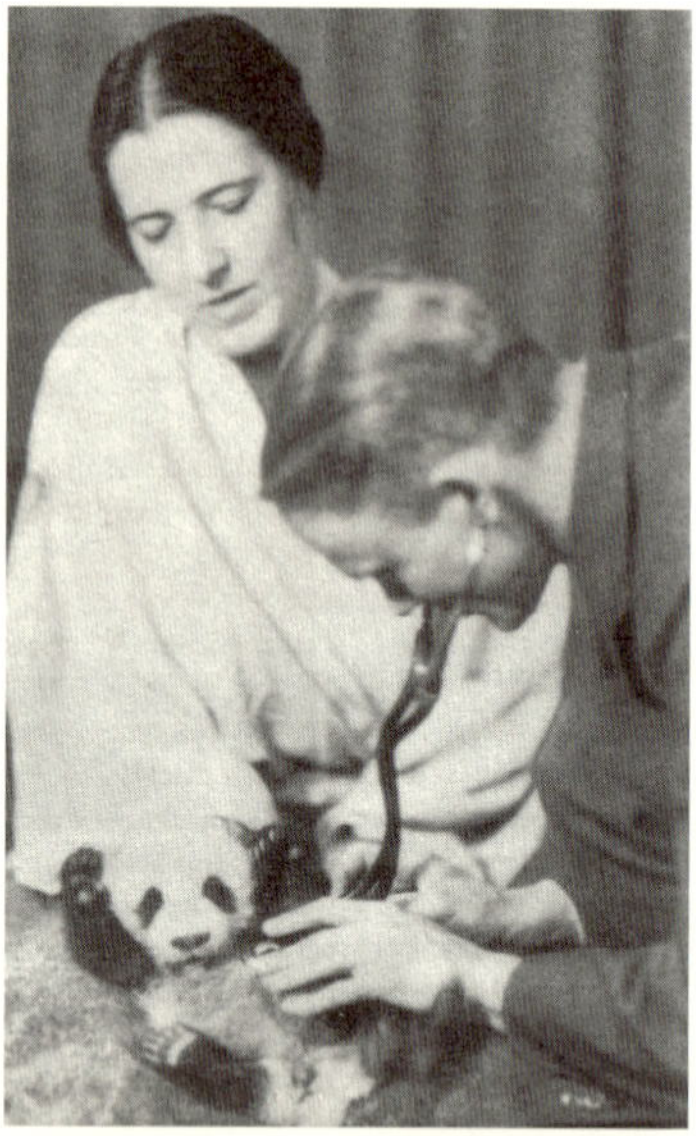

ルース・ハークネスは、1936年11月27日、上海のパレス・ホテルの自室に報道陣を迎え入れる前、医師にスーリンの健康診断をさせた。

スのような男たちは銃をもってパンダの里に乗り込んできたが、ハークネスは哺乳瓶と粉ミルクを用意していた。二人が赤ちゃんパンダを大切にベースキャンプに連れ帰り、ミルクをつくって与えると、勢いよく飲み始めた。ハークネスは、そのパンダを「スーリン」と名づけた。ジャック・ヤンの若い妻アデレードの愛称から取った名前だ。アデレードも赤ちゃんパンダも「美人」だったので、ぴったりの命名に思えた（のちに死後の解剖でスーリンはオスだったと判明するのだが）。それから十日もしないうちに、ハークネスはスーリンを連れて成都から上海に飛行機で飛んだ。パンダ捕獲成功のニュースは瞬く間に広まった。取材攻勢でパンダの移送に支障が出ることを恐れた彼女は、上海を発つ前に取材と写真撮影に応じることを約束した。十一月二十七日、パレス・ホテルに記者たちが集まった。その翌日、彼女はエンプレス・オブ・ロシア号で上海を離れ、アメリカに向けて出発する予定だった。

　しかし、書類手続きで足止めを食ってしまう。おそらく、太平洋上でスーリンが死亡した場合に備えて一万ドルの保険がかけられているという噂を税関関係者が耳にはさんだためだろう。結局、エンプレス・オブ・ロシア号には乗れなかった。翌日、状況はさらに悪化した。赤ちゃんパンダをアメリカに連れ帰れば、ハークネスが二万五〇〇〇ドルもの金を手にするようだと、チャイナ・プレス紙が憶測記事を載せたためだ。パニックになった彼女は、コネを使って有力者に口をきいてもらい、いくらかの金も支払った。上海の税関関係者はそれで満足したらしく、「犬一頭、二〇ドル」という輸出許可書類を発行した。[10] こうしてようやく、彼女はスーリンを連れて蒸気船プレジデント・マッキンレー号に乗り、日本を経由してサンフランシスコに向かうことができた。

フロイド・タンジェール・スミスは、悔しさを隠せずにいた。パンダの生け捕りで他人に先を越されるだけでも不愉快なのに、ましてや相手は女性だ。一九三〇年代当時、スミスのような男にとって、それは耐え難い屈辱だった。そこで、事実とは異なるストーリーを捏造してメディアに語り始めた。自分の手下の男たちがトウヒの木の巣を見つけて見張っていたが、噂を聞きつけたハークネスがやって来て、赤ちゃんパンダを盗み出したのだと、チャイナ・プレス紙に泣き言を言ったのだ。[11] しかし、じきに話のつじつまが合わなくなり、相手にされなくなった。世間の注目は、ハークネスと彼女のかわいらしい獲物に注がれた。蒸気船が到着したサンフランシスコの港で、シカゴで、そしてニューヨークで、行く先々で大勢の記者が待ち受けていた。面会に訪れる人もあとを絶たなかった。セオドア・ジュニアとカーミットのルーズベルト兄弟とセオドア・ジュニアの息子クエンティンもやって来た。

ハークネスによれば、生きたパンダと対面すると、こわもての男たちが表情を崩したという。いつかスーリンが死んだとき、シカゴのフィールド自然史博物館でルーズベルト兄弟のパンダと一緒に展示される日が来るかもしれないという話が出ると、セオドア・ジュニアは、そんな日が訪れることを信じたくないようだった。「この子が死んで展示されるなんて、ここにいる息子がそうなるのと同じくらい、想像するのもつらい」と言ったという。[12] 一九三四年のセージ西中国探検隊のリーダーだったディーン・セージも、スーリンを見て「すっかり虜になった」[13]。「ハークネスさん、もう二度とパンダを撃てなくなりましたよ」と述べた。

ハークネスは最初、ニューヨークのブロンクス動物園にスーリンを買ってほしいと思っていた。しかし、ブロンクス動物園もほかの動物園も買おうとしなかった。わからないことが多すぎた。弱々しい赤ちゃんパンダは、いつ死んでも不思議ではない。それに、エサの竹をどうやって調達すればいいのか？ほかのエサで代替できるのか？　こうした問題に加えて、莫大な出費も二の足を踏む一因になった。それでもほどなく、シカゴに新たに開園したブルックフィールド動物園との間で合意に達した。スーリンの結婚相手を捕獲するための次回の捕獲活動の資金を動物園が負担することで話がまとまったのだ。動物園側にとっては大きな賭けに思えたが、ふたを開ければ大成功だった。

一九三七年四月にスーリンの展示が始まったときには、それまでの数カ月にわたる大々的な報道のおかげで市民の関心が高まっていた。[14]初日の来園者は五万三〇〇〇人を突破。最初の一週間の入場料収入で、パンダの取得にかかった費用をすべて回収してしまった。翌一九三八年には、大恐慌で意気消沈した国民を元気づけるためにアメリカ政府が実施した芸術家支援計画「フェデラル・アート・プロジェクト」の一環として、画家のフランク・W・ロングがスーリンのポスターを描いた。


このころ、中国では国民党政権の支配が揺らぎ始める。蔣介石は共産党掃討を優先させ、日本軍による東北部占領を許す結果を招いていた。そうした情勢の下、ハークネスとスーリンがアメリカに発って間もない一九三六年十二月、抗日を主張する勢力により蔣介石が拉致監禁される事件が起きる。いわゆる西安事件である。国民党と共産党が結束して日本と戦うべきだと、拉致を行なった勢力は主張した。蔣介石はみずからが解放されるために、不本意ながらも要求を受け入れた。その後、国民党と共産党がどのように共同して日本軍と戦うかを話し合っていたとき、北部で事態が大きく動く。日本軍が北京と天津を占領したのだ。

一九三七年八月、上海の黄浦江《ホアンプーチアン》に停泊していた日本の軍艦に対し、中国軍機が空爆を実施したが、爆弾は日本艦には当たらず、上海の市街に落ち、数百人もの一般市民が犠牲になった。爆弾のうちの一発は、パレス・ホテルのそばに落ちた。少し前にハークネスは二度目のパンダ捕獲作戦のために中国入りし、この懐かしい定宿に滞在していた。『レディーとパンダ』は、上海の凄惨な様子を次のように記している(15)。

1937年8月14日、上海の黄浦江に停泊していた日本の軍艦に対し、中国軍機が空爆を実施したが、爆弾は上海の市街に落ち、パレス・ホテルも大きな被害をこうむった。ルース・ハークネスはこの数日前から同ホテルに滞在していたが、爆弾が落ちたときは留守にしていて事なきを得た。

> 激しい爆発音がして、ガラスが砕け散り、石造りの建物の外壁も粉々になった。煙が晴れると、「おぞましい死の光景が目に飛び込んできた」。道路は血でぬかるみ、ばらばらになった人間の手足や頭部がガラスの破片や瓦礫の間に転がっていた。焼け焦げた車の中では、乗っていた人たちが座席に座ったままの格好で炭になっていた。血のにおいと肉の焼けるにおいが、爆薬の鼻を突く刺激臭と混ざり合っていた。瀕死の重傷を負った何百人もの人たちがショックによる放心状態から我に返り、瓦礫だらけの道端で痛みに苦悶しており、そのすすり泣きの声

が空気を満たしていた。

幸い、ハークネスはそのときホテルにいなかった。その後、すさまじい破壊の跡を目の当たりにし、自分が死と隣合わせだったのだと感じたことで、彼女は内面から力がみなぎってきたようだ。「この戦争で自分が死ぬわけがないと思っている」と、アメリカの友人に宛てた手紙で書いている。[16]「激しい爆撃の最中でも、まったく恐怖を感じずに川岸まで出ていける。自分が死なないとわかっているから。とても心地よい感覚を味わえる。ほかのかわいそうな人たちのことは、気の毒に思うけれど」。

二頭目のパンダ捕獲への使命感をますます強め、ハークネスは旅の準備を進めた。ただし今回は、クエンティン・ヤンの力は借りることができなかった。ヤンは長年の恋人と結婚し、上海を離れていたからだ。前回のように長江（揚子江）を船でさかのぼるのは危険すぎたので、いったん香港に出てベトナムを経由し、比較的安全な南から再び中国に入るルートを選んだ。日本と中国が全面戦争に突入し、交通・輸送ルートが崩壊していたことを考えると、わずか数カ月でパンダの里に到達し、赤ちゃんパンダの捕獲に最適な季節に間に合えたことは、彼女が非常に勇敢に行動した証拠と考えていいだろう。

この時期、日本軍は上海を占領し、さらに首都の南京に進軍した。歴史家のジョナサン・スペンスの記述によれば、このとき、「現代の戦争の歴史上最悪の凶行と破壊が行なわれた」[17]という。日本軍が兵士三万人、非戦闘員一万二〇〇〇人を殺害し、二万人の女性をレイプしたという推計をスペンスは著書で紹介している。このあと、中華民国政府は南京を放棄し、長江を上流にのぼった武漢に拠点を移した。一九三八年一月、ハークネスは新たに捕獲した赤ちゃんパンダの持ち出し許可を得るために、武漢を訪れた。今度の旅ではクエンティン・ヤンの力を借りずに目的を果たしたが、ヤンのことが忘れられなかったようだ。彼女はその赤ちゃんパンダを「ダイアナ」と名づけた。ヤンの若い花嫁の名前だ。アメリカに連れて行かれたあと、ダイアナは「メイメイ（梅梅）」と改名される。メイメイはメスだと思われていたが、スーリンと同様、実はオスだった。この二頭が動物園で一緒になったときは大きな注目を集めたが、共同生活は長続きしなかった。メイメイがやって来て間もない一九三八年四月一日、スーリンが急死したのだ。

「多くの人がスーリンの死を悼んだが、誰よりもさめざめと泣いたのは、ミセス・ハークネスだった」と、翌週に発行されたライフ誌は書いている。(18) その記事によれば、スーリンはナラの小枝を飲み込んでしまい、喉をかきむしり、扁桃腺《へんとうせん》を化膿《かのう》させて死んだとのことだったが、のちの公式発表では、死因は肺炎とされた。ライフ誌のこの号には、パンダの記事の前のページに、当時のナチス・ドイツがどのようにヨーロッパの勢力図を塗り替えようとしているかを示す地図が掲載されていた。「スイスの三分の二と、アルザス・ロレーヌ地方の大半を自国領と主張するドイツの言い分は、あまりに荒唐無稽だ。むしろ、それよりも切実な脅威は、チェコスロバキアの西部国境にドイツという波が打ち寄せ始めていることである」という説明文が添えられていた。

このようにヨーロッパにキナ臭い空気が充満し、アジアでは日本と中国の間で戦争が始まっていたが、ハークネスはシカゴの動物園でパンダを繁殖させたいという強い意志を抱いて、三たび四川に向かった。最初の旅でパートナーを務めたクエンティン・ヤンが復帰し、すでに成都で二頭のパンダを捕獲して待っていた。

このころには、スーリンとメイメイがブルックフィールド動物園に莫大な入場料収入をもたらしたのを目の当たりにして、ほかの動物園も生きたパンダの獲得に乗り出していた。一九三八年六月十日には、ブロンクス動物園が一頭のメスのパンダを受け取った。成都にある華西協合大学の教授の尽力によるもので、このパンダは「パンドーラ」と命名された。翌年には、オスのパンダも贈られ、「パン」と名づけられた。

　パンダハンターのフロイド・タンジェール・スミスも多忙を極めていた。地元の猟師たちのネットワークを駆使して、一九三八年に入ってすでに数頭のパンダを捕獲し、成都に運び込んでいた。しかし、日本軍が武漢の中華民国の拠点に向けて進軍し始めると、パンダの里にも戦争の足音が近づいてきた。蔣介石は、日本軍の前進を遅らせるために黄河の堤防を破壊して洪水を起こし、武漢を捨てて四川の重慶に逃れた。これにより、スミスのパンダ輸出事業が大幅に停滞し、みずからも何カ月にもわたり成都に足止めを食った。成都に到着したハークネスは、スミスが捕獲していたパンダたちの飼育状態を見てぞっとした。「狭苦しくて不潔な檻《おり》の中にパンダたちを押し込めている。強い日差しの下、屋根もない場所に置いている。自由に歩き回ることも許していない」と、友人への手紙に書いた。[19]「パンダを

パンダハンターのフロイド・タンジェール・スミス（蔣彝の童話『ミンのお話』の挿絵より）。

大量にかき集め、死ぬにまかせている」。
一九三八年十月、スミスはどうにか六頭の生きたパンダを連れ出すことに成功し、三週間の過酷な陸の旅をへて、六頭を船に乗せて香港をめざした。一頭は船旅の途中で死んだが、残り五頭は無事に香港に到着した。このうちの三頭は、当時ヒットしていたアニメ映画『白雪姫』に出てくる小人にちなんで、「ハッピー」「ドーピー」「グランピー」と名づけ、あと二頭は高齢のメスを「グランマ（おばあちゃん）」、幼いパンダを「ベイビー」と呼ぶことにした。ロンドン動物園がパンダに興味を示し始めていたので、五頭をイギリスに連れていこうというのがスミスの考えだった。彼がイギリス行きの安全なルートを検討する間、「香港愛護動物協会」の犬舎のグラウンドがパンダたちの仮の宿になった。同協会のローザ・ルーズビー名誉書記はパンダたちに心奪われたが、五頭が過酷な旅を強いられたことを心配してもいた。ルーズビーはザ・フィールド誌への投書でこう書いた[20]。「世界の動物園が野生動物の取引を続けるのであれば、せめてそれを厳しく監視するようにすべきだ。営利事業に委ねてはならない」。

ルース・ハークネスも同様の懸念を抱き始めていた。ヤンは二頭のパンダを捕獲していたが、雷をともなう嵐の日に一頭が突如、凶暴化し、やむなく射殺していた。一方、もう一頭には思いがけない運命が待っていた。生きたパンダを史上はじめて西洋に運び出した女性探検家が、今度は幼いパンダをわざわざ中国の山に連れて戻り、解放したのだ。さらに彼女は、そのパンダが戻ってこないように、数日間その場で山を見張った。そのあと、彼女は一度だけそのパンダの姿を見たという。「黒と白の毛皮に覆われた幼いパンダは、最後に一度、文明世界を見に来たあと、一目散に走り去った。地獄に住まうあらゆる悪魔に追いかけられているかのように[21]」。

チャイナ・ジャーナルの編集長、アーサー・デカール・サワビーは、パンダの捕獲が急増していることに警鐘を鳴らした。[22]「ジャイアントパンダは珍しい動物で、けっしてたくさん生息しているわけではない。今のような狼藉が続けば、いずれ死に絶えてしまうだろう。中国政府に働きかけて、手遅れにならないうちに、絶滅から救うための措置を取らせるべきだ」。当時としては異例のことだったし、ましてや日本軍の攻勢にさらされていた最中だったにもかかわらず、四川省政府は迅速に、パンダ捕獲を禁止する規則を定めた。

　しかし、スミスはすでにパンダを連れて中国を発っていた。一九三八年の吹雪のクリスマスイブ、一行はアンテノール号でロンドンの港に到着した。埠頭で待っていたのは、ロンドン動物園のジェフリー・ヴェヴァーズ。この人物の手回しにより、パンダたちはロンドンの市街を抜けて、ロンドン動物園に運ばれた。高齢のグランマは、二週間もたたずに死んでしまった。ハッピーは、第二次世界大戦の勃発を目前にした時期に、ドイツ人の業者に買われていった。そしてドイツの各都市をあわただしく巡回しアメリカに渡った。アメリカでは、ミズーリ州のセントルイス動物園でもう一頭のパンダ、パオペイ（宝貝）と一緒に戦争の時代を生き抜いた。

　グランピー、ドーピー、ベイビーは、ロンドン動物園が買い取り、中国の歴代王朝にちなんで「タン（唐）」「サン（宋）」「ミン（明）」と改名した。パンダを見るために動物園に足を運んだ何千人もの来園者のなかには、当時のエリサベス王女（のちのエリザベス二世）と妹のマーガレット王女も含まれていた。なにしろ、パンダがイギリスの土を踏んだのはこれがはじめてだったのだ。一九三〇年代にイギリスに移り住んだ中国人の詩人で画家の蒋彝《チアンイー》もロンドン動物園を訪れた。蒋はヴェヴァーズの許可を得て、昼だけでなく、夜に閉園したあともそっとパンダたちを見守った。自分と同郷のパンダたちに対するイギリスの人々の反応も観察した。「ある老紳士は、しょせんはただの動物じゃないか、どうしてこんなに大騒ぎするのか理解できない、と言っていた[23]」。

蔣自身はパンダに魅了され、この動物をテーマに愉快な子ども向けの本を二冊書いた。『パンダとチンパオ君』（邦訳・しいら書房）は、山でおじいさんと離れ離れになった中国人の男の子チンパオ君が、五頭のパンダ一家と暮らしながら孔子の教えをパンダたちに説こうとする物語で、フロイド・タンジェール・スミスに捧げられている（スミスは終盤で物語の中にも登場し、少年を家族の元に連れ戻し、パンダたちを捕獲する役回りを与えられている）。数年後に発表した『ミンのお話』（未邦訳）は、ロンドン動物園にやって来たミンの物語だ。この本で、蔣はジャイアントパンダの親善大使的な役割について述べている[24]。「ミンは間違いなく、中国の代表と言えます。中国の人たちと同じように、穏やかで人懐こく、忍耐強い性質の持ち主です。そして、中国の人たちと同じように、マイペースで生きています」。さらに、蔣はこう書いた。「ミンはここで生涯を送ることに決めました。イギリスの人たちとずっと友達でいたいと思っています」。

この時期、中国の政治指導者たちは、パンダ好きの欧米の大国との関係を深めるためにジャイアントパンダを利用しようと考え始めていた。戦争が始まると、中国と英米は日独と戦う仲間同士になり、アメリカでは「中国救済連盟（UCR）」などの団体が設立され、中国の人々を支援するための募金活動が行なわれた。中華民国政府は支援に対する謝意を表現するために、象徴的な贈り物を送りたいと考えた。すぐに、二頭のパンダを贈ることが決まった。「パンディー」と「パンダー」と命名された二頭は、明確に外交上の役割を担わされた、歴史上最初のジャイアントパンダだった。一九四一年、ニューヨークのブロンクス動物園のジョン・ティーヴァンを中国に迎えてパンダの引き渡し式が行なわれ、蔣介石の夫人が全米向けにラジオ演説をした[25]。

アメリカの友人のみなさんは、中国救済連盟を通じて、わが国民の苦しみをやわらげ、理由なく負わされている傷をふさぐ力になってくださっています。ささやかな感謝のしるしとして、ティーヴァンさんを介して、この二頭の白黒でふわふわの愉快なパンダをお贈りしたいと思います。アメリカのみなさんの友情が私たち中国人に喜びをもたらしたように、このかわいらしくおどけた二頭がアメリカの子どもたちに喜びをもたらすことを願っています。

第二次世界大戦時、アメリカでは、日本と戦う中国の人々に援助を届けるために「中国救済連盟（United China Relief）」という団体が設立された（同団体のポスター）。

ロンドン動物園も、戦争が始まってほどなくタンとサンが相次いで死亡し、ミンも四四年十二月に死亡していたので、新たなパンダの贈呈を望んだ。イギリス側はその際、それと引き換えに、国際文化交流機関のブリティッシュ・カウンシルが費用を全額負担して、中国人の動物学者一人を一年間イギリスの研究機関に研修生として迎えようと申し出た。こうして、一九四六年にパンダのリェンホー（連合）と一人の中国人動物学者がロンドンにやって来た。ささやかな出来事に見えるかもしれないが、このとき中国ははじめて、パンダの「輸出」によって目に見える恩恵を手にしたのである。やがて、研究協力、保護資金の提供、技術支援と引き換えに、外国にパンダを倫理的な形で貸し出すことが頻繁に行なわれるようになる。

リェンホーがロンドンにやって来たときには、第二次世界大戦は終わっていた。一九四五年八月に広島と長崎に原子爆弾が落とされ、日本は降伏。中国では、アメリカの支援を受けた国民党が東部で支配を回復した。しかし、長い戦いを通じて蔣介石の権力基盤は揺らぎ、毛沢東率いる中国共産党が勢力を拡大していた。それまでは日本という共通の敵を前に、国民党と共産党はおおむね足並みを揃えていたが、日本がいなくなると再び熾烈な内戦が始まった。経済が崩壊し、失業が深刻化するなか、優勢になっていったのは共産党だった。共産党の人民解放軍は北部を制圧し、さらに、国民党が日本から奪還していた南京に向けて進軍を開始。追いつめられた蔣介石は台湾に逃れた。

一九四九年十月一日、毛沢東率いる中国共産党は中華人民共和国の建国を宣言した。西洋人がパンダをわが物顔に捕獲する時代は終わりを告げた。これ以降、外国人がパンダと関わる際には、中国共産党によってすべて厳しく管理されるようになる。

第2部

象徴としての動物

第5章　共産主義国の「商品」

一九五〇年代に二頭のパンダが中国から出国し、それがパンダの歩む道を永遠に変えることになる。その二頭がチチ（姫姫）とアンアン（安安）である。

清朝末期に北京の西郊につくられた中国初の動物園は、二十世紀前半の混乱期をへて、すっかり荒れ果てていた。一九四九年に権力を握った共産党政権は、それを近代的な動物園に再生したいと考え、来園者を迎える日に向けて空っぽの檻を埋めるために、国内の隅々にまで人を派遣して動物を捕獲させた。(1)「北京動物園」として再オープンした動物園はすぐに、キンシコウ（動物園での飼育は世界初だった）、ゴールデンキャット、ユキヒョウ、トラ、ゴールデンターキン、そしてレッサーパンダとジャイアントパンダといった動物を擁するようになった。しかし、こうした珍獣のほとんどは中国の国内に生息している動物だった。北京動物園の動物のコレクションは、地球上にいる動物の多様性を映し出しているとは言い難かった。

そこで、一九五八年五月、アフリカから大型哺乳類が到着したとき、北京動物園の関係者は大喜びした。キリンが三頭、サイが二頭、カバが二頭、シマウマが二頭、海を渡ってやって来た。この動物たちは、オーストリアの若き実業家ハイニイ・デンメアがケニアから運び込んだものだった。デンメアはそれと引き換えになにを求めたのか？　答えはお察しのとおりだ。

当時、シカゴのブルックフィールド動物園では、三頭目のパンダであるメイランが一九五三年に死亡して以降、パンダが不在になっていた。そのため、この動物園を運営するシカゴ動物学協会はかなりの金額を支出してでもパンダを入手したいと考えており、二万五〇〇〇ドル支払う用意があると、デンメアに伝えていたという。デンメアと妻は動物たちを貨物船に載せてケニアのナイロビを出発し、インド、タイ、香港を経由して中国に到達した。北京動物園では熱烈な歓迎が待っていた。「親切なことに、園長は三頭のパンダのなかから好きな一頭を選ばせてくれた。とても気前がいいと思った」と、彼はのちに記している(2)。

デンメアはじっくり時間をかけてパンダを選んだ。パンダ舎に数日間寝泊まりまでした。「それほど長期間にわたって観察したのは、どの一頭を連れていくかを選ぶことだけが目的ではなかった。この動物について、少しでも多くのことを学びたかったからだ」と、彼は振り返っている。観察し始めて最初に感じたのは、「パンダがかなり獰猛で、人間に触れられることにまったく慣れていないようだ」という点だった。

飼育下にある幼い動物には、母親代わりに愛情を注ぐ存在が不可欠だと、私は強く信じている。そこでアフリカの拠点では、捕獲されたばかりの幼い動物にはすべて、地元の男の子をすぐにあてがい、丸一日世話をさせ、エサを与えさせ、いつも一緒に遊ばせていた。

北京にはアフリカの男の子を連れてきていなかったので、デンメア自身がパンダの母親代わりを務めることになった。しかし、彼が最初にパンダの檻に足を踏み入れたとき、中国人の飼育員たちがぎょっとした顔をした。彼らの不安は的中した。「檻に入るなり、すぐに逃げ出す羽目になった」と、彼は振り返っている。それでもほどなく、いちばん幼いパンダ、メスのチチが檻の中に受け入れてくれるようになった。「(チチは)寂しくて、誰かと触れ合いたいと思っていた。もし言葉が話せれば、私のことを親友と呼ぶのではないか(3)」。

デンメアがこの新しい友達をアメリカに連れていく手配を進めていたとき、障害が持ち上がった。「アメリカ国務省がまた〝入国希望者〟を締め出した」と、タイムズ紙(ロンドン)のワシントン特派員はこの件を記した(4)。デンメアとチチは、東西冷戦の対立に巻き込まれてしまったのだ。

一九四七年以降、アメリカは旧ソ連率いる共産主義陣営の国々への軍事関連技術・物質の輸出を禁止していた。一九四九年には、これにイギリス、フランス、イタリア、オランダ、ベルギー、ルクセンブルクが加わり、共産圏に対する経済的締め付けを強化するために、対共産圏輸出統制委員会(COCOM)が組織された。ソ連は中国の共産党政権への支持を表明していたので、アメリカ国家安全保障会議(NSC)は中国もCOCOMの規制対象と位置づけた(5)。「アメリカはヨーロッパの同盟国とともに、ソビエト連邦とそのヨーロッパの衛星国家、および北朝鮮が戦略物質・装備を直接入手することを禁じている。わが国は安全保障の一環として、これらの国々が中国経由で同様の物質・装備を入手することも阻止すべきである」。

これを予期していた中国の毛沢東主席は、アメリカ主導の「帝国主義的」な貿易制限に対する国民の反発をかき立て、それによって国民を結束させようとした。一九四九年八月には、こう演説した。[6]「わが国を包囲したければすればいい。八年でも十年でもするがいい。わが国がアメリカなしで生きていけないはずがない」。

毛沢東の戦略は、すぐに明らかになった。毛が政権樹立後の最初の公式訪問先として選んだのは、当時のソ連だった。一九五〇年一月二十二日、毛はモスクワでヨシフ・スターリン書記長と数時間にわたり会談した。このとき、二人は意気投合したとは言い難かったが、その後六週間かけて行なわれた一連の話し合いの結果、両国間で中ソ友好同盟相互援助条約が締結された。

この年の六月、朝鮮半島で国際政治情勢が大きく動く。北朝鮮軍が北緯三十八度線を越えて韓国に攻め込んだのだ。これに対しアメリカのハリー・トルーマン大統領は、国連安全保障理事会の北朝鮮弾劾決議に呼応して、韓国を支援するためにアメリカ軍を投入。ほかのいくつかの国も同調した。こうして組織された国連軍の反攻により、北朝鮮軍は三十八度線を越えて北へ大きく押し返され、ついには中国との国境に近い鴨緑江近くまで追いつめられた。すると十月、何十万人もの中国兵が義勇軍という形で北朝鮮支援のために参戦。国連軍を再び押し戻し、三十八度線を越えてソウルを一時制圧した。

1950年の毛沢東とスターリンの歴史的な首脳会談を記念して、中国で発行された切手。

わずか数年の間に、中国とアメリカの関係は一変した。一九四九年以前、アメリカは中国にとって最大の貿易相手国だった。その両国がいまや戦火を交えていたのだ。一九五二年、朝鮮戦争の戦況が膠着状態にあるなか、アメリカを中心とする西側諸国は、中国と北朝鮮の戦争遂行能力を弱めるねらいで、両国向けの軍事関連技術・物質の輸出を統制するために対中国輸出統制委員会（ＣＨＩＮＣＯＭ）を設立。共産圏諸国からの輸入も制限し始めた。(7)

一九五三年に朝鮮戦争の休戦協定が結ばれると、ＣＨＩＮＣＯＭへの支持は急速に弱まったが、アメリカで対中強硬論が完全に消えたわけではなかった。とくに、アイゼンハワー政権で国務長官を務めた筋金入りの反共主義者、ジョン・フォスター・ダレスは、中国に対して厳しい姿勢で臨むべきだと強く主張し続けた。一九五四年にスイスのジュネーブで行なわれた国際会議の場で中国の周恩来首相から握手を求められたとき、それに応じず憤然と部屋を出ていったこともあった。中国とアメリカの関係に雪解けが訪れるのは、一九七二年のリチャード・ニクソン大統領の中国訪問を待たなくてはならない（この点については第九章で詳しく論じる）。

アメリカ国務省はチチの入国を断固拒否する姿勢を変えなかったが、デンメアは断念するつもりなどなかった。「ワシントンの誰かお偉いさんがお目こぼしをして、共産主義国出身のチチの入国と滞在を許してくれる」ことを期待していたのだ。(8)デンメアはとりあえず、パンダのチチ、ユキヒョウ、ウンピョウなどの珍しい動物を連れて、中国からヨーロッパに向けて出発することにし、まずは北京からモスクワまで飛行機で飛んだ。もっとも、北京からモスクワへの旅を経験したパンダは、チチが最初ではなかった。

一九五〇年代半ばごろには中国とソ連の間にすき間風が吹き始めており、毛沢東は関係修復のために、一九五七年に一頭のパンダをソ連に贈ったのである。この年にモスクワで開催される第六回世界青年学生祭典に間に合うように、ピンピン（平平）というパンダ――メスだと思われていた――がモスクワにやって来た。チチは、旅の途中でモスクワ動物園に一時滞在し、「非常にゆったりしたスペース」で休憩したとき、ピンピンと一緒になった(9)。チチは八年後まったく別の理由でここに戻ってくることになるのだが、このときはわずか十日しか滞在せず、ヨーロッパへの旅を続けた。一行はモスクワ空港で旧東ドイツ国営航空会社の飛行機に搭乗し、東ベルリンへ向かった。東ベルリンの空港の滑走路には、ベルリン動物公園の園長と一台のトラックが待っていた。「戦後はじめてヨーロッパにやって来たジャイアントパンダを見て、誰もが大喜びしたことは言うまでもない」と、デンメアは書いている(10)。

東ベルリンに到着した翌日、デンメアはさっそく、西ベルリン入りの準備に取りかかった。ベルリンの壁が築かれ始めるのは数年先のことだったが、当時すでにベルリンは東と西にはっきり二分されており、東ベルリンは共産主義陣営の、西ベルリンは西側陣営の支配下にあった。物理的な壁こそまだそびえ立っていなかったが、東西ベルリン間の移動は容易でなかった。ましてや、ジャイアントパンダやヒョウなどの珍しい動物を運ぼうというのだ。一筋縄ではいかなかった。それでもデンメアは当局の許可を取りつけて、西ベルリンのテンペルホーフ空港に動物たちを運び込むことに成功した。

動物たちはパンアメリカン航空機の暖房つきの部屋に入れられて、フランクフルトに向かった。フランクフルトの空港に着くと、デンメアは記者たちの長時間のインタビューをいくつも受け、写真撮影にも応じた。チチは地元の動物園に一時滞在することになった。「若き小さな女王様のために、立派な檻が用意されていた」[11]と、デンメアは記している。ジャイアントパンダを一目見たいという人はあとを絶たず、上流階級のお客さんも相次いだ。ある日は、イタリアの俳優マルチェロ・マストロヤンニ（『甘い生活』）と女優のマリサ・メルリーニ（『パンと恋と夢』）も訪ねてきた。

一九四〇年代にヨーロッパに渡ったハッピーと同様、チチもヨーロッパの各都市の動物園を回り、フランクフルトからコペンハーゲンへ、そして一九五八年九月前半にコペンハーゲンからロンドンへと移動した。生粋の興行師だったデンメアは、メディアの注目を集めるチャンスを逃さなかった。ロンドン動物園がある市内北部のリージェンツパークに向かう途中、警察官に道を聞く間、チチの入った木箱が自動車の屋根の上に危なっかしく載っている様子をカメラマンに撮影させたりもした。

ロンドン動物園に着いたあとも、人目を引くような行動を次々に取った。すべて、チチの知名度を高めることがねらいだった。新たな仮の宿に落ち着いて数日たつと、デンメアはロンドン動物園の名物イベント「チンパンジーのお茶会」（チンパンジーたちをテーブルの前に着席させて、器に入れた飲み物などを与える）が行なわれる芝生にチチを連れていき、取材陣の撮影に応じた。すると、チチが低い柵を乗り越えて、観客の間に飛び込んだ。デンメアは、動画とスチールのカメラが撮影していることを十分に意識したうえで、自分も柵を飛び越えて追いかけ始めた。その数日後には、チチが囲いの外に飛び出し、興奮した観客たちの脚の間を縫うようにして楽しげに歩き回ったこともあった。その際、観客を押しのけたときに、女性の脚から出血させてしまった。[12]こうした騒ぎがニュースで取り上げられて、ますます大勢の来園者が動物園にやって来た。

最初は三週間の滞在という約束だったが、結局、チチは一九七二年に世を去るまでロンドン動物園で暮らすことになる。二人の人物と、テレビという新しいメディアが存在しなければ、そういう結果にはならなかっただろう。

一九五五年、ロンドン動物園を運営するロンドン動物学協会の事務局長に、当時五十歳だった著名な動物学者のソリー・ズッカーマンが就任した。第二次世界大戦中にないがしろにされたロンドン動物園は、資金とスタッフが足りておらず、すたれていた。しかし、ズッカーマンが動物園の財務基盤の強化に取り組み、ロンドン動物園は息を吹き返すことになる。

ズッカーマンは資金繰りを改善するための斬新な方法を思いつき、ある古い友人に連絡を取った。その友人とは、イギリスで最も歴史ある民間放送局の一つであるグラナダTVの総帥、シドニー・バーンスタインだ。ズッカーマンはグラナダTVに、ロンドン動物園の動物を使って動物番組を制作する許可を与えた。「テレビのおかげで動物園の財務状態が大幅に改善するだろうという期待は、最初の数年で現実になった」と、彼は自伝『サル、ヒト、ミサイル』（未邦訳）で記している。[13]

その際、ズッカーマンは、科学者が番組の顔を務めることをグラナダTVに求めた。その役割を与えられたのが、オックスフォード大学で博士号を取得したばかりの動物学者、デズモンド・モリスだった。もっとも、彼の博士論文のテーマはトゲウオ科のトミヨという魚の生殖行動で、テレビ番組の制作に適任とは言い難いように思えた。それに、テレビに出演するという話は、モリス自身にとっても晴天の霹靂《へきれき》だった。「まだ若かったし、テレビのことなんてなにも知らなかった。ましてや、自分が出演するとなると、どう振る舞っていいか見当がつかなかった」と、本人は回想している。[14]それでも、モリスがカメラの前に立つことになり、一九五六年春、子ども向けの動物番組『ズー・タイム』の放送が始まった。

大西洋を挟んだアメリカでは、一足早くこれと似たことが行なわれていた。数年前に、『ズー・パレード』というテレビ番組がシカゴのリンカーンパーク動物園の財務状態を大幅に好転させていたのである。動物園から生放送する三十分の番組を始められないかと、テレビ局のプロデューサーから持ちかけられたとき、リンカーンパーク動物園の園長はその話に飛びついた。「動物園の生命線は知名度だ」と考えていたからだ。(15) 当時、アメリカでは全世帯の三分の一しかテレビをもっていなかったが、それでも毎週土曜の午後、およそ一一〇〇万人がこの番組を見た。「リンカーンパーク動物園の来園者数は、一九五二年に年間四〇〇万人にまで増加した。(テレビで)有名になったお気に入りの動物たちを見るために、大勢の人が詰めかけた」と、科学史家のグレッグ・ミットマンは著書で書いている。(16) ゾウのジュディ、フェネックギツネのファード、ゴリラのシンドバッド、ライオンのネロ、スカンクのスウィート・ウィリアム、チンパンジーのハイネ二世といった動物たちがお茶の間の人気者になった。

モリスの『ズー・タイム』は、アメリカの『ズー・パレード』の手法を踏襲した。「それまでの動物番組にはつくり物のような雰囲気があり、それは視聴者にもすぐに伝わった」と、モリスは当時を振り返って述べている。(17)「動物たちはたいてい、慣れない不自然な場所に連れてこられるのを嫌がる。そのため、不機嫌そうにしたり、隅のほうで縮こまっていたりする」。そういう既存の動物番組に不満を抱いていたモリスは、動物たちをスタジオに連れていくのではなく、シカゴと同じように、カメラを動物園に運び込むべきだと強く主張した。さらに、放送の前に動物たちが環境になじめるように、動物園内に適切なスタジオを設けるべきだとも訴えた。このやり方なら、動物たちに無用のストレスを与えずにすむし、番組の質も高まると思えたからだ。この提案をグラナダTVのバーンスタインが受け入れ、ウィンブルドン・テニスの中継用につくられていた簡易スタジオがロンドン動物園に運び込まれた。鳥類館の裏に粗末な小屋が建てられただけだったが、そのスタジオ(「隠れ家」と呼ばれるようになった)でほとんどの中継が行なわれた。
当時はまだVTR機材が普及する前の時代で、番組は録画ではなく生放送だった。生放送にはアクシデントがつきものだ。そのドキドキ感がいっそう視聴者を引きつけた。「マングースやサルのように、なにをしでかすかわからない動物を出演させれば、大混乱に陥る可能性もある。それでも、そういう動物を登場させないのは視聴者に対する裏切りだといつも思っていた」と、モリスは書いている。[18]
一九五六年五月八日に行なわれた初回放送もアクシデントに見舞われた。番組がスタートする少し前に、ニッキーという赤ちゃんクマが動物園にやって来た。ソ連の最高指導者ニキータ・フルシチョフからアン王女への贈り物だった。そういう話題性もあって、ニッキーは番組の初回放送に出演する栄誉を与えられた。ところが、このクマはいきなりモリスの腕に爪を立ててわしづかみにした。「当時はまだ白黒テレビだったことが幸いした。視聴者には、血が流れているのがよく見えなかっただろう」と、彼は振り返っている。初回にこうした洗礼を受けたことで、その後の放送ではなにが起きても動じなくなった。[19]「腕にクマの爪を立てられて激しく出血し、それがはじめてのテレビ出演で、おまけに生放送。こんな経験をすれば、ほかのことはなにも怖くない」。
スター性のあるニッキーが初回の放送を飾ったことで、番組のトーンが決まった。バーンスタインとグラナダTVのプロデューサーたちは、番組に出演させるのに適した動物をつねに探すようになった。その点で、ジャイアントパンダのチチは打ってつけに見えた。ヨーロッパの都市を回る間にすっかり人気者になっていたし、いたずら好きな性格だという評判も魅力的に思えた。そこでグラナダTVは、実業家のデンメアと商談を始めた。長い交渉の末、一万二〇〇〇ポンドで話がまとまった。これは、デンメアとシカゴのブルックフィールド動物園の間で非公式に話し合われていたのとほぼ同程度の金額だった。一万二〇〇〇ポンドのうち、一万ポンドをグラナダTVが拠出し、残りをロンドン動物学協会が負担した。

ロンドン動物学協会がチチの取得を発表したのは、一九五六年の九月二十三日。報道発表によれば、ジャイアントパンダのような珍獣をかき集めようと考えているわけではなく、「北京政府の正式な許可のもと、すでに国外に運び出されて」いるチチに、快適な棲み処を提供する義務があると考えたとのことだった。[20]

このころ、中国の共産党政権は、いわゆる大躍進政策に乗り出そうとしていた。一九五八年前半、毛沢東はソ連にならって重工業と農業の大増産計画を発表し、「自然を征服」するという目標を掲げた。[21]目標として打ち出したのは、この年のうちに鉄鋼生産を二倍に増やし、十五年でイギリスの工業生産を追い抜くこと。毛沢東は軍隊式のやり方で目標達成をめざし、六億人の兵士たちを大々的な土木工事に駆り出した。しかしそれは、拙速に計画された政策と言わざるをえなかった。

歴史家のジュディス・シャピロは著書『毛沢東の自然との戦い』で、大躍進を「中国史上有数の大規模かつ甚大な混乱を生み出した組織的キャンペーン」と呼んでいる。[22]

（大躍進の）最も際立った特徴はスピードだった。一刻も早く社会をつくり変え、一刻も早く工業でイギリスに追いつき、一刻も早く農業生産を増やし、一刻も早く水利施設を建設し、一刻も早く害虫を撲滅し……といった具合だ。毛沢東はこの政策を通じて、中国を未来のユートピアに飛躍させ、革命の理念を実現し、歴史に名を残したいと考えていた。

ジャイアントパンダの生息地である西部地方では、鉄鋼をつくる溶鉱炉の燃料にする木材を調達し、あるいは農地を切り開くために、大量の木が切り倒された。この時期の中国では、農業生産を極限まで増やそうとしたことが、皮肉なことに人類史上最悪の飢饉を生み出す一因になった。その悲劇を生んだのは、旧ソ連の一部の科学者たちの非科学的な理論だった。農学者のトロフィム・ルイセンコは、遺伝子によって生物の形質が次世代に受け継がれるという遺伝学の考え方を否定し、しかるべき環境上の刺激（たとえば、植物の種を冷たい水に浸すなど）を与えれば生物の形質を変えられると主張した。スターリンの支持を得たルイセンコは、自説に異を唱えるソ連の科学者の多くを国家に対する反逆者と批判し、そうした反対者たちはしばしば国家により粛清された。

ルイセンコの主張のなかでとくに問題だったのは、同じ農作物を極度に密集させて植えても日光や土壌の栄養分を奪い合うことはなく、それらの作物は生き延び、むしろ収穫高が増える、という考え方だ。この理論に心酔した毛沢東は、農業生産を飛躍的に増やすために「密植」を農民たちに強要した。ルイセンコの盟友であるテレンティ・マルツェフの理論も常軌を逸していた。それは、土を深く掘ることにより、土壌を肥沃にできるというものだった。この考え方のもと、「土壌を豊かにすることをめざして、手作業で延々と地面が掘り続けられた。極度の疲労をともなう機械的な作業だった。深さ三メートルもの溝が掘られるケースもあった」と、シャピロは記している[23]。当然のことながら、こうした農業理論は悲劇を引き起こした。農作物は発育せずに枯れ、二〇〇〇～四〇〇〇万人の中国の農民が餓死した。

想像を絶する過酷な生活を強いられていた中国の農民たちとは対照的に、ロンドン動物園のチチは贅沢で快適な生活を謳歌していた。夏には、氷の板の上に寝そべったり、人工の霧を浴びたりして暑さをしのいだ。そのうえ、特別の制服を着た専属の飼育係が身の回りのいっさいの世話をし、来園者の前で一緒に遊んでくれた。「飼育係は黒い革の制服を着ていて、若いころのマーロン・ブランドのようだった」と、モリスは述べている[24]。「こうした待遇のおかげで、ただでさえ華のあるジャイアントパンダがいっそう華やかに見えた」。数年後には、エアコン完備の部屋を設けたパンダ舎も完成した。

若き日のチチは、おどけた仕草でイギリスの人々を夢中にさせた。掃除用の服を着た飼育係のアラン・ケントとサッカーをしているひとコマ（1959年5月、ロンドン動物園で）。

チチは、食べる物の好き嫌いが激しかったようだ。どんな種類の竹を与えられても食べようとしなかったのだ。人気漫画家のロナルド・カール・ジャイルズはさっそく、地元紙のデイリー・エクスプレスに、ロンドン動物園の「竹危機《バンブークライシス》」を題材にした漫画を寄せた[25]。こんな内容だ――。ソ連のフルシチョフから贈られたクマのニッキーが、新参者の「チチ同志」に手紙を書く。「貴殿は早くも不満を述べておられるが、貴殿の好みに合わせて生える竹などない……同志、ここに長くいるうちには、もっと不快なことにも慣れなくてはならないだろう」。これ以降、チチは多くの風刺の対象にされることになる

（この点について、詳しくは別の章で論じる）。

新しい種類の竹を探していたロンドン動物園の需要に、一人の老紳士がこたえた。[26] その男性――地元の住人たちからは、敬意を込めて「キャプテン」と呼ばれていた――は、コーンウォール州のメナビリー・エステートの森のはずれにある小屋で暮らしていた（メナビリー邸を借りていた作家のダフネ・デュモーリアとは隣人同士だったことになる）。老人が小屋のまわりに生えていた竹を刈り取って試供品としてロンドン動物園に送ると、チチが少し口をつけた。そこでロンドン動物学協会はこの人物と契約し、竹を定期的に届けるよう依頼した。老人は地元のボーイスカウトのメンバーの力を借りて、竹を収穫するようになり、やがて何人かの少年たちがチチのための正式な竹収穫人になった。「子どもたちはたいてい、日曜に竹を刈り、私の家の前に置いていった」と、地元のポルケリス・ボーイスカウトの活動に関わっていたマイク・ケリスは振り返っている。「私の月曜朝の最初の仕事は、竹を車の屋根に載せて駅まで運ぶことだった」。

もっとも、竹はチチの食べるエサの三分の一程度を占めていたにすぎない。[27] 動物園のスタッフはこの赤ちゃんパンダを甘やかして、いろいろな食べ物を与えた。炊いたコメやおかゆ、生卵、チキンやビーフステーキ、ミルク、フルーツ、スイートポテト、砂糖、コムギ胚芽などなど。さらには、お楽しみのおやつまであった。「チチは生涯を通じて、ずいぶんチョコレートを食べた。一九六六年以降は、紅茶もよく飲んだ。モスクワに滞在したときに、味を覚えたようだ」と、ロンドン動物学協会の哺乳類担当キュレーターはチチの死後に語っている。

おおらかな時代だった。今では、パンダになにを食べさせるかは非常に厳しく管理されている。第十一章で述べるように、近年の動物園はなるべく竹のみを与え、それ以外のものは最小限にとどめるようになった。動物園のパンダに自然界に近いエサを与えることにはさまざまな利点があるが、その一つは、パンダたちが元気に動くことだ。一日中、竹の枝を引き裂いて過ごすようになる。チチの場合は、すぐに食べられるエサを多く与えられていたせいで、テレビ局が期待するほど活発に動かなかった面もあったようだ。「ほとんどの時間を寝て過ごしていた。この点は、テレビ番組にとって好ましいことではなかった」と、『ズー・タイム』のプロデューサーは述べている。[28]「かわいそうだったけれど、せめてちゃんと生きているとわかるように、突っついて起こしたこともあった。たまには、カメラの前で元気よく動き回ってくれる日もあった。たぶん、そういう日はおなかが空いていたのだろう。でも、ほとんどの日は寝たまま動こうとしなかった」。こうした苦い経験を通じて、ジャイアントパンダに関するきわめて重要な教訓が得られた。パンダはよく眠る動物で、エサにおかゆを食べさせた場合はとりわけよく眠るのだ。

このような苦労はあったが、一九五〇年代前半にテレビがシカゴのリンカーンパーク動物園に大勢の来園者を呼び寄せたように、一九五〇年代後半から六〇年代前半にかけて、チチをはじめとする『ズー・タイム』の動物たちも多くの人たちにロンドン動物園へ足を運ばせた。それほど、ジャイアントパンダは見ていて楽しい動物だったのだ。その人気は動物園の財務状態を好転させただけではなかった。チチがメディアの脚光を浴びたことで、先々まできわめて大きな影響が、パンダの歩む道に、そして当時生まれつつあった野生動物保護運動に及ぶことになる。次章ではこの点を見ていこう。

第6章

野生動物保護の顔

一九六一年の復活祭に――厳密に言えば、四月一日のエイプリルフールだった――マックス・ニコルソンはペンを手に、机に向かった。まず、白紙のいちばん上にこう書き殴った――「世界の野生動物を救うために、どうすべきか」[1]。イギリス南西部コッツウォルズ地方の美しい丘陵地帯にある農場で、英国自然保護協会の事務局長としての多忙な日々から一時解放されたニコルソンは、世界の野生動物の惨状について流麗な文章を書き上げた。ＷＷＦ（世界野生生物基金［現・世界自然保護基金］）が設立されたのは、このわずか六カ月後のことである。

当時は野生動物保護の意識が芽生え始めた時期で、そのような活動に取り組む団体も相次いで誕生していた。しかし「（野生動物保護運動は）失敗の瀬戸際に立たされている。主たる理由は資源の不足、とりわけ資金不足である」と、ニコルソンは記した。資金を集めるためには「しかるべき組織とリーダーシップ」が不可欠だが、既存の団体にはそれが抜け落ちていると、彼は主張した。

ニコルソンには、そうした問題点が手に取るようにわかった。なにしろ生涯を通じて、いくつもの自然保護運動の組織づくりと舵取りに携わってきた。そのなかには、近代的な野生動物保護運動の先駆けになったものもいくつかあった。一九二七年には、オックスフォード鳥類調査センター（オックスフォード大学エドワード・グレイ野外鳥類研究所の前身）の設立で中心的な役割を果たした。一九三二年には、英国鳥類学協会（BTO）を設立。一九四八年には国際自然保護連合（IUCN）の憲章を起草し、一九四九年には英国自然保護協会の設立に尽力した。また、一九六一年以降も、一九七一年には国際環境開発研究所を、一九七七年にはトラスト・フォー・アーバン・エコロジーを設立している。一九八〇年代には、英国王立鳥類保護協会、アースウォッチ・ヨーロッパの会長を歴任した。これらは、一〇〇年近い生涯で成し遂げた業績のほんの一部にすぎない。ひとことで言えば、この分野の組織づくりとリーダーシップに関して、彼の右に出る者はいなかった。

このとき、ニコルソンが野生動物保護運動の現状を検討した結果、ある深刻なギャップが見えてきた。

既存の野生動物保護運動は、二五〇ccのガソリンタンクを搭載した車に、ときおり思い出したようにティーカップ一杯のガソリンを補給するだけのような状態だ。いま必要なのは、新しい団体ではない。そんなものをつくっても、既存の団体と活動が重複したり、競合したりするだけだ。既存の団体が必要とする資源を提供し、もっと成果をあげられるようにするための国際協調の仕組みをつくらなくてはならない。言ってみれば、新しいガソリンタンクにガソリンポンプを取りつけ、つねにタンクを満タンにしておけるようにすべきである。

ニコルソンはコッツウォルズ地方から戻るとすぐ、ロンドンのベルグレーブ広場にある英国自然保護協会本部に一〇人の有力者を招き、この問題を話し合った。呼び集められたメンバーのなかでもとくに重要だったのは、ジュリアン・ハクスリー、ヴィクター・ストーラン、ガイ・マウントフォートの三人だ。ニコルソンいわく、復活祭の農場で挑発的な文書をしたためる際に背中を押したのは、この三人だった。

祖父はダーウィンの進化論を擁護して「ダーウィンのブルドッグ（番犬）」と呼ばれた生物学者のトーマス・ヘンリー・ハクスリー、弟は『すばらしい新世界』で知られる作家のオルダス・ハクスリー。ジュリアン・ハクスリーは、そんな華麗な親族に比べても見劣りしないくらい、さまざまな場で活躍した経歴の持ち主だ。ユネスコ（国連教育科学文化機関）の創設に関わり、初代事務局長に就任したあと、一九四八年のＩＵＣＮ設立にも貢献した。一九五〇年代に入ると、ＩＵＣＮの活動家たちから、過剰な牧畜と焼畑が原因でアフリカの自然に壊滅的な打撃が及びつつあるという報告が届くようになった。そこで一九六〇年、アフリカ諸国が相次いで独立し始めるなか、ＩＵＣＮはアフリカ大陸における野生動物保護を訴える「アフリカ特別プロジェクト」をスタートさせた。同じころ、ハクスリーもユネスコへの勧告を行なうために（事務局長職からはすでに退いていた）、中央・東アフリカの一〇カ国を駆け足で視察し、イギリスに帰国したあとの十一月、オブザーバー紙に三本の記事を寄稿してアフリカの現状を報告した。[2]「（どんなに政治に関心を払わなくても）政治が消えてなくなることはない。しかし、野生動物が絶滅すれば、もう取り返しがつかない。生息数が大幅に減った場合、それを回復しようと思えば、長い時間と莫大な費用がかかる」。

アフリカの豊かな生態系が危機にさらされている――ハクスリーの生々しい報告に、イギリスの多くの読者が衝撃を受けた。裕福なホテル経営者のヴィクター・ストーランもそうした一人だった。ただしストーランは、ハクスリーが問題に光を当てたことは評価したが、十分な解決策が示されていないと不満を感じた。そこで一九六〇年十二月前半、ハクスリーに宛てた手紙でこう書いた。(3)「アフリカの野生動物に対する脅威を取り除くべきであるという貴殿の提案は素晴らしいと思いますが、多額の資金を確保するためにただちに積極的に行動しなければ、取り返しのつかない打撃を避けられないでしょう」。鋭い指摘だった。ストーランはこの手紙でこうも書いている。「私は自分の国を誇りに思っていますが、生ぬるい言葉が蔓延する国になってしまったという感は禁じえません。お行儀よくものごとを述べるばかりで、主張を強力に推し進めようという姿勢が見られないのです」。

ストーランに言わせれば、必要なのは、「一人で道を切り開き、障害をものともしない人物」だった。そういう人物でなければ、すぐに巨額の資金を集めることはできない、というわけだ。「誰か紹介していただけませんか？　アイデアを発展させることができ、審議会や委員会の類を通さずに、迅速に何百万ポンドもの金を集められる人物はいないでしょうか？　ヴィクトリア朝時代から続いているような旧態依然の手続きに費やしている時間はないのです」。

手紙を読んだハクスリーは、すぐにひらめいた。友人のマックス・ニコルソンが打ってつけだと思ったのだ。そこで、ストーランの手紙をニコルソンに読ませた。これに対してニコルソンは、ストーランが「この問題に本当に関心をもっていて、いくらか時間を割くつもりがあれば」会って話をしようと申し出た。(4)一九六一年一月の話し合いの場に、ストーランは「秘密提案書」を携えてやって来た。彼がとくに強調した点は二つだった。(5)第一は、権威ある人物の支持を取りつけるべきだということ（「神の創造物を救う」ことに、カンタベリー大主教やローマ法王が関心を示すかもしれないと主張していた）。第二は、「新興の企業経営者」の富を活用すべきだということだった。

ニコルソンは慎重だった。「尋ねられる可能性があるすべての質問への回答を用意し、実際に持ち上がりかねないすべての問題を想定して、徹底的に準備すべき」だと思うと、ハクスリーに述べている。[6]また、ストーランの資質にも不安を感じていた。「情熱が先走るばかりで現実を知らず、実務能力に欠け、あまり役に立たない」という印象をもっていたのだ。ニコルソンが引き込みたかったのは、「資金集めに役立つアイデアと情熱、そして実務的なビジネス経験を兼ね備えた人物」だった。

理想的な人物がいた。ガイ・マウントフォートである。広告業界の仕事をしていて、熱心なアマチュア鳥類研究家でもあった。一九六一年三月末、ノースヨークシャー州のヨークで開催されたイギリス鳥類学者連合（ＢＯＵ）の年次総会のあと、ロイヤル・ステーション・ホテルの階段で、ニコルソンはマウントフォートに尋ねた――この活動に、富裕層から多くの金を引き出すことができると思うか、と。「もし否定的な返答だったら、このアイデアはそのまま立ち消えになっていただろう。しかし、彼の言葉は私を勇気づけるものだった」と、ニコルソンは振り返っている。[7]そこで、復活祭にコッツウォルズ地方の農場で「世界の野生動物を救うために、どうすべきか」と題した文書をまとめ、ロンドンでハクスリー、ストーラン、マウントフォート、そして芸術家で自然を愛していたピーター・スコットなどの面々を集めて意見交換を行なうことになったのである。

ニコルソンの文書には、それぞれの段階ごとに達成すべき目標を明記した軍隊式の工程表が添付されていた。そのなかで目標の一つとされたのは、ＩＵＣＮのお墨つきを得ることだった。ＩＵＣＮにとっても、新団体の設立は歓迎すべきことだった。当時、ＩＵＣＮは資金不足で窮地に立たされており、新たな慈善団体が発足して資金集めに成功すれば、その恩恵に浴せると期待できたからだ。

スイスのモルジュにあるＩＵＣＮ本部内に拠点を置いた新団体の設立メンバーたちは、一九六一年四月二十九日、自分たちの理念を記した「モルジュ宣言」をまとめた。ニコルソンが起草し、世界を代表する一六人の野生動物保護論者が署名したこの文書には、こんな一文が含まれていた。(8)「近視眼的な方法では、人類の尊厳と地球上の尊い遺産を保全することはできない」。

ＩＵＣＮの支持を取りつけたニコルソンは、一九六一年の春から夏にかけて九回にわたって新団体の設立準備会合を開いた。(9)マウントフォートの推薦でＰＲ専門家のイアン・マクファイルが第二回会合から加わり、団体に適切な名称をつけることの重要性を強調した。最初は、誰もが「セーブ・ザ・ワールズ・ワイルドライフ（＝世界の野生生物を救え）」という名前を気に入ったが、やがてもっと簡潔なほうがいいだろうという判断にいたり、「ワールド・ワイルドライフ・ファンド（＝世界野生生物基金）」に落ち着いた。マクファイルは、団体のロゴマークをつくってはどうかとも提案した。「なによりも重要なのは、なんの説明もいらず、言語の壁を乗り越えられて、小さいサイズに印刷しても見栄えがすること」だと、みんなの意見が一致した。すると、誰かが――おそらくピーター・スコットだったと言われている――ジャイアントパンダはどうかと提案した。出席者が口々に賛意を表明し、すぐに話がまとまった。それ以外にない、と誰もが思ったのだ。

重要なことを決める会議は、すんなりとは進まないものと相場が決まっている。このときも例外でなく、メンバーが頻繁に集まって話し合い、「徹底的に準備する」ために多くの時間が割かれたが、ロゴマークをパンダにすることはあっさり決まった。「歴史上屈指の強力なロゴマークが生まれるまでに、二十分程度しかかからなかった」と、ニコルソンは書いている。(10)どうやら、ＷＷＦの設立者たちは、この動物が中国人にとってどういう意味をもっているかを考えることには時間を費やさなかったようだ。

歴史学者のエレナ・ソングスターによれば、一九六〇年代に入るまでに、ジャイアントパンダのイラストやロゴマークは中国の都市のいたるところで見られるようになっていた。[11]「芸術作品や工業製品にパンダの姿を描くことは、一九五〇年代に始まり、文化大革命の時期にいっそう盛んになった」という。ソングスターは、たとえば南京のエレクトロニクス企業のケースを紹介している。パンダがWWFのロゴマークに採用される五年以上前の一九五六年一月、毛沢東が「南京無線電廠」という国営企業を視察した。その年、南京無線電廠は「熊猫（パンダ）電子」というブランド名と、竹を食べるパンダを描いたロゴマークを用い始める。ソングスターによれば、同社の関係者は一九六一年、中国共産党機関紙の人民日報にこう語っている。[12]「パンダは中国の最も有名な希少動物です。パンダのロゴマークを見れば、誰でもすぐに、それが中国の製品だとわかります」。

切手のデザインを依頼された画家の呉作人は、ジャイアントパンダを絵柄に選んだ。パンダは次第に、中国の対外的なシンボルになっていった。

ソングスターはこのほかにも、一九六〇年代以降にパンダのイラストやロゴマークが用いられた例をいくつも挙げている。そうしたすべてが相まって、「パンダは中国の象徴になっていった」。たとえば内モンゴル自治区の乳製品メーカーは、コンデンスミルクとバターを売るためにパンダを用いた。上海のプラスチックメーカーは、自社の革新的な技術をアピールするために、屈曲性のあるプラスチックでパンダをつくった。また、一九六三年には、画家の呉《ウー》作人《ツオレン》が手掛けた「パンダ切手」が登場した。

ソングスターによれば、一九六〇年代半ばに文化大革命が始まってからも、このようなパンダの使用が抑え込まれることはなく、むしろそれに拍車がかかったようだ。[13] 清朝以前の王朝時代を連想させるような文化的・芸術的創作物は容赦なく取り締まられたが、パンダはそれを免れた。パンダの存在が広く知られるようになったのは比較的最近のことで、古い芸術作品の題材にはなっていなかったので、王朝時代と結びつけられる余地がなかったからだ。熊猫電子のような企業が中国共産党の最高指導者のお墨つきを得る形でパンダを広告塔に用い始めたことで、明確で強力なメッセージが発信された。このようなパンダを用いることは問題ない、むしろ好ましいことだ、というメッセージである。「一九六〇年代半ばごろまでには、ジャイアントパンダが現代中国のシンボルになっていた」と、ソングスターは述べている。「パンダを研究し、芸術作品に写し取り、その姿が描かれた製品を量産することは、中国の貴重な財産を称え、さらには中国そのものを称えることだとみなされていた」。

四川省の竹林から地球を半周した、ロンドンのケンジントン地区。豊かな町の一角に建つ瀟洒なテラスハウスで豪華なテーブルを囲んでいたWWFの設立者たちは、これとはまったく異なる視点でパンダを見ていた。彼らが必要としていたのは、野生動物が絶滅の危機に瀕していることをわかりやすく伝えられるシンボルだった。見栄えがよくて、ミニサイズで白黒印刷しても識別できるものが望ましいと思っていた。これらの条件をすべて満たすのがジャイアントパンダだった。

WWFの設立に向けた予備会合を重ねるうちに、WWFとIUCNの結びつきが強まり、次第にIUCNの意見が重きをなし始めた。IUCNを代表して予備会合に出席していたのは、ジェラルド・ワターソン事務局長。国連食糧農業機関（FAO）を経て、一九六〇年からIUCNで働いていた。パンダをあしらったロゴマークの最初の原案を描いたのは、ワターソンだったとされている。[14] WWFで言い伝えられている話によると、そのスケッチのモデルになったのは、ロンドン動物園で飼育されていたチチだったという。一九六一年七月、ワターソンはブリストル近郊のスリムリッジにあるピーター・スコットの家を訪ね、二人でアトリエにこもって図案を完成させた。おそらく、ワターソンがチチのスケッチを描いて持参し、スコットがロゴマークの形に仕上げ、それをワターソンがロンドンに持ち帰って七月十七日の第七回予備会合で披露したのだろう。

この日の会合には、スコット自身は出席しなかった。新しい組織の「看板」になる人たちを口説くことに忙しかったからだ。ヴィクター・ストーランは教会の指導者を念頭に置いていたが、スコットがねらいを定めたのは王族だった。さまざまな国の多くの王族たちとすでに面識があった。なかでも、オランダのベルンハルト殿下（当時のユリアナ女王の夫）は自然を愛する王族で、WWFと世界の指導者たちの橋渡し役になり、世界のリーダーたちに野生動物保護の重要性を印象づけるのに最適な人物に思えた。殿下は以前、第二次世界大戦が始まる直前に、スコットが所有していたノーフォークの灯台兼別荘を訪ね、野鳥を撮影したことがあった。それから数十年たった一九六一年、スコットはロンドンのクラリッジズ・ホテルで殿下に会い、WWFの初代総裁に就任して理事会を統率してほしいと要請した。殿下はこれを受諾した。

WWFの設立者たちは、できるだけ多くの国に「ナショナル・アピール（各国事務所）」を立ち上げ、理事会を組織し、その国の名士に総裁を務めてもらおうと考えていた。「WWFイギリス」の総裁就任を打診すべき人物は、エジンバラ公フィリップ殿下をおいてほかにいないと思えた。スコットは、一九四七年にフィリップ殿下とエリザベス王女（当時）の結婚式中継でBBCのコメンテーターを務めた経験があり、その後、バッキンガム宮殿に招かれてエリザベス王女と妹のマーガレット王女の肖像画を描いたこともあった。そしてなにより、フィリップ殿下とはセーリング友達でもあった。スコットは、この超大物の友人にWWFイギリスの総裁を引き受けてもらうことに成功すると、さらにエリザベス女王がこの年の英連邦議会連合の総会に出席する際、スピーチで野生動物保護に言及してもらうよう働きかけ始めた。(15)「女王陛下に、野生動物について触れていただける可能性はないだろうか?」と、ケンブリッジ大学以来の親友で、女王の個人秘書補を務めていたマイケル・アディーンに尋ねた。返答は、丁重だが厳しいものだった。(16)「要望はお伝えしているが、この種のことがらを簡単にスピーチに挿入できるかは、少なからず疑問と言わざるをえない」。要望は通らなかったが、スコットとしては、やれることはすべてやってみようという発想だった。

一方、WWFを世界へデビューさせるための準備も着々と進んでいた。その舞台として選ばれたのは、一九六一年九月に南東アフリカのタンガニーカ共和国（現在のタンザニア）のアルーシャで開催される「現代アフリカ諸国の自然・天然資源保全に関するシンポジウム」だった。シンポジウムの主たる目的の一つは、独立したばかりのアフリカの国々に野生動物保護の倫理観を浸透させることにあった。アフリカ諸国が保護活動に本腰を入れなければ、WWFがどれだけ資金を集めたところでアフリカの野生動物は救えないだろうと、欧米の保護活動家たちは考えていたのだ。

この点に関して、多くの活動家は悲観的だった。たとえば、ケニアがイギリスから独立する直前にケニア国立公園の責任者を務めていたマーヴィン・コウイーは、最悪のシナリオを予想していた。(17)「これまでケニア人指導者のなかに、ケニアの経済と自然の資産を守ることに少しでも関心を示した人は一人もいない」と、ニコルソンに宛てた秘密の書簡に書いている。「ケニア人主導の政権が誕生すれば、野生動物の保護と国立公園の存続が実現する可能性は乏しいと言わざるをえない」。

しかし、アルーシャのシンポジウムは成功だった。シンポジウムに先駆けて、IUCN事務局長のワターソンが一九六〇年後半から六一年前半にかけて一五以上のアフリカの国を訪ねて指導者たちと会い、自然保護をもっと重んじるよう説得し、九月にアルーシャに代表を送るよう呼びかけていた。また、独立に向けて動いていたタンガニーカ共和国のジュリウス・ニエレレ首相にも書簡を送り、アフリカ諸国の野生動物保護のお手本になるよう促した。その書簡には、ワターソンがニコルソン、マクファイルと共同で起草した「アルーシャ宣言」の草案が同封されていた。この文書に、ニエレレやそのほかのアフリカの首脳たちに署名してほしいと考えていたのだ。三段落からなる宣言文は、力強い言葉で野生動物保護の重要性を訴えるものだった[18]。

野生動物を存続させることは、アフリカで生きるわれわれ全員にとってきわめて重大な関心事である。野生の地域に生息する野生動物の数々は、驚きと感動の源というだけでなく、われわれにとって重要な天然資源であり、われわれの将来の収入と幸福のために欠かせないものでもある。

われわれは、野生動物の保護者たる役割を担い、子や孫やひ孫の世代がこの豊かで価値ある遺産を享受できるよう最大限の努力を払うことを、ここに厳粛に宣言する。

野生動物と野生の地域を保護するためには、高度な専門知識と訓練された人材、そして資金が欠かせない。そこで、われわれがこの重要な役割を果たすために、ほかの国々の協力を期待する。この取り組みが成功するか失敗するかは、アフリカ大陸のみならず、世界全体にも影響を及ぼすものだからである。

ニエレレは、なぜ野生動物保護について大騒ぎするのか理解できなかった。「私自身は、動物にはあまり関心がない。せっかくの休日を、ワニをながめて過ごしたいとは思わない」と白状している[19]。その半面、次のように考えてもいた。「それでも、野生動物の保護には大賛成だ。ダイヤモンドやサイザル麻のあとは、野生動物がタンガニーカの最大の収入源になるだろう。多くの欧米人は、野生動物を見たいという不可解な欲求を抱いているから」。そこで側近を通じて、「貴殿が推し進めたいとお考えの運動を全面的に支持したい」とワターソンに返答し、自身と数人の関係閣僚がアルーシャ宣言に署名する意向を伝えた[20]。こうして一九六一年九月のシンポジウムは成功を収め、その舞台でWWFとそのパンダのロゴマークが世界に本格的にデビューした（WWFインターナショナルは九月十一日、スイス法の下で正式に法人として発足した）。国際的な野生動物保護運動の新たなシンボルがここに誕生したのだ。

WWFの国際的な組織が発足してほどなく、九月二十八日に、WWFイギリスの正式なお披露目が英国王立芸術協会で行なわれた。このころには、PR専門家のマクファイルがWWFのイメージ戦略を取り仕切るようになっていて、セレモニーのすべてが入念な計画に基づいて執り行なわれた。もちろん、パンダのロゴマークも目立つ場所に配置された。演壇の背後の幕に、スコットの描いたスケッチの拡大版が掲げられたのだ。それを見た人は、「アフリカの野生動物に関する集まりに、どうしてパンダが？」という疑問を抱くかもしれない、とマクファイルは予想していた[21]。そうなれば、「（野生動物保護が）世界規模の問題であることを訴えるチャンスだ」という計算だった。

WWFの設立者たちは、世論にできるだけ強い印象を与えたいと考え、大々的なPR作戦も計画した。

この前の年から、当時イギリスで最大の発行部数を誇っていたデイリー・ミラー紙（発行部数四六〇万部、推定読者数一三〇〇万人）が難しい社会問題をテーマにした特集号――読者に衝撃を与えるという意味で「ショック新聞」と呼ばれるようになった――を随時発行していた。発案者であるヒュー・カドリップ編集局長の言葉を借りれば、この企画は「手荒な大衆教育」という性格をもっていた。たとえば、一九六〇年に発行された初回の「ショック新聞」では、イギリスからフランスやベルギーに送られて馬肉にされる馬たちの悲惨な状況に光を当てた。ハクスリーは一九六一年夏にカドリップに接触し、アルーシャのシンポジウムに時期を合わせて、世界の野生動物の絶滅危機について取り上げてほしいと持ちかけた。動物好きだったカドリップは、ＷＷＦから衝撃的な事実を知らされて、紙面に掲載すべきだと思った。

「人間の愚行、強欲、怠慢によって、地球から消え去る運命に」という見出しが十月九日の紙面に躍った[22]。大きく掲載されたのは、メスのサイと赤ちゃんサイの写真。今ただちに行動しなければ、このようなサイたちは、「近いうちに、絶滅したドードーと同じ運命をたどるだろう」という説明が添えられていた。一面トップ記事では、これが世界規模の問題であることを読者に印象づけるために、世界のさまざまな地域の代表として、ガラパゴスゾウガメ、フタコブラクダ、アジアゾウ、アメリカシロヅルに言及した。スコットの丸っこいパンダのロゴマークも一面の右下に印刷されていた。「（絶滅の危機に瀕している）動物たちにとって唯一の救い、それは愛くるしいジャイアントパンダのロゴマークで知られる団体――ＷＷＦです」と、同紙は読者たちに語りかけた。

このほかには、たとえば、アフリカで旱魃により動物たちが死んでいく実態を報じた見開き記事も掲載された（動物たちの「苦境をやわらげるために……ダムや水飲み場を建設する」ことを提唱していた）。裏面には、いつものスポーツ記事の代わりに、竹を食べるチチの写真。そのページの下部には、パンダのロゴマークとWWFの顔である二人の王族の名前、そして寄付金の送り先の住所が記されていた。それを切り取って封筒に貼れば、手軽に寄付ができるというわけだ。

反響は大きかった。四日間で約二万通の手紙と寄付金が届いた。十月十三日付のデイリー・メール紙によれば、封筒がぎっしり詰まった二つの郵便袋で届けられた寄付金は、切手、郵便為替、小切手を合わせて約四〇〇〇ポンドに達した。[23] そして、それを伝えた記事にもスコットのパンダが登場した。大量の封筒を一心不乱に開封する二人の女性職員をとらえた写真の背景にWWFのポスターが映っていて、例のパンダが読者のほうをじっと見つめていた。この最初の募金キャンペーンで集まった寄付金は、総額で約三万五〇〇〇ポンドにのぼったとされている。これは、今日の貨幣価値に換算してざっと五〇万ポンドを上回る金額である。この成果は、「世界の野生動物の危機を広く周知すれば、莫大な金額の募金を集められるという見立てが正しかった証拠」だと、ニコルソンは胸を張った。[24]

しかし、イギリス以外では国単位の組織の設立がなかなか進まず、ニコルソンは次第にいらだってきた。「ほかのどこかの国が活動に加わったというニュースがいまだに一つも入ってこないことに、納得できない思いが募ってきた」と、ニコルソンはIUCNの会長でWWFの暫定総裁を務めていたジャン＝ジョルジュ・バエルに送った手紙に厳しい語調で記している。[25] ほどなくして、スイス、オランダ、アメリカ、西ドイツ（当時）にナショナル・アピール（各国事務所）が設立されたが、WWFの運動が世界に拡大していくにはまだ時間を要した。たとえば、WWFカナダが設立されたのは一九六七年。フランスは一九七三年、ケニア（東・南アフリカ地域を統括）は一九八六年、ロシアは一九九五年だった。WWF香港の設立は一九八一年、中国（北京）に事務所が開設されたのは一九九〇年代半ばになってからだ。

WWFがようやく軌道に乗り始めたとニコルソンが思うようになったのは、一九六八年以降だった。

初期の歯がゆい状況を受けて、スコットとマクファイルは一九六五年のWWFの最初の報告書に、「ナショナル・アピール設立への道」という手引きを掲載した。[26] そこには、収益を得る四つの方法が挙げられていた。第一は、庶民の少額募金（「これには情緒的な働きかけが非常に有効」とのことだ）。第二は、富裕層の大口募金（「社交関係を通じて働きかけるのが有効かもしれない」）。第三は、産業界からの寄付。そして第四は、チャリティーイベントやグッズの売り上げ。「このうち二種類の方法が有望だと思えれば、ナショナル・アピールを設立してみる価値はある」とのことだった。

スコットとマクファイルは、WWFの知名度を高める方法も列挙した。その多くは、ジャイアントパンダの人気を利用する――言い換えれば、パンダ人気を寄付金に転換するものだった。そこで、WWFの国単位の組織を設立した人たちは、あらゆる郵便物にスコットのパンダのロゴマークを印刷し、陶器製のパンダの置物やパンダの灰皿を大量に製造し、パンダのロゴマーク入りのマッチを販売し、自動車のリアウィンドウに貼るパンダのステッカーや、子ども向けのパンダバッジを配布するようになった。

既存の野生動物保護団体も同様の戦略を用いて、広告塔役の動物を前面に押し出していた。しかし、大半の団体は国単位で活動していたので、広告塔になるのもたいてい、地元で人気のある動物だった。アメリカのディフェンダーズ・オブ・ワイルドライフはオオカミ、イギリスの王立鳥類保護協会はシギ、マレーシアのマレーシア自然協会はマレーバク、といった具合だ。また、真に世界規模の活動をめざしていた数少ない団体にしても、シンボルに用いたのは、ファウナ・アンド・フローラ・インターナショナルがアラビアオリックス、コンサベーション・インターナショナルが熱帯雨林だった。地域レベルにせよ国際レベルにせよ、野生動物保護という理念を手っ取り早く伝え、関連グッズを売りさばくことにかけては、ジャイアントパンダの右に出る動物はなかった。
スコットとマクファイルは、パンダを利用してＷＷＦのブランドを印象づける以外の資金集めの方法もいくつか提案していた。ポスター、カレンダー、クリスマスカード、展覧会、コンサート、映画祭、オークション、仮装舞踏会、昼食会、晩餐会などである。こうしたアイデアの多くは、既存の慈善団体から拝借したものだったが、これらの手法が野生動物保護活動に本格的に用いられたのはこれが最初だった。効果は絶大だった。たとえば、ＷＷＦイギリスが初年度に売り上げたクリスマスカードは一〇万枚に達した。今日存在する数多くの野生動物保護団体の大半は、これらの手法の一部、もしくはすべてを実践して資金を集めている。
ＷＷＦは一九六五年の報告書で、三つの主要な活動領域を挙げた。まず短期的に、「絶滅の一歩手前まで追い込まれている野生動物を救う」活動を継続する。加えて、やはり深刻な危機に瀕している生息地の保護と、国立公園の整備を行なうことの重要性も訴える。しかし最も重要なのは、長期的に人々の意識を高めていくことだと指摘した。

とうてい不可能なことに思えるかもしれないが、われわれの任務は、多くの人の自然界に対する姿勢を改めさせることである。それも、遅くとも三十年程度の間にそれをやり遂げなければ、手遅れになる。しかし、それは可能だと確信している。

一方、ＷＷＦが中国とジャイアントパンダを活動の対象にするのは、一九七九年まで待たなくてはならなかった。

WWFは一九六一年の設立時、ジャイアントパンダを取り巻く危機について正しい事実認識を示していたとは言えない。パンダをロゴマークのシンボルに選んだことは、「この動物が手厚い保護によって生き延びているように、ほかの動物もすべて同様の保護を受けるべき」だという意味で理にかなっていると、WWFは言っていた[27]。これは完全な事実誤認だ。当時の中国は、毛沢東の下で自然の開発を精力的に推し進めており、最初のパンダ保護区が設置されるのはこの数年後のことだ。野生のパンダの保護という考え方は、この時点ではまだ形をなしていなかった。

状況が変わり始めたのは、動物と自然を愛するジャーナリストのナンシー・ナッシュが登場して、パンダがブランドのシンボルという以前に、生きた動物であることをあらためて強調してからだった。ドイツを拠点に活動していたナッシュは、一九六二年に情熱を抱いてWWFの活動に加わり、一九七九年半ばの時点ではスイスのWWF本部でPRコンサルタントを務めていた。「パンダをロゴマークにしているのに、どうして中国と協力してパンダの研究を行なわないの？」と、彼女はあるとき疑問を呈した[28]。当然の疑問だ。設立されて二十年近くたつというのに、WWFがみずからのシンボルとなっている動物の保護にまったく貢献していないのは、非常に奇妙に思えた。おそらく、WWFの言い分は次のようなものだっただろう。第一に、一九六〇年代は、世界規模の組織として力をつけ、資金の割り振り方を考えるのに手いっぱいだった。第二に、アフリカでは野生動物の実態が比較的解明されており、どのような脅威が差し迫っていて、どのように資金を活用すべきかがわかりやすいので、まずはアフリカ大陸に活動を集中させた。そして第三に、文化大革命が起き、中国の誰と接触して、どういうふうに話を進めればいいのか誰もわからなかった。

しかしWWFには、中国側にどう接触すればいいかを知っている人物が少なくとも一人いた。ナッシュは香港のヒルトン・ホテルでPRマネジャーをしていたことがあり、そのときに地元の多くの有力者と知り合い、イベントの開催を手伝うなどして親交を深めていたのだ。そうした人脈のなかに、胡《フー》棣周《ティーチョウ》もいた。左派系の新聞社「香港夜報」の社長で、北京の中国政府と太いパイプをもっていた胡は、動物と自然を深く愛してもいた。ナッシュはWWFの上層部に、「私に任せてもらえれば、中国での活動の扉を開けると思う」と言ったが、最初は相手にされなかった。(29) WWFが過去に中国政府に働きかけたときは、なんの成果もあげられなかったからだ。幹部でもない彼女に、なにができるのか、と上層部は思ったのだ。

それでも、ピーター・スコットと主任科学顧問のリー・タルボットは試しにやらせてみようと考え、ナッシュの背中を押した。公式ルートで道が開けなかったとしても、あふれんばかりの情熱の持ち主が個人的な人間関係を通じて話をもっていけばうまくいくかもしれないと考えたのだ。ナッシュは、中国とWWFの合同プロジェクトに関する六ページの提案書を個人の立場で作成し、それを香港夜報の胡に託した。胡はそれを北京のしかるべき人たちのデスクに届けた。

それは理想的なタイミングだった。一九七五年、中国の周恩来首相が「四つの近代化」を提唱した。農業、工業、国防、科学技術の近代化を推し進めて、二十一世紀までに世界一の経済大国にのし上がるという計画である。翌一九七六年に毛沢東が死去し、共産党上層部で権力争いが続いたことで、この政策が具体化されるまでにはしばらく時間がかかった。それでも一九七八年には、鄧小平《トンシアオピン》が最高実力者として権力を掌握し、周の「四つの近代化」路線を継承して、「生産力」としての科学技術の振興に力を入れ始めた。(30) 個人の自由は依然として認められなかったが、文化大革命の時期に冷遇された科学者たちの復権が行なわれた。また、近代化という目標を達成するために、鄧の下で中国は外の世界への扉を開いていった。

　こうした新しい空気が追い風になった。数日間の話し合いの末、ナッシュは中国政府に、ＩＵＣＮとワシントン条約（絶滅のおそれのある野生動植物の種の国際取引に関する条約）への加盟を検討させ、国務院環境保護局の副局長を務めていた曲格平《チュイコウピン》に、協議のためにＷＷＦの代表を中国に公式に招待させることにも成功した。招待を受けて、一九七九年九月、スコットをはじめとするＷＷＦ代表団が訪中した。文化大革命以降、中国政府が国際的な野生動物保護団体と話し合うのは、これがはじめてだった。四日間の協議のあと、橋渡し役となったナッシュの貢献もあり、中国政府とＷＷＦは正式に協力関係を樹立し、中国はＩＵＣＮとワシントン条約に加盟することに加え、ＷＷＦと合同でパンダ・プロジェクトを開始することを約束した。これは、当時として画期的な合意だっただけでなく、今日にいたるまでの歴史の転換点となったと言っていい。

　しかし、ＷＷＦと中国の関係はその直後に危機を迎える。ＷＷＦの不用意な行動により、すべてがご破算になりかねなかった（ＷＷＦの失態で中国側の機嫌をそこねるのは、これ

1979年、中国の国務院環境保護局の招待を受けて、WWFの代表団が訪中し、野生パンダの研究プロジェクトについて協議した。北京動物園を視察した代表団は、WWFのロゴマーク入りの旗をパンダの飼育スペースに持ち込んだ。

が最後ではないが)。スイスのWWF本部の広報部門が合意についてさっそくメディアに発表し、九月二十四日付のニューヨーク・タイムズ紙に「絶滅の危機に瀕した野生動物の保護に関して、中国と保護団体が合意」という見出しの記事が載った。(31) この報道発表は、中国政府と中国の国営通信社「新華社」に事前に連絡せずに行なわれたものだった。「まずいわ」と、そのときナッシュは言った。(32)「私の知らないところで起きたことだと理解してもらえるまで、中国側から非難される羽目になる」。結局、彼女が中国側をなだめて、どうにかプロジェクトを再び軌道に乗せた。

このあとも、中国政府とWWFの協力関係は再三にわたって崩壊の危機に陥る。緊張を生み出した要因の一つは、パンダに対する所有者意識のぶつかり合いだった。ナッシュによれば、最初のころWWF関係者は、パンダが自分たちのものであるかのような言葉遣いをすることが多かった。パンダが中国の国家的財産と位置づけられていることに気づいていなかったのだろう。また、あるとき、環境保護局の曲格平《チュイコウピン》を交えた重要な会議で、WWFのシャルル・ド・ハース事務局長が資金集めのアイデアをいくつか提案し、一案としてパンダ切手の試作品を見せたことがあった。アイデア自体は悪くなかったが、提案の仕方がお粗末だった。試作品の切手は、中国の切手ではなく、台湾の切手を模してつくられていたのだ。

中国政府はそのしばらく前に、台湾問題が「中国とアメリカの国交正常化を妨げる最大の障害」だと述べ、「台湾を本土の庇護下に復帰させる」ことは完全に中国の国内問題であると主張したばかりだった。(33) WWFとの会合に出席していた中国側関係者としては、台湾の切手を土台にした試作品を容認するわけにはいかなかった。またしても外国人が中国の国内問題に口出ししてきたと受け取ったのだ。

曲格平は試作品の切手シートを乱暴に手に取り、デスクの上に放り捨てると、憤懣《ふんまん》やるかたない様子で席を立った。彼の秘書官が明瞭な英語でゆっくりと言った――「そこには、台湾と書かれている」[34]。ナッシュは、この場ではじめて切手の試作品を見て青ざめた。「信じ難いくらい愚かな行動だった。事前に見せてくれれば、やめるように言えたのに」。

WWFにとって状況をいっそう難しくしていたのは、中国側の三つの機関と交渉しなくてはならなかったことだ。林業部、中国科学院、そして国務院環境保護局である。この三つの機関は、足並みがそろっているとはお世辞にも言えなかった。もっとも、そのようないがみ合いが生まれたきっかけは、WWFの行動だった。一九八〇年六月にオランダで開催された祝典に、環境保護局の職員四名を招待したが、外務省と中国科学院の代表は一人も招かなかったのである。

もう一つ大きな障害になっていたのが、研究センターの設立問題だった。これは一九七九年九月の合意でWWFが約束したものだが、中国側の希望するセンターの規模がWWF側の想定よりはるかに大きいことがすぐ明らかになった。中国側としては、外国人を招いて国の至宝であるパンダを見せられるような立派な施設が欲しかったのだ。

一九八〇年四月三十日、ナッシュはある人物を出迎えるために香港の空港にいた。その相手は、著名な動物学者のジョージ・シャラー。当時は、ニューヨーク動物学協会（現在の野生生物保護協会）で保全責任者を務めていた。ゴリラ、トラ、ライオン、野生のヒツジなど、さまざまな動物の調査を手がけてきた経歴を見れば、WWFがパンダ研究プロジェクトを持ちかけるのに打ってつけの人物だった。以前、シャラー自身も中国政府にパンダの調査研究を提案したことがあったが、そのときは却下されていた。「文化大革命の最中だった」と、彼は振り返る[35]。「中国側は微笑を浮かべて見せ、今は適切な時期でないと言った」。そういう経緯もあったので、ＷＷＦから打診があると、ブラジルで手掛けていたジャガー調査プロジェクトの責任者をほかの研究者に代わってもらい、ニューヨーク動物学協会の後押しと資金援助を得て、中国に向かった。

まず、ナッシュとシャラーは北京に入り、いくつかの会合をこなした（最初の会合は、ホテルのナッシュの部屋に中国側の三機関すべての代表を迎えて行なわれた）。その後、二人は四川省の成都に飛んだ。そこには、ピーター・スコットと妻のフィリッパ、それに、四川省の副省長をはじめとする大勢の中国側関係者が待っていた。そして、隅のほうに胡錦矗が静かに立っていた。第二章にも少しだけ登場した、中国屈指のパンダ研究者だ。胡は小柄で控えめな男性で、神経質な笑い声が内面の不安を浮き彫りにしていた。「ひっそりと進めてきた研究プロジェクトによそ者が踏み込んできて、しかもその人物に協力しろと、上から命じられたのだから」と、シャラーは胡の心情を推測している[36]。

ＷＷＦの一行は臥龍《ウォロン》自然保護区に案内された。一九七五年に、西はチベット高原から東は四川盆地にかけて連なる邛崍《チオンライ》山脈の広さ約二〇〇〇平方キロの土地が自然保護区に定められていた。「このあたりまで来る外国人は多いが、招待されて来た人間はこれまでいない」と、中国側関係者は説明した[37]。「でも、みなさんはわれわれに招かれている」。翌日、一行は三時間ほど山歩きをし、ツガ、マツ、カバの樹冠の下に生い茂る竹林を進んだ。「私たちは一列縦隊になって前進した。やわらかい土に足音が吸い込まれ、聖なる場所に足を踏み入れたような感覚にとらわれて、声を潜めて言葉を交わした」と、シャラーは自著『ラスト・パンダ——中国の竹林に消えゆく野生動物』に記している。

途中で、胡が前方の地面になにかを見つけた[38]。ナッシュとスコットが見守るなか、シャラーがそれを拾い上げた。パンダの細長いフンが二つ落ちていたのだ。「一緒に行動していた二人の中国人たちは、辛抱強く待っていた。パンダがそこを通過した証拠物を発見して大喜びする私たちの様子を見て、おもしろそうにしていた」と、シャラーは書いている。「これは、WWF・中国合同チームが野生パンダの痕跡をはじめて見つけた瞬間だった。この希少な動物が将来も野生で生き続けられるようにするための長期にわたる協力関係が、このとき始まった」。

臥龍自然保護区（もともとは、数千人の人たちが木を伐採して生計を立てていた場所だった）の本部に戻ったあと、中国林業省の王梦虎《ワンモンフー》がWWF側に、中国側がどのような研究センターを望んでいるかをこと細かに説明した。(39) 中国側の構想によれば、研究センターは、八〇〇平方メートルほどの敷地を占める約二〇の研究所、それよりさらに広い面積の職員居住区（三〇人の研究者と技師がここで暮らす）、野外のパンダ飼育エリア（二五〇〇本の杭と全長五キロのフェンスを整備）、そして二五〇キロワットの発電能力をもつ水力発電所で構成される。これだけの施設をつくるのに、どれだけの費用がかかるのか？　金額は推定二〇〇万ドルにのぼった。「私たちは愕然とした」と、シャラーは振り返っている。(40) 中国側はその後、数々のハイテク機器も要望リストに加えていった。WWFの考えでは、最も重要なのは野生のパンダについて研究を開始すること。パンダについてほとんどわかっていない現状で、大がかりな研究施設をあわててつくる必要がどうしてあるのかと、思っていた。

しかし、スコット、シャラー、ナッシュがどんなに言葉を尽くして説得しても、中国側は折れなかった。シャラーが著書で記しているように、王梦虎のメッセージは明快だった――研究センターなくして、共同研究はなし、というわけだ。二〇〇万ドルの費用の半分を負担しろと、中国側は要求を突きつけてきた。この脅しを口先だけと片づけることはできなかった。WWF以外にも、野生パンダの調査に興味を示している団体がいくつもあった。へたをすれば、WWFはパンダをシンボルにしているにもかかわらず、野生パンダの調査で欧米のほかの団体に先を越される危険があった。それは、なんとしても避けたい事態だった。

数々の行き違いや認識のズレがあったことを考えると、中国とWWFのパンダ・プロジェクトが始動にこぎつけたことは、目を見張ることだったと言えるだろう。スコットやシャラーの貢献も大きかったが、「ミス・パンダ」の異名を取ったナッシュがいなければ、一九七九年から八〇年にかけての交渉は実を結ばなかったに違いない。最初にWWFの代表団が中国に正式に招待される根回しをして、一連のプロセスが動き出すきっかけをつくっただけではない。その後もことあるごとに、両者の対立を調整する役割を担った。「彼女がいなければ、プロジェクトが実現することはけっしてなかった」と、シャラーも述べている。(41) 東洋と西洋の両方を知るナッシュがいたからこそ、大きくかけ離れた二つの文化が歩み寄ることができたのだ。そして第十章で述べるように、一九八〇年、WWFと中国の協力関係は、シャラーと胡が共同責任者を務める画期的な調査プロジェクトにつながった。WWFにとって、臥龍の研究センターの建設費として支払った一〇〇万ドルは、みずからのロゴマークのモデルになった動物の秘密の世界に足を踏み入れるための代償と考えれば、十分に支払う価値のある金額だった。


一九八一年に設立二十周年を迎えるころ、WWFは中国とのパンダ研究プロジェクトを大々的に宣伝して、資金集めに活用できるようになっていた。ナッシュがWWF香港を設立したのはこの年のことだ。ところが、その後わずか五年で彼女はWWFを去ってしまう。なにがあったのか？

一九八六年、WWFはブランドの大幅な刷新に踏み切った。まず、名称を「世界野生生物保護基金」から「世界自然保護基金」に変更（「WWF」という略称は継続して使用。また、アメリカとカナダでは旧称を用い続けている）。それに合わせて、ピーター・スコットのパンダのロゴマークも変えられた。当時、国ごとの組織（とくにWWFアメリカ）が勝手にロゴマークに修正を加えて用いていたため、新しいロゴマークを決めて、世界中の組織にそれを使わせたいと考えたのだ。新しいロゴマークのパンダは、細かいデザイン上の変更が加えられただけでなく、躍動感がなくなり、ふわふわした感じと目の光を失った。

些細な変化に見えるかもしれないが、七十歳を越えていたスコットの悲しみは深かった。なにしろ、WWFの設立準備段階でロゴマークにパンダを使おうと言い出したのは、おそらくスコットだった。また、一九六一年七月に自宅のアトリエでパンダのロゴマークを描き上げたのもスコットだった。そしてその後、彼の描いたパンダは、WWFが発展する道を切り開き、野生動物保護のシンボルになっていったのだ。ナッシュもこの決定に憤慨した。「ピーター卿のパンダは、パンダそのものに見えた。それが犬みたいな代物に変えられてしまった」と感じたのだ。[42] ロゴマークの変更は、WWFで起きつつあったほかの数々の変化を象徴しているように、ナッシュには思えた（おそらくスコットも同じ思いだっただろう）。WWFはビジネスと情熱をうまく組み合わせた組織だったのに、次第にビジネス一辺倒に変わっていったと、彼女は指摘する。「それは野生動物保護のあるべき姿ではない」。

ナッシュが加わった当時と違って、WWFがもはや小さな組織でなくなったことは間違いない。[43] 設立後二十年あまりの間に、総額約五五〇〇万ドルの資金を集め、世界で二八〇〇件の保護プロジェクトや教育・啓蒙プロジェクトを支援してきた。以降の章で述べるように、このあと今日まで歩んできた道のりは平坦ではなかったが、WWFは設立から五十年後の時点で、世界中に約五〇〇万人の会員を擁し、世界最大の非営利の野生動物保護団体となっている。アメリカだけでも、職員の数は四〇〇人以上、一年間に集める資金は一億八〇〇〇万ドルに達する。[44] ほかの国はここまでの規模ではないが、WWFの事務所は世界四〇カ国に九〇カ所以上を教えるまでになっている。

中国では過去三十年間、WWFがパンダの歩む道に大きな影響を及ぼしてきた。「WWFはこの国で非常に多くの成果をあげてきた。粘り強く活動を続けてきたことの賜物だ」と、シャラーは言う。[45] シャラーと仲間たちがはじめてパンダの里に足を踏み入れて三十年あまり、優秀な中国人研究者が次々と育ち、今ではおおむね中国がパンダ研究を主導するようになった。「ある意味で、そうしたすべての土台をつくったのはWWFだった」と、シャラーは述べている。

WWFの未来がどうなるにせよ、少なくとも野生のパンダが絶滅しないかぎりは、そして万一絶滅してもそのあと長い間、ジャイアントパンダは野生動物保護運動の顔であり続けるだろう。こうしたパンダと野生動物保護の結びつきをつくったのは、ピーター・スコットのロゴマークのモデルになったロンドン動物園のチチだった。しかしチチが残した「遺産」は、それだけではなかった。

第7章 お見合いの政治学

一九六〇年秋のある時期、ロンドン動物園のチチの様子が突如変わった。そして、翌年の春にも同じことが起きた。「一年の決まった時期になると、食べ物の選り好みが激しくなり、落ち着きをなくすことがわかってきた。要するに、盛りがついた状態になる」と、ロンドン動物園の獣医だったオリヴァー・グレアム＝ジョーンズは著書で記している。(1)「見るからに飼育係に対して発情しているらしく、なんと彼を誘うような仕草までしたのだ！」。チチにお婿さんを見つけてやる時期が来たと、誰もが気づいた。

といっても、選択肢は限られていた。まず、北京動物園には数頭のパンダが飼育されていて、繁殖の取り組みが精力的に行なわれていた。ほかには、モスクワ動物園に二頭のパンダがいた。第五章でも述べたように、中国政府は一九五七年にメスと思われていたピンピンを、一九五九年夏にはオスのアンアンを当時のソ連に贈っていた。モスクワ動物園は、珍獣のカップルが手に入ったことに大喜びし、二頭を交配させようと最大限努力したに違いない。しかし、二頭が子をもうけることはありえなかった。一九六一年にピンピンが死亡したあと、よく調べてみると、実はオスだったことがわかったのだ。つまり、北京動物園は一九五七年、当時みずからが飼育していた唯一のオスのパンダをソ連に贈呈し、その二年後にもまたオスを贈り、モスクワ動物園にオスばかり二頭が暮らす状況をつくり出してしまったのである。一九三〇年代にアメリカに渡ったスーリンの性別も死後まで誤解されていたように、ジャイアントパンダの性別を判定するのはきわめて難しいのだ。

当時の冷戦下の国際政治状況を考えると、中国やソ連のような共産主義国と接触することは政治的に微妙な意味をもつ行動だったが、ロンドン動物学協会のソリー・ズッカーマン事務局長はそんなことにはお構いなしに、一九六二年前半、北京動物園とモスクワ動物園の園長に手紙を送った。北京動物園の園長は、すぐに丁重に断ってきた。モスクワ動物園の反応も前向きとは言い難かったが、ズッカーマンは翌年にモスクワを訪れた際、直談判に乗り出した。モスクワ訪問の本来の目的は、部分的核実験禁止条約を結ぶためのアメリカとソ連、イギリスの交渉に臨むことだった。ズッカーマンはロンドン動物学協会の事務局長だっただけでなく、イギリス国防相の首席科学顧問でもあったのだ（翌年には、イギリス政府の初代首席科学顧問に就任する）。三週間の滞在は、ソ連のニキータ・フルシチョフ首相と面会するなど、慌ただしい日々だったが、その合間を縫ってモスクワ動物園のイヴォール・ソスノフスキー園長とパンダ問題を話し合った。しかし、実のある合意に達することはできなかった。

この時期、動物園で飼育下の動物を繁殖させることはまだ本格的に行なわれていなかった。第三章で述べたように、十九世紀末以降、動物の種の保全を重んじる倫理観が広がり始めてはいた。たとえば、一八八九年にワシントンDCに設立された合衆国国立動物園は、「アメリカで絶滅の危機に瀕しているあらゆる四足歩行動物の優れた個体を多数収集し、快適で、少なくとも十分に広い場所で保護し、繁殖させる」ことを目標としてはっきり掲げた。[2] しかし、国立動物園を設立した人たちは楽観しすぎていたようだ。それから七十年あまりたっても、種の保全に大きく貢献していると胸を張れるような動物園はほとんど存在しなかった。

だが、ようやく状況が変わり始めた。一九六〇年、ロンドン動物学協会が「動物園に関する正確な国際的情報交換」をめざして、『国際動物園年鑑』の発行を開始した。[3] これにより、世界のほかの動物園がどういう活動をしていて、どの動物を飼育しているかが（性別も含めて）簡単にわかるようになった。動物の繁殖を自分たちの役割と考えている動物園関係者たちにとって、ほかの国の動物園と協力してその任務を果たすチャンスが新たに開けた。

そうした協力関係が実を結んだ先駆的な例の一つが、まっすぐ伸びた長い角が特徴的なレイヨウの一種、アラビアオリックスを救うための試みだ。一九六〇年、リー・タルボット（第六章で触れたように、のちにWWFイギリスの科学顧問を務める人物だ）は、野生動物保護団体のファウナ・プリザベーション・ソサエティ（現在のファウナ・アンド・フローラ・インターナショナル）に宛てた報告書で、アラビアオリックスの危機を訴えた。それによれば、野生のアラビアオリックスは絶滅が避けられず、この美しい動物を存続させるためには、飼育下で繁殖させて、それをいずれ野生に再導入する以外にないとのことだった。そこで一九六三年、ファウナ・プリザベーション・ソサエティは「オリックス作戦」というプロジェクトを開始した（これは、設立直後のWWFが資金援助した大型プロジェクトのひとつだった）。このプロジェクトにより、アリゾナ州のフェニックス動物園に、野生の個体数頭とほかの動物園からの数頭を合わせたアラビアオリックスの「国際的な群れ」がつくられた。それから半世紀が過ぎた今日、野生のアラビアアオリックスの生息数は一〇〇〇頭以上に達している。この数は飼育下の個体の何倍にものぼり、その多くは「オリックス作戦」でフェニックス動物園に集められた個体の子孫である。

このような成功例もあったとはいえ、別々の動物園で飼育されている動物のオスとメスを交配させるというのは、当時はまだきわめて大胆な発想だった。文化も政治も異なる国の動物園同士の間でそれを行なうとすれば、なおさらだった。

一九六三年前半、北京動物園が史上はじめて飼育下でパンダの繁殖に成功したと発表した。そしてこの年の九月九日の朝、リリというメスが出産した（ちなみに、チチは一九五八年前半、数カ月にわたってリリと一緒に暮らしたことがあった）。赤ちゃんの体重はわずか一二五グラム。当時は知られていなかったが、パンダの新生子としては大きいほうだった。生まれてくる赤ちゃんパンダの体重は、たいてい一〇〇グラム程度。母親の一〇〇〇分の一ほどにすぎない。パンダの赤ちゃんは、人間で言えば妊娠二十週あまりで生まれてくるようなものなのだ。このような特異な繁殖戦略は、竹を中心とする厳しい栄養条件に適応した結果だとも言われる。野生では、母親のパンダが長期の妊娠期間を過ごすのに必要な量の脂肪を蓄えることができない、というわけだ。もっとも、この点に関してはわかっていないことが非常に多い。

リリが出産した赤ちゃんパンダ、ミンミンの最初の数カ月について、北京動物園の飼育員は次のように記している。(4)

最初、リリはいつも子を膝に乗せたり、腕に抱いたりして、食べるときも寝るときも片時も離そうとしなかった。それでも一カ月たつと、いくらか落ち着き、飼育係が子を世話するのを拒まなくなった。二カ月になると、右腕から左腕へ、左腕から右腕へと子を放って遊んでやるようになった。子がむずかると、人間の母親のように前足でなでてやった。そうやって三カ月たったころ、ミンミンは自力で歩くようになった。

こんな記述を読んで、ズッカーマンやロンドン動物園の面々は、チチの相手を見つけたいという思いがますます高まっただろう。しかし、それまでジャイアントパンダの性別判定が間違っていたケースが多かったことを考えると、まずはチチが本当にメスなのかを確認する必要があった。そのチャンスは、一九六四年四月に訪れた。チチが竹の小枝で目を傷つけて感染症を起こし、簡単な手術が必要になったのだ。手術当日、動物園の手術室に詰めかけた大勢の見学者の前で、獣医のグレアム＝ジョーンズが麻酔を施した。「手術前から重圧に押しつぶされそうだったが」と、彼は振り返っている。[5]「史上はじめてジャイアントパンダに麻酔をかけ、失敗すればパンダを死なせかねないのだと思うと、プレッシャーがますます膨れ上がってきた」。

当時、ロンドン動物園の哺乳類担当キュレーターになっていたデズモンド・モリスの回想によれば、チチはグレアム＝ジョーンズを横目で見て、「おまえに麻酔薬の適量がわかるのか、と挑発しているかのように見えた」という。[6]グレアム＝ジョーンズは深呼吸すると、麻酔効果のある二種類の薬物を混ぜた薬液を注射した（薬物のひとつは、フェンサイクリジン。幻覚効果の強さゆえに幻覚剤としても用いられており、そういう用途では「エンジェルダスト（天使の粉）」と呼ばれている）。薬が効いてくると、ぐったりしたチチをみんなで持ち上げて手術台に載せ、口と鼻を覆うように酸素マスクを装着して、今度は全身麻酔薬を肺に送り込んだ。

目の治療が無事に終わると、グレアム＝ジョーンズはチチの生殖器を調べた。間違いなくメスだった。そこで、ソ連側を安心させるために、カメラマンが手術室に入って撮影し、白黒の写真をモスクワに送った。そして九月半ば、ズッカーマンがモスクワ動物園に電報を打った。(7)「二頭のパンダを一緒にするための話し合いをいつでも開始する用意がある。チチをモスクワに派遣してもいいし、そちらのパンダを賓客としてリージェンツパーク（のロンドン動物園）に迎えてもいい」。

メディアはソスノフスキー園長をはじめとするモスクワ側関係者に執拗に取材し、その結果として、いくつかの矛盾する報道がなされた。一部の報道によれば、モスクワ側は乗り気だとのことだったが、その一方で、モスクワ動物園のオスのアンアンが元気すぎてチチにけがをさせかねないとの理由で、計画は棚上げになったという報道もあった。「この二頭は単なる動物ではなかった。（冷戦下の）東西両陣営のシンボルを結婚させようという話だった」と、モリスは述べている。(8)「もし二頭がけんかでもしようものなら、非常に不幸な象徴的意味をもってしまう」。チチとアンアンのお見合い話は立ち消えになったように見えた。

ところが一九六六年一月、ソ連文化省が突然、ロンドン動物学協会に訪ソを打診してきた。パンダの交配をどのように進めるか詳しく話し合いたいとのことだった。ズッカーマンは政治的な意味合いを考え、イギリス政府上層部の意向を確認しようとした。国防省上級顧問の見解は、次のとおりだった。(9)「この呼びかけが、われわれの緊張緩和路線と足並みをそろえようという意思のあらわれなのかはわからない。しかし、われわれにとっても関係改善は好ましいことである。結婚話を承認すべきと考える」。外務省高官も同様の意見を述べた。しかし、七月にソ連を訪問してベトナム戦争について話し合うことになっていたハロルド・ウィルソン首相には気がかりなことがあった。「首相がモスクワを訪ねるときには、メディアがパンダの件を忘れているようにすべきだ。さもないと、人々のイメージのなかで二つの訪問が一緒くたにされ、テレビのコメディ番組や風刺漫画家にとことんコケにされてしまう」と、外務省高官は指摘した。

不安は的中した。ロンドン動物園のチチがモスクワに飛ぶことになりそうだという情報が流れると、風刺漫画家たちはさっそく鉛筆を握って紙に向かった。一月二十七日のデイリー・ミラー紙には、アンアンに見立てたソ連のアレクセイ・コスイギン首相が、チチに見立てたウィルソン首相を追いかけて、木によじ登っている場面を描いた漫画が載った。そのとき動物園関係者は外務省宛ての手紙に、「首相官邸で気分を害する方がいなければいいのですが」と書いた。パンダの交配プロジェクトは、まだ始まってもいないうちに滑稽な見世物に変わろうとしていた。「私は常々、イギリス外務省がこの種の大がかりで常軌を逸したことに手を染めているのではないかと疑っていた」と、ある新聞記者は書いた。(10)「今回、外交官や官僚が中央官庁の廊下を走り回り、ジャイアントパンダの生殖について論じている光景を目の当たりにすると、強烈な不安を感じずにいられない」。

動物園関係者も政治的重圧を感じ始めた。デズモンド・モリスは、モスクワ動物園のソスノフスキー園長との話し合いと、アンアンとの対面のために二月四日にソ連に飛ぶ前、イギリス外務省とロンドンのソ連大使館に呼び出されて面談を受ける羽目になった。明らかに、このプロジェクトはもはや動物の幸せのための純粋な科学的取り組みとは言えなくなっていた。

このころになると、イギリスも含めて大半の西側諸国は、ソ連と経済的・外交的関係を築き始めていたが、冷戦構造の下で積み重なった不信感は簡単には解消されなかった。「ソ連関係者の頭には、一連のパンダ関連のプロジェクトが邪《よこしま》な策謀を覆い隠すためのものなのではないかという猜疑心《さいぎ》がこびりついていた」と、モリスは回想している。(11) 不信感を抱くのも無理からぬ面があった。まず、すでに述べたように、ズッカーマンはイギリス国防省と密接な関係にあった。しかし、それ以上にソ連の情報機関が神経を尖《とが》らせたのは、モリスに協力していたマクスウェル（マックス）・ナイトという男の存在だった。「私の知っていたマックスは、やさしくて人懐こい男だった。動物が好きで、ペットの飼い方に関する本をいくつも書いていた」とモリスは記しているが、彼の知らないことがあった。(12) ナイトは確かに動物好きだったが、それを隠れ蓑にしてMI5（イギリス情報局保安部）の一員としてスパイ活動を行ない、英国共産党など、ソ連のスパイが入り込んでいる可能性がある団体への潜入工作を指揮していた。イアン・フレミングのスパイ小説「ジェームズ・ボンド」シリーズに登場するボンドの上司「M」のモデルとなった人物に関しては諸説あるが、マクスウェル・ナイトもその候補と言われる一人だ。

そういう事情もあって、モスクワ入りしたモリスは徹底的に監視されることになった。「私をマックスの手下だと思っていたようだ」と、モリスは振り返っている。(13)「ホテルの部屋が盗聴された。マイクが仕込んであると思われたらしく、電気カミソリも分解して調べられた。どこへ行くにも尾行された」。

モスクワの「赤の広場」近くの国営デパートを訪れたときには、ロシア人の工作員が接触してきて、秘密工場の建設計画を教えてもいいと持ちかけられたという。こうした数々の障害はあったが、モリスとソスノフスキーは、この年の春にチチがモスクワを訪ねることで合意に達した。

ロンドンでは、チチの旅をできるだけストレスのないものにするための準備が進められた。「世界中のメディアの注目を一身に集めているのが生身の動物で、その一挙一動が世界の何億人もの人たちに向けて逐一報じられるとすれば、その旅路には無数の落とし穴が潜んでいる」と、獣医のグレアム＝ジョーンズは書いている。[14]「高度と気圧が目まぐるしく変わり、温帯地域の温かい棲み処から、凍てつく冬のロシアに、わずか数時間で移送される」ことの影響がとくに心配された。[15]そこで、万一の場合に備えてグレアム＝ジョーンズが同行し、チチが落ち着けるように、お気に入りの飼育係のサム・モートンも一緒に飛行機に乗り込んだ。

「VIP《ベリー・インポータント・パンダ》」のチチを輸送するために、最新の技術を駆使して輸送箱が設計・制作された。グレアム＝ジョーンズによれば、それは、「単なる木箱ではなく、移動式の巣と言ってもいいもので、輸送中の動物の安全と快適性という面では、既存のいかなる輸送箱よりも格段に優れていた[16]」。一・八メートル×〇・九メートルという大型の輸送箱を載せるために、航空会社の英国欧州航空は旅客機の座席を三二席取り払わなくてはならなかった。三月十一日の夜明け前、リージェンツパークのロンドン動物園を出発した三台の車両がヒースロー空港をめざした。一行が空港に到着すると、見送りの市民が大勢詰めかけていて、グレアム＝ジョーンズは肝をつぶした。「まるでカーニバルだった。こっちは、大まじめだったのだが」と書いている。[17]もっとも、箱に入れられたパンダの写真を撮ろうとして大勢のカメラマンと記者が集まっていたことは、予想どおりだった。

メディアの注目にさらされたことで、モスクワの空港では実に奇異な歓迎が待っていた。同行してきた西側諸国のカメラマンと滑走路脇で待ち受けていたカメラマンを避けるために、チチは空港に着くなり、そそくさと運び出された。「飛行機がエンジンを切り、滑走路で停止するやいなや、大勢の係員によって取り囲まれた。その多くは、茶色の制服を着た空港警察の職員だった」と、グレアム＝ジョーンズは著書に記している。[18]数人の男たちがチチの箱を引きずってタラップを降ろし、フォークリフト車に乗せて走り去った。「目の前で起きた出来事を見て、驚いたどころではなかった」。その後、チチはオンボロのバスに移し替えられて、動物園に運ばれた。不安でいっぱいのグレアム＝ジョーンズがようやく動物園にたどり着いたときには、職員たちが箱を降ろしている最中だった。「あたりはもう暗く、箱が地面に滑り落ちると、箱の中の気の毒な囚人が苦悶と怒りでうなり声をあげた[19]」。

チチは、なかなか興奮が収まらなかった[20]。また、ストレスの影響でホルモンの状態が変調を来たしたことで、発情が早く始まり、短期間で終わってしまったのではないかと、グレアム＝ジョーンズは感じた。最近の研究によると、この見立ては正しかったようだ。実験で、副腎の機能を刺激するホルモンを注射し、ストレスを受けたときに分泌量が増えるホルモンであるコルチゾールの分泌を促し、二種類の主要な雌性ホルモンの血中濃度を変化させてみる。具体的には、エストロジェンの濃度を下げ、プロジェステロンの濃度を高める。このようにホルモンの状態を変えると、発情時間が短くなるらしい。

一九六〇年代は、人間の世界で女性ホルモンの操作に関して一大転機が訪れた時代だった。一九六〇年、アメリカ食品医薬品局がはじめて経口避妊薬を承認。ほどなく、不妊症治療薬の臨床試験も始まる。一九六六年三月、チチとアンアンがモスクワではじめて対面する直前には、当時新たに登場しつつあった不妊治療を下敷きにした愉快な漫画がイギリスの新聞に載った。チチとアンアンとおぼしき二頭の親パンダと大勢の子パンダたちがモスクワの「赤の広場」を歩き回っている様子が描かれている。そこに、こんな言葉が添えられていた――「不妊症治療薬を試す妻たちがもっと増えるだろう」。

三月三十一日、ついに対面したチチとアンアンは、まずお互いをじっと見つめた。アンアンはそばにあった切り株を点検し、それをなめ、そこに、においづけ（マーキング）をした。そして次の瞬間、チチに躍りかかり、歯を剥いてうなり声をあげ、後足に歯を立てた。チチがあおむけに倒れ込むと、さらに

1966年3月、チチがモスクワでアンアンとはじめて対面するのを前に、イギリスの新聞にはさまざまな風刺漫画が載った。この漫画では、ソ連のコスイギン首相（バルコニーの右端の人物）がいかにもソ連風の服装をした二人の人物とともに、モスクワの「赤の広場」を埋めつくすパンダたちを見下ろしている。左上には、「不妊症治療薬を試す妻たちがもっと増えるだろう」という言葉が添えられている（3月23日付のデイリー・ミラー紙より）。

馬乗りになってお腹に嚙みついた。動物園のスタッフがホースで放水して、アンアンを引き離さなくてはならなかった。

「二頭のパンダの間にロマンスが生まれるとは考えにくい」と、カナダのモントリオール・ガゼット紙は書いた[21]。ほかの国の新聞の論調もおおむね似たようなものだった。チチが再び発情を迎えると予想される秋まで、交配の試みは見送られることになった。ロンドン動物園のスタッフは、モスクワにチチを残して、四月三日に帰国した。

そして、刻んだようにちょうど六カ月後、モスクワ動物園からロンドン動物園に電報が届いた。チチに再び発情の兆候が見え始めたというのだ。パンダの繁殖ではタイミングが非常に重要だとわかり始めていたので、デズモンド・モリスはほかの用事をすべて放り出して、翌日にはモスクワ行きの飛行機に乗った。アンアンはなにかを感じ取ったらしく、しきりに鳴き声をあげ始めた。一方のチチは、二頭の間を隔てる柵越しに、アンアンのほうにたびたびお尻を突き出した。一九六六年十月六日、モスクワ動物園は通常より早い時間に閉園し、スタッフが放水用のホース、麻酔銃、木製の盾を持って位置に着いた。葉っぱなどの遮蔽物の陰には、慎重に選ばれた数人の報道関係者が陣取った。

　アンアンが接近すると、チチは相手の顔を手で叩いた。「パンダたちはじゃれ合い、アンアンが何度かチチを誘う仕草を見せたが、この日の顔合わせは失敗に終わったようだ。二十五分後、二頭は引き離された」と、バーミンガム・メール紙は書いた[22]。翌朝、二頭は再び一緒の部屋に入れられたが、レスター・マーキュリー紙によれば「花嫁は前日以上に神経質に見えた[23]」。チチがアンアンの顔を叩いた場面の写真は、多くの新聞に掲載され、派手な見出しとともに紹介された――「チチは、簡単にイエスと言わない」「チチがアンアンをぴしゃり」「チチが求婚者に右フックをお見舞い」……[24]。翌日、夜に二頭を同じ部屋で過ごさせることが発表されると、メディアはますます盛り上がった。「二頭のパンダが一夜をともに」「パンダたちの〝希望の夜〟」「出会いの夜」といった見出しが躍った[25]。しかし、二頭の関係が悪化の一途をたどると、メディアの論調も次第に悲観的なものに変わっていった。「チチに残された時間は減る一方」「猶予は三夜だけ」「ロシアより、愛を込めずに[26]」。そして、ついにチチがロンドンに引き揚げることが発表されると、新聞はこう書いた。「チチとアンアンがグッドバイ」「結婚しないまま、花嫁が帰国へ」「処女パンダの帰国[27]」。

　新聞各紙が根掘り葉掘り書き立てた結果、ジャイアントパンダは世界中ですっかり有名な動物になった。しかし、パンダを結婚させようという取り組みは、B級メロドラマさながらに好奇の目で見られるようになり、冗談の種にされるようにもなった。動物園関係者が二頭のパンダの「関係改善」に励んでいたころ、それをソ連とイギリスの関係に重ね合わせ、ソ連との関係改善が一向に進まないイギリス外務省を皮肉った新聞の風刺漫画も多かった。

たとえば十一月十八日付のイブニング・ニューズ紙には、こんな漫画が載った。当時のジョージ・ブラウン外相がパンダ模様のスーツを着て、両目のまわりを黒く塗り、鞄を持っている。モスクワに向けて出発しようとしているのだ。でっぷり太ったハロルド・マクミラン首相がデスクの上に腰掛け、両足をぶらぶらさせながら、外相に向かって言う――「言いにくいのだが、そんな小細工をしなくても向こうで十分に注目は集められると思うがね[28]」。政治的風刺とは関係なく、単にパンダを物笑いの種にしただけの漫画も多かった。ディリー・ミラー紙の漫画では、NASA（アメリカ航空宇宙局）の職員三人が二頭のパンダを宇宙ロケットに乗せて、ニヤニヤ笑っている。そこに、こんな言葉が添えてある。「お役に立ててうれしいよ。帰還まで十二カ月。じっくり関係を深められればいいね[29]」。

一九六六年のパンダ交配騒動で傷ついたのは、パンダのイメージだけではなかった。とくにイギリスでは、赤ちゃんパンダの出産に乗じて一儲けしようともくろんでいた企業が痛手をこうむった。ある企業は、テディベアのパンダ版を製造・販売する計画を取りやめざるをえなかった。別の企業は、大量のチチ・キーホルダーを抱え

1966年10月、モスクワ動物園でアンアンがチチのあとを歩く様子を見守るデズモンド・モリス。

て呆然とする羽目になった（「どうやら、やらかしてしまったようだ」と、その会社の経営者は新聞の取材に語った）。ウォールズ・アイスクリーム社は、キドニーパイの販売促進の一環としてパンダのオモチャを叩き売りした。そうでもしなければ、大量のオモチャをさばけなかったのだ。ある陶器メーカーは、赤ちゃんパンダ誕生を記念するマグカップの製造を中止。ある菓子メーカーは、すでにパンダビスケット用の焼き型を用意していてあとは生産を待つばかりだったが、計画を断念した。もちろん、大赤字だ。「動物のオスとメスの相性が悪かったというだけで、産業界全体がこれほど暗いムードに包まれたことは過去に例がない」と、チチの帰国直後にデイリー・メール紙は書いた。[30]

しかし、チチとアンアンの物語はこれで終わりではなかった。翌一九六七年二月にソ連のコスイギン首相がロンドンを訪問したあと、ロンドン動物学協会はモスクワ動物園のアンアンをロンドンに正式に招待した。このニュースに新聞各紙はさっそく飛びつき、「アンアンにリターンマッチのチャンス」「チチが再びデート」「チチに結婚話が再浮上」などと書いた。[31] 前回と違って、慣れた環境で交配を試みられるとすれば、チチにとって悪いことではなさそうに思えた。

時代の空気も二頭の再会を後押ししているように見えた。一九六七年夏は、〝ラブ〟の季節だった。サンフランシスコのヘイト・アシュベリー地区に何千人もの人が集まるなど、ヒッピー革命が大きな盛り上がりを見せ、「サマー・オブ・ラブ」と呼ばれたのだ。しかし、ソ連側は提案に乗らなかった。「アンアンの体調がすぐれず、チチの二度目のハネムーンはおあずけに」と、ある新聞は書いた。[32] アンアンの健康問題はその後も消えなかった。それでも一九六八年八月、ソ連側がついにゴーサインを出した。すると、やはりメディアがからかい半分の記事を載せ始めた。「チチの〝二目ぼれ〟はあるか？」「新しいロマンス？」「新たなデート？」といった具合だ。[33]

しかし、このニュースが明らかになってほどなく、国際政治の動向により計画が危機にさらされた。東ヨーロッパの共産主義国だったチェコスロバキア（当時）は、少しずつソ連と距離を置き始め、報道に対する規制をやわらげ、言論の自由を認め、移動の制限を緩和するといった改革を推し進めていた。いわゆる「プラハの春」である。しかし一九六八年八月二十一日の早朝、ソ連と東欧四カ国の軍隊がチェコスロバキアに侵攻。東側世界の結束を守るために軍事介入し、全土を支配下に置いた。これに対して西側世界で怒りが広がり、東西の緊張が一挙に高まった。それでも、二頭のパンダの再会計画は予定どおり進められた。「（アンアンの）訪問を取りやめるべき理由はない」と、当時あるロンドン動物園関係者は述べた。[34]

もっとも、一九六六年のモスクワでの試みが失敗に終わったこともあって、悲観的な見方をする人たちもいた。チチがはじめて発情の兆候を見せて以来、ある疑念がずっとささやかれていた。自分と同じアイルロポーダ・メラノリューカ *Ailuropoda melanoleuca*、すなわちジャイアントパンダより、ホモ・サピエンス *Homo sapiens* と過ごした期間が長いせいで、チチが「人間化」してしまったのではないか、というのである。そこで、チチがほかのパンダを見ても驚かないように、一九六六年にモスクワに出発する前、ロンドン動物園の部屋に鏡が用意された。しかし結局、モスクワではロシア人の動物園スタッフに対して交尾のポーズを取り、その人物を恥ずかしがらせた。[35] このあと、ソ連側は一つの結論を導き出した――「チチは長い間、ほかのパンダと離れて生きてきた結果、人間に対する性的な『刷り込み』を起こしたのだろう」というのである。[36]

「刷り込み」という考え方は、一九三〇年代にオーストリアの動物学者コンラート・ローレンツ（のちに動物行動学の研究でノーベル生理学・医学賞を受賞）の著作で広く知られるようになった。研究の出発点になったのは、動物はどのようにしてみずからの種を知るのかという疑問だった。動物は、自分がどういう種の動物かを生まれつき知っているのか？　それとも、後天的に学習するのか？　ローレンツの研究により、いくつかの種では、生まれた直後の数時間の学習が決定的な意味をもつらしいとわかった。たとえば、ハイイロガンの卵が孵化すると、生まれたヒナは、最初に目に入った「それらしい」ものが自分の仲間だと考える。これが刷り込みである。ほとんどの場合、その対象になるのは親鳥だが、卵を人工的に孵化させ、ローレンツがしばらくその場にいると、ヒナたちは彼に対して刷り込みを起こし、どこへ行ってもあとをついてくるようになった。鳥や人間などの生き物だけでなく、命のない物体に対しても、ヒナたちは刷り込みを起こすことがあった。こうした刷り込みは、「幼い鳥が自分の種を認識する」手段として機能していると、ローレンツは主張した。[37]これはのちに交尾の相手を探す際に大きな意味をもつと、彼は考えた。

幼い鳥が誤った種に対して刷り込みを起こすと、奇妙な現象が起きる場合がある。ローレンツによれば、飼育員に育てられたサンカノゴイ（サギの一種）、のオスは、その飼育員が近くに来ると、一緒に暮らしていたメスを追い払おうとした。最終的にこのオスとメスが交尾し、メスが何個かの卵を産んだ。しかし、オスの勘違いは終わらず、飼育員を巣に招き入れて卵の孵化を手伝わせようとしたという。この興味深いエピソードによって示唆される結論の妥当性を検証するために、さらに入念な実験がいくつも行なわれている。たとえばドイツの研究チームは、キンカチョウの卵を巣から取り上げて、ジュウシマツに育てさせた。[38]まず、四十日間にわたって、孵化したヒナをジュウシマツに育てさせ、エサも与えさせる。そのあと、「里親」のジュウシマツと切り離し、六十日間、ほかの鳥と接触がない状態で飼育する。そして生まれて一〇〇日目に、このキンカチョウたちが交尾の相手にどの種の鳥を好むかを観察した。すると、里親のジュウシマツから多くのエサを与えられたオスほど、キンカチョウよりもジュウシマツのメスと交尾したがったという。

同様の実験は、哺乳類でも行なわれている。一九九〇年代、イギリスと南アフリカの研究チームは、ヤギとヒツジで実験した。八頭の生まれたての子ヤギと子ヒツジを入れ替え、子ヤギをヒツジの群れで、子ヒツジをヤギの群れで成長させ、成獣になったあとの行動パターンを調べたのである。すると、ヒツジに育てられたオスヤギは、ヒツジと行動をともにして、メスのヒツジと交尾しようとし、ヤギに育てられたオスヒツジは、ヤギと行動をともにして、メスのヤギと交尾しようとした。一方、メスはオスに比べて、そういう傾向が見られなかった。この点について、実験を行なった研究者たちはこう述べている[39]。「この結果は、フロイトの唱えたエディプス・コンプレックスの考え方を間接的に裏づけるものと言えるだろう。また、オスはメスより、刷り込みの影響を受けてしまいやすいと言えるのかもしれない」。

デズモンド・モリスは大学時代、ローレンツの研究に感銘を受け、一九五〇年にブリストル大学で行なわれた連続講演を聞きに行ったことがある。「この人は聡明などというものではない。天才だ」と感じたという[40]。一連のチチの行動も刷り込みによって説明がつくのではないかと、モリスは主張した[41]。「あらゆる点から判断すると、チチは人間に育てられ、ほかのパンダを見ずに成長したので、人間化したのだろう。アンアンが自分と同じ種の動物であることに、気づきすらしなかったのではないか」。

チチが人間に対して性的な刷り込みを起こしているのではないかという考え方は、直感的には説得力があるように思えた。しかしこの説のせいで、チチがますます意地悪なジョークの種にされやすくなったことも事実だった。「いつもそばに人間がいる環境で人間によって育てられた結果、お相手としてアンアンを用意されたことを侮辱と感じたのだろう」と、ある読者は新聞に投書した。[42]「問題を解決するためには、アンアンにモリスの制服を着せて……あとは（飼育係が）その場を離れればいいのではないか」。

動物学者の間では、チチが繁殖に消極的な理由に関して「人間化説」が最も有力だったが、一般のメディアではほかにもさまざまな説が唱えられた。また、一九六八年九月にガーディアン紙に寄稿した児童文学作家のキャサリン・ストーに言わせれば、チチに向けられた数々の根拠なき憶測は、イギリス社会で女性に対する偏見がいまだに根を張っていることのあらわれだった。「どうして女性が独身を貫くと、不感症、同性愛者、神経症などと決めつけられるのか？」と、ストーは書いた。[43]「チチは、〝正常〟であるとはどういうことかについて大切なことを教えてくれているのかもしれない。ほかのすべての人が考える〝正常〟の概念どおりに行動しなくても、静かに胸を張って行動していれば、その人は〝正常〟と言えるのではないか？」。こうしてチチとアンアンは、冷戦期の東西対立、とくにイギリスとソ連の政治的摩擦のシンボルというだけにとどまらず、ジェンダーに関する固定観念を映し出す存在とみなされるようにもなった。勢いを増しつつあったフェミニズム運動がそうした固定観念を切り崩し始めるのは、まだ先のことだった。

一九六八年九月一日、アンアンがロンドン動物園にやって来たときには、デズモンド・モリスに代わってマイケル・ブランベルが同動物園の哺乳類担当キュレーターに就任していた。ブランベルは、二頭の再会をいくつかのステップを経て進めた。まず、二頭の遊び場を交換した。お互いのにおいに慣れさせるためだ。次に、二頭がお互いを知るために、網のフェンス越しに触れ合わせた。そしていよいよ、同じ部屋で過ごさせた。しかし前回同様、二頭はけんかをし、チチはピリピリしているように見えた。新聞はまたしても、パンダたちの動向をこと細かに報じた。「情熱的とは言いがたい再会」「冷ややかにあしらうチチ」「チチのラブコールに、アンアンは高いびき」(44)。

こうした状況が二カ月続き、チチは一向に発情する気配を見せなかった。ソ連文化省との約束では、十月末にはアンアンをモスクワに帰すことになっていた。期限が近づくと、また新聞が騒ぎ始めた。サンデー・テレグラフ紙に載った漫画には、動物園の檻に寄りかかって座る男の姿が描かれていた。男はパンダの着ぐるみを着ているが、頭部は脱いでいて禿《は》げ頭が見えており、頬には汗がだらだら流れている。男が無線機に向かって言う――「モスクワにご報告します。こちらアンアン。連中は私を送り返すようです。ミッションは失敗に終わりました。ですが、後々役に立ちそうなゴリラ二頭と接触することには成功しました」(45)。

期限が刻一刻と迫るなか、ロンドン動物園のブランベルたちは、思い切った行動に出た。残された日々にできるだけのことをしようと考え、チチにホルモン注射を打ち、発情させようとしたのだ。それまでに、そのような処置をされたパンダは一頭もいなかった。というより、薬品で排卵を促すことは、マウスやウサギなどを使った動物実験でもまだ試験段階にとどまっていた。ブランベルたちはほかの動物に関する数少ないデータをもとに、どのようなホルモンを、どれくらいの分量、どういうタイミングで注射すべきかを推測する以外になかった。最終的に、妊娠したウマの血清から抽出されるホルモン、妊馬血清性ゴナドトロピン（PMSG）を注射した。このホルモンが卵胞刺激ホルモンの分泌を促し、その卵胞刺激ホルモンが卵巣での卵子の成熟を促す、という目算だった。そしてこの注射の数日後に、妊娠中のヒトの女性の血液に含まれるヒト絨毛性ゴナドトロピン（hCG）というホルモンを注射した。このホルモンは、黄体形成ホルモンと同様の機能を果たし、卵巣内の成熟した卵子の放出を促すと期待された。

この処置のあとチチの様子が一変したことを考えると、効果はあったと言ってよさそうだ。まず、最初の注射の六日ほどあとに、食欲がなくなった。発情時の反応だ。その後、十日間なにも食べずに過ごし、それから少しずつ食欲が戻ってきた。アンアンもなにかを感じ取ったらしく、以前よりチチに興味を示すようになった。しかし、「チチは交尾の体勢を取らず、アンアンもそれを強く求めようとはしなかった」と、ブランベルたちは翌年にネイチャー誌の論文で記した(46)。

ロンドン動物園は、これほどあわてる必要はなかったのかもしれない。結局、ソ連側がロンドン動物園の求めに応じ、十月末の期限を延長して、チチが次に発情を迎えるまでアンアンをロンドンに滞在させることに同意したからだ。しかし、自然に発情するのを待ちきれなかったブランベルたちは、再び人為的処置を講じることにした。一九六九年二月、妊馬血清性ゴナドトロピン（PMSG）を前回より増量して注射した。しかしチチの反応は、前回と同じだった。ブランベルたちはこう記している。「チチはものを食べなくなり、自分の棲み処へのにおいづけを頻繁にするようになった。一方のアンアンはそれまでより活動的になり、数度にわたりチチにアプローチしたが、強く迫ることはしなかった。おそらく、交尾は行なわれなかっただろう」。

現在、パンダの――というより動物全般の――生態についてわかっていることに照らすと、一九六八年と六九年にチチの繁殖意欲を高めようとして行なわれた処置は、そもそも成功する可能性が著しく小さかった。個々の種の動物の卵巣を刺激するのに、どのような方法が最善かは、たいてい何年も、ことによると何十年も実験を重ねなくては解明できない。しかも、卵巣を刺激して排卵を促すことができても、出産にいたるまでの数多くのステップの最初の一段階を突破したことにしかならない。

一九六九年五月二十一日、アンアンがとうとうモスクワに帰った。「アンアンが帰国、ミッション未達成」「パンダの〝愛の集会〟は終幕」「アンアン、ソ連へ帰る」[47]。アンアンが去った翌日、イブニング・スタンダード紙に品のない漫画が載った。空っぽになったアンアンの部屋の隣で、チチが自分の部屋にポツンと座っている。そこに、こんな言葉が添えてあった――「もうっ！　せっかく、今日はそういう気分なのに！」[48]。これ以降、この二頭の繁殖のために人為的な試みが行なわれることはなかった。

パンダ繁殖作戦は失敗に終わったが、あ

2009年、WWFはチチをモデルにした募金用の貯金箱をお役御免にしたとき、有名アーティストたちに、それを使ってアートをつくるよう依頼した。この写真に映っているのは、ジェーソン・バージェスのインスタレーション『パンダ・アイズ』。熱感センサーを埋め込まれた100頭のパンダたちが来場者の動きに合わせて動くというものだ。この作品は、2010年の「ブリット・インシュアランス・デザイン・アワード」の最終候補作品に残った。

る意味で、パンダたちの〝繁殖〟力はきわめて強かったとも言える。人間の世界でセックス革命が進んでいたころ、チチとアンアンのオモチャやグッズが量産され、膨大な数の漫画や写真が新聞に載り、五年ほどの間、世界中のあらゆる大陸の多くの言語でパンダ関係のニュースがひっきりなしに発信された。一九三〇年代にアメリカに渡ったスーリンも大フィーバーを巻き起こしたが、当時はまだラジオやテレビが大きなビジネスに成長する前の時代だった。それに対し、チチとアンアンは世界規模のメディア狂騒曲の渦中に巻き込まれていった。その結果として、チチの死も大きな騒ぎを引き起こすことになる。

第8章　第二の生涯

一九六〇年代が終わり、七〇年代に入ると、チチに残された日々が少ないことが次第にはっきりしてきた。動きがのろくなり、たびたび食欲不振に悩まされるようになった。屋外のスペースに出てくることもめっきり減った。そして一九七二年三月、ついにチチが病気になり、ロンドン動物園には、心配したファンからの手紙や電話が殺到した。

ＢＢＣのニュース番組『ネーションワイド』では、司会者がロンドン動物園に電話して最新の状況を尋ねた。電話出演したロンドン動物学協会の広報担当者、トニー・デイルは楽観的だった。「先ほど様子を見に行ったときは、お茶を一皿飲み干し、昼寝のために寝床に引き揚げるところでした。今はぐっすり眠っています。仰向けになって、気持ちよさそうに両手を動かしながら寝ていますよ(1)」。しかしデイルも、チチが夏を乗り切れるかは自信をもてなかったようだ。「それを予測することは難しいと思います。チチは、これまで世界の動物園で飼育されたなかで最高齢のパンダです。十五歳と言えば、パンダの世界では相当なおばあちゃんなのです」。

チチが衰弱していく間、ロンドン動物園では「その日」に向けた準備が進められた。第二章で述べたように、一九六〇年代、アメリカの解剖学者ドワイト・D・デーヴィスがスーリンの解剖データをもとに、パンダの解剖学的な特徴についてはじめて詳細な研究を発表した。しかし、スーリンは若いオスのパンダだった。しかもデーヴィスが調べることができたのは、「防腐処置のために防腐剤を注入されたあとの死体」にすぎない。(2) もしチチの死後解剖ができれば、メスの成獣の解剖学上の特徴を明らかにできるうえ、死後間もないパンダを解剖することにより、デーヴィスには不可能だったさまざまな科学的解明が可能になる。そこで、ロンドン動物園の哺乳類担当キュレーターのマイケル・ブランベルは、一流の病理学者と解剖学者のチームを組織した。もしもの場合に、すべての仕事を放り出して、動物園のあるリージェンツパークに駆けつけてくれる人たちを集めた。できれば死後数十分以内、せめて数時間以内に、死体を解剖台に載せることが目標だった。

七月半ば、チチの病状はさらに悪化し、食べ物をとらなくなった。いよいよそのときが近づいてきたと、ブランベルは覚悟した。(3) 七月二十一日金曜日、動物園が閉園したあと、苦しみをやわらげてやるために鎮痛剤を与えた。しかし効果はほとんどなく、チチは激しく苦しみ続けた。ブランベルに残された選択肢は、苦しみから解放するために永遠の休息を与えること以外になかった。日付が変わって、七月二十二日土曜日の午前三時のことだった。「その処置を行なうには、あまりに冷たく、寂しい時間だった」と、ブランベルは振り返っている。

日曜日の新聞各紙は、「世界中の何百万人ものハートをわしづかみにした」パンダの死を悼んだ。(4) その新聞が印刷されて読者の手に届いたころには、すでに死体の解剖が終わっていた。チチを永遠の眠りにつかせたあと、ブランベルが最初に行なった「悪魔のような」作業は、眼窩《がんか》から眼球を取り出すことだった。「目の色素に関する情報が手に入ると期待されていた。ただしそのためには、息絶えてから二十分後には眼球を固定液に入れて、網膜組織の腐敗を防がなければならなかった」と、ブランベルは言う。[5]「今思い出しても身震いせずにいられない。二十分前まで世話していた動物を、今は病理学者として解剖しなくてはならないのだから」。

実際には、眼球を摘出して冷凍するまでに、事前に視覚研究者のハーバート・ダートノール博士から指示されていたより長い時間がかかってしまった。しかも折悪しく週末だったので、すぐにはダートノールの研究所――ブライトン近郊のサセックス大学に置かれている英国医学研究会議視覚部門――に眼球を届けることができなかった。それでも、ダートノールは月曜日の朝に研究所で眼球を受け取り、網膜の調査に着手した。パンダが色を識別できるのか明らかにすることが最大のねらいだった。作業は、網膜の色素に影響を及ぼさないように赤い光の下で行なわれた。まず右の眼球を解凍し、それに切れ目を入れて、慎重に網膜を取り除いた。翌年ネイチャー誌に発表された論文によると、チチの網膜には、感光性の色素が二種類見つかった。一つは赤い光に最も反応する色素、もう一つは白い光に最も反応する色素である。この点から判断するに、パンダは昼行性の肉食獣の多くがそうであるように、赤と緑の区別を苦手とするものの、色をある程度まで識別できるとみなせた。[6]

眼球だけでなく、チチの死体のそのほかの部分もパンダの生態に関して新たな発見をもたらした。ロンドン動物学協会の紀要は、一つの号をまるまるチチの解剖結果の報告に充てたほどだった。そこには、血液や消化器についての論文も掲載されたし、乳腺についての論文も掲載された。これらの発見は、新鮮な標本を入手できなかったデーヴィスには不可能なものだった。

解剖が終わると、ブランベルはチチの死体を大英自然史博物館に届けた。今日では当たり前のことに思えるかもしれないが、当時はそうとは言えなかった。ロンドン動物園で死亡した動物がつねに大英自然史博物館に引き渡されるとは限らなかったのである。

一八二六年に設立されたロンドン動物学協会は、市内のリージェンツパークの一画を造成して、さまざまな生きた動物を飼育・展示する施設をつくることにより、人々の知的好奇心を満たし、娯楽を提供しようと考えた。こうして誕生したのがロンドン動物園である。しかしロンドン動物学協会には、これと同じくらい力を入れているプロジェクトがもう一つあった。同協会は、市内のメイフェア地区のブルートン通りに博物館の建設も進めていたのだ。そのため、ロンドン動物園が開園して以降、珍しい動物が死亡したときはつねに、大英自然史博物館（当時は「大英博物館自然史部門」と呼ばれていた）ではなく、その博物館に死体が送られた。

この時代、多くの博物学者は、大英博物館よりロンドン動物学協会の博物館のほうが優れていると思っていて、標本を寄贈する場合もこちらの博物館を選ぶケースが多かった。一八三六年、チャールズ・ダーウィンはビーグル号の航海から帰還するとすぐ、友人に宛てた手紙でこう書いている。(7)「動物学協会の博物館はすでにほぼ満杯で、一〇〇〇以上の標本が展示されないままになっている。大英博物館が標本を引き取るべきだと思うが、これまで聞いてきた話から判断すると、同博物館を高く評価することはできない」。

状況が変わったのは、一八五五年のことだった。ロンドン動物学協会が博物館を閉館し、膨大な動物標本を手放すことを決めたのだ。この判断にいたった理由は二つあった。一つは、標本があまりに多くなり、もはや所蔵不能になっていたこと（この時点で、博物館はレスタースクエアの西部に移転していた）。そして、おそらくそれ以上に大きかったのは、大英博物館が動物学者のジョン・エドワード・グレイの指揮の下、コレクションを目覚ましく充実させたことだ。ヨーロッパ屈指の動物学関係の標本を所蔵するようになっていたのである。そこでロンドン動物学協会は、とくに重要な標本を大英博物館に五〇〇ポンドで譲渡し、これ以降は、ロンドン動物園で死亡した動物の死体を優先的に受け取る権利を大英博物館（大英自然史博物館）がもつことになった。

リージェンツパークのロンドン動物園で息を引き取った数々の有名な動物たちが、ロンドン市街を抜けてサウスケンジントンの大英自然史博物館に向かった。アメリカグマの「ウィニペグ」（愛称ウィニー）もそうした一頭だ。カナダ軍のある部隊のマスコットだったウィニペグは、部隊が第一次世界大戦に参戦したとき、一緒にヨーロッパに渡った。その際、戦地に赴く前に立ち寄ったロンドンで、部隊の中尉によりロンドン動物園に預けられた。ロンドン動物園で暮らすようになったウィニペグは、一人の男の子をとりこにした。その少年、クリストファー・ロビン・ミルンは、自分のクマのぬいぐるみを「ウィニー」と名づけた。一九三四年にウィニペグが死亡し、大英自然史博物館に運ばれたとき、クリストファー・ロビンは十四歳になっていて、このクマのぬいぐるみを主人公に父親のアラン・アレグザンダー（A・A）・ミルンが執筆した児童文学『クマのプーさん』（原題『ウィニー・ザ・プー』）シリーズが大ヒット作になっていた。

一九四九年にロンドン動物園で生まれたホッキョクグマの「ブルーマス」もそうだ。史上はじめてイギリスの動物園で生まれたホッキョクグマの赤ちゃんであるブルーマスは大人気を呼び、翌一九五〇年には過去最高の三〇〇万人以上の人がロンドン動物園に足を運んだ。この記録は、今日にいたるまで破られていない。ブルーマスは一九五八年に死亡し、サウスケンジントンの大英自然史博物館に運ばれたが、ロンドン動物園にとっては幸いだったことに、そのわずか数カ月後にはパンダのチチがやって来て、新たな人気者になった。

一九七二年七月二十二日にチチが死亡して一週間たたないうちに、大英自然史博物館は死体を展示する方針を決めた。一九六八年に館長に就任した鉱物学者のフランク・クラリングブルは、博物館の対外的な「顔」を刷新しようと考えており、その一環としてチチの展示が行なわれることになった。七月二十七日、同博物館は以下のプレスリリースを発表した(8)。

毛皮は剝製にして一般向けに展示する予定。ただし、そのための準備作業には数カ月を要し、その間は専門家による調査希望を受けつけない。骨は研究用標本として保管し、研究目的に限って利用できるようにする。

プレスリリースの末尾には、問い合わせ先として同博物館の哺乳類担当キュレーターであるゴードン・コーベットの名前が記されていた。同博物館に勤務した経験をもつ古生物学者リチャード・フォーティの著書『乾燥標本収蔵1号室——大英自然史博物館　迷宮への招待』(邦訳・NHK出版)によれば、「小柄なスコットランド人であるコーベットは、強い自己主張をせず、人と話すことが苦手なように見えた(9)」。フォーティの言葉を借りれば、どこか野ネズミを思わせる男だったという。「一瞬動きを止めて、ヒゲをぴくぴくさせる」野ネズミを連想させる、というのである。実は、コーベットは野ネズミの研究で博士号を取得している。動物学者はたいてい、自分の研究対象の動物が好きなので、このような人物評を聞かされてもさほど不愉快には感じなかったかもしれない。七月二十七日付のプレスリリースが発表されると、コーベットのもとにさまざまなメディアから問い合わせの電話が殺到し始めた。[10]「特別に、博物館で展示されるまでの過程をつぶさに取材し、撮影させてもらえないか」というのである。パンダの生態に関する質問であれば答えられたかもしれないが、展示に関する取材依頼はまったくの管轄外だった。そこで野ネズミ似のコーベットは、展示部のマイケル・ベルチャーに対応をゆだねた。

メディアが強い関心を寄せていることを知り、大英自然史博物館はチチの展示計画をさらに大がかりなものにしていった。九月半ばの時点で、十二月十二日の博物館評議員会議までに展示の準備を完了し、翌日から一般公開を始める計画になっていた。評議員会議では、館長が今後の方針を説明して、評議員たちの了承を得なくてはならない。評議員の面々を味方につけるうえでは、新しい目玉展示物があるほうがいい。それに、十二月半ばに一般公開すれば、冬休みに入った子どもたちが大勢来館することも期待できる。

こうした点を踏まえて、同博物館はチチの死体の扱いに関して、いくつか大きな方針変更を行なった。[11]まず、研究用標本として地下の収蔵室に保管される予定だった骨も、剝製にした毛皮と一緒に一般向けに公開することにした。また、メディアの要望を受け入れたらしく、剝製制作の過程を取材させることを決めた。十月前半のプレスリリースでそれまでの方針を翻し、翌週にロンドン市内北西部のクリックルウッドにある模型・剝製制作部で写真撮影の機会を設けると発表したのだ。同博物館展示部のベルチャーから報告を受けたロンドン動物学協会の広報担当者トニー・デイルは部下二名をクリックルウッドに派遣し、主任剝製師のロイ・ヘイルと面会させた。「写真撮影会のあと、どのような報道がなされるのか興味津々です」と、デイルはベルチャーへの手紙に書いている。[12]

写真撮影会は大盛況で、それをきっかけに剝製づくりに対する関心も広がった。剝製師という仕事に強い誇りを抱いていたヘイルの言動が注目を集めたことも大きかった。「剝製師は、大工と金属加工職人と裁縫師と彫刻家と解剖学者の要素をすべてあわせもっていなくてはならない」と、彼は報道陣に胸を張った。(13) ケンジントン・ニューズ&ポスト紙は、パンダより、剝製師を記事の中心に据え、ラジオ番組でインタビューしたオーストラリア放送協会は、彼は「非常に協力的」で、ラジオの「タレント」として理想的だったと紹介した。(14)

哺乳類は、剝製にするのがとくに難しい。十九世紀には、簡単な木枠に動物の皮をかけ、中にわらや紙を詰める方法がよく用いられていた。しかしこのやり方では、動物の生前の輪郭を正しく再現しづらいし、ましてや躍動感を表現することは不可能に近かった。しかも、皮が乾燥して縮むと、縫合した際の縫い目がどうしても見えてしまう。要するに、あまりにお粗末な代物だった。十九世紀末に大英自然史博物館の館長を務めたウィリアム・ヘンリー・フラワーは、一八八九年に次のような辛辣な一文を記している。(15)

悲惨なくらい軽んじられてきた剝製技術についても、ひとこと言及しないわけにはいかない。英国の大半の博物館の陳列ケースは、哺乳類や鳥類の哀れで不快なパロディーのような代物で埋め尽くされている。ぶざまに変形し、あちこちが縮んだり、膨らんだりしている。しかも、生きた動物にはとうてい不可能な姿勢を取っていたりもする。

しかし二十世紀に入るころには、剥製技術も進歩し始めた。まず、皮を剥いだあとの死体を正確に採寸し、その数字をもとに、木材と金属ワイヤーを使って、骨格の代わりとなる等身大の「マネキン」を制作する。筋肉の部分は、「木毛」と呼ばれる素材を詰めて膨らませる（木毛とは、木材を糸のように削ったもの。壊れやすいものを梱包する際に詰め物として用いられることが多い）。次に、マネキンの表面に、湿らせた粘土を薄く塗る。そして、「手袋をはめるみたいに、動物の皮をマネキンに着せる」と、ヘイルは説明した[16]（彼は、世界で最も高い評価を得ていた剥製制作会社、ローランド・ワード・オブ・ピカデリー社で剥製づくりの技術を学んだ）。皮をマネキンに着せたあとは、それを粘土に押しつけ、形を整える。チチの頭部に関しては、グラスファイバーで頭蓋骨を再現したものに皮をかぶせる予定だとのことだった。生前に近い表情にするために細心の注意を払うつもりだと、彼は言った。「多くの人が、生きた姿を動物園で見ていますからね。もし私が仕上げた剥製が本物らしく見えなければ、すぐに文句を言われてしまいます」。

ベルチャーは、メディアをうまく操縦できたと満足していた。トニー・デイルに宛てた手紙でも、「望みどおりの取り上げられ方をした」と自慢げに述べている[17]。ただし、一つだけ大きな例外があった。

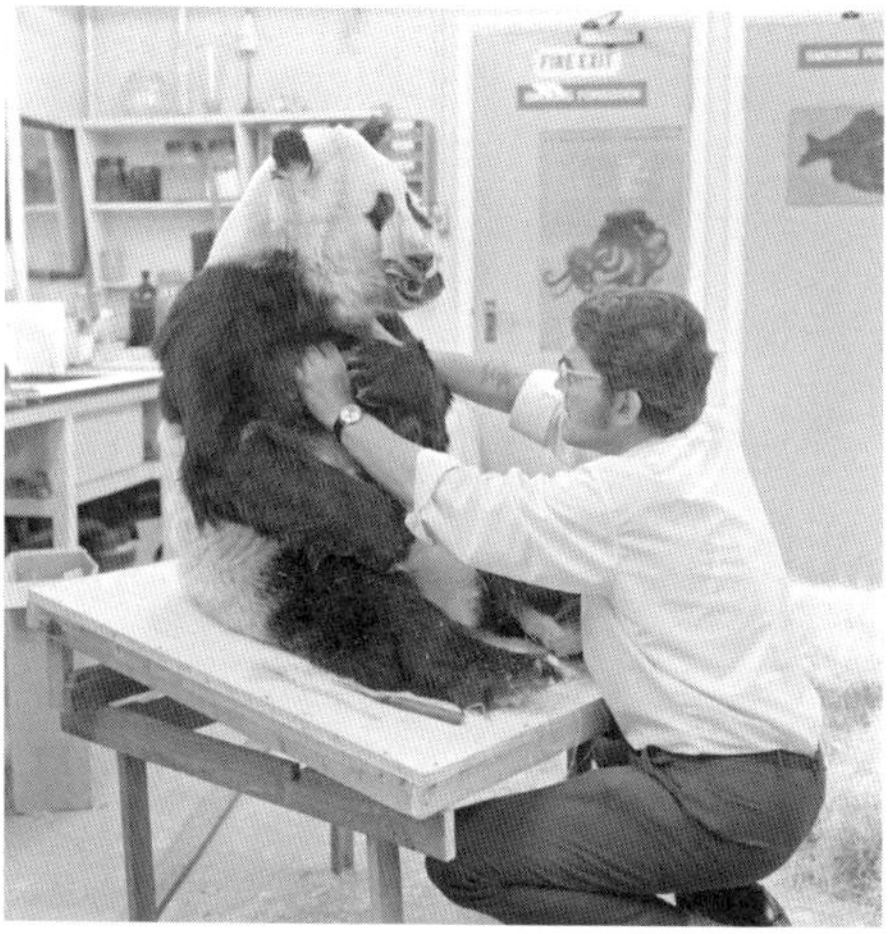

大英自然史博物館の模型・剥製制作部でチチの剥製をつくる主任剥製師のロイ・ヘイル。

デイリー・エクスプレス紙のコラムニスト、ジーン・ルーク（「イギリス新聞界のファーストレディー」の異名を取った女性だ）は、風刺を効かせたコラムを書くチャンスを逃さない人物だった。あるとき、こう書いている。[18]「読者が私に期待するのは、自分たちがやっつけてやりたいと思っている公人に鋭い牙を――いや、タイプライターのキーを、と言ったほうが適切かもしれないが――を突き刺すこと。とりわけ、ほかのジャーナリストたちが批判を控えている人物を、言ってみれば批判がタブーになっている人物を標的にすると喜ばれる」。ルークは、剝製制作撮影会を取り上げたコラムでも、その手をゆるめなかった。「誰もが処女を捨てている時代に、処女を守り通した」と、チチを絶賛する一方で、その死体を新たに管理することになった大英自然史博物館に嚙みついた。[19]「チチが死んでしまい、子どもを残す可能性もなくなり、立派な毛皮に包まれたグラスファイバー製の模型だけになってしまった今、今度はその死体を利用しようする自然史博物館の姿勢はあまりにあさましい」と書いた。「なるほど、生前のチチは結婚しないことを選んだかもしれない。文字どおり死力を尽くして戦ってまで、いわば売れ残りの状態であり続けようとした。しかし、売れ残ったからといって、永遠にさらしものにし続けることが許されるわけではない」。

デイルはベルチャーへの手紙で慰めの言葉を送り、ルークに対して憎まれ口を叩いた。[20]「ミス・ルークには、お気の毒さまと申し上げたい。今度、彼女が動物園に姿をあらわしたら、いつだってホッキョクグマのプールに放り込んでやりますよ！」

一方、ベルチャーは博物館のスタッフに、作業を完了させる期限を設定した。「できれば、十二月十二日の評議員会議に間に合うように、展示を開始することをめざしたい」と記している。[21]

そのためには、チチの骨格標本と一緒に展示する資料を用意しなくてはならなかった。その展示ケースでは、ジャイアントパンダの分類問題に光を当てることが決まっていた。博物館のチームは、樺製のベニヤ板に明るい茶色の布をかぶせて展示物の背景を作成し、そこにジャイアントパンダの骨格標本と一緒に、レッサーパンダ、アメリカグマ、アライグマの骨格標本をあわせて展示した。これらの動物の種の類似点と相違点をわかりやすく紹介することにより、動物の分類をどのように行なうかを見学者に知ってもらえる。それに、ジャイアントパンダを「生命の樹」(第二章参照)の適切な場所に位置づけることがいかに難しいかも理解してもらえるかもしれない、と考えたのだ。

このほかに、チチの剝製を展示するために「ハビタット・ジオラマ」——自然界の生息地《ハビタット》を再現したジオラマ——を制作することにした。ハビタット・ジオラマは一般的に、三つの要素で構成される。動物の剝製、その動物の生息環境を再現するために立体物で構成する前景、そしてジオラマに現実感を生み出すために凹凸をもたせた背景画である。よくできたジオラマでは、この三つの要素がうまく溶け合って魔法のような効果を発揮し、本物の自然と生きた動物であるかのように見える。かつて博物館のジオラマ展示は、見る人に強烈な驚きを与えた。それは、見知らぬ土地とそこで生きる動物について知る「窓」のようなものだった。しかし今日では、遠くの土地を実際に訪れやすくなり、デーヴィッド・アッテンボローが案内役を務めるBBCテレビの動物ドキュメンタリー番組が相次いで放映されるなどして、異国の動物たちの生息地も見慣れたものになってきた。このような展示は、人々に新鮮な驚きを感じさせられなくなった。

大英自然史博物館のチチの剝製の展示も精細を欠いてしまった。ベルチャーはジオラマを本物らしく見せるために、向かって左側に、つくり物の竹を配置して竹藪をつくり出し、右側には、本物の竹の枝をいくつも立てかけた。そして、粒状のピート（泥炭）をどっさり敷き詰めて、その上にチチの剝製を置いた。背景画はある画家に依頼したが、黄色っぽい背景は、ピートの黒っぽい前景とちぐはぐな印象だった。四川省の山岳地帯の光景というより、小学生の男の子が図工の課題でつくったジオラマの中に、場違いな剝製の動物が置かれているようにしか見えなかった。それでも、とにもかくにも十二月の評議員会議に間に合うように、すべてが完成した。

大英自然史博物館は、評議員たちにお披露目する前日にメディア向けの内覧会を行なうことにし、プレスリリースを発表した。(22) これで準備完了、あとはメディア関係者を迎える日を待つばかり……となるはずだったが、チチは博物館のガラスケースの中に入る前に、もう一度だけ小さな旅をすることになった。

十一月末のある日のこと、ベルチャーが職場で仕事をしていると、デスクの電話が鳴った。受話器を取った彼は、落ち着いた声で応答した——「こちら、展示部」。電話はBBCからだった。プレスリリースを受け取ったBBCは、大人気の子ども番組『ブルー・ピーター』で、生まれ変わったチチを大きく取り上げたいと考えたのだ。この番組で紹介されれば大きな宣伝になると、彼にもすぐわかった。『ブルー・ピーター』は非常に評価の高いテレビ番組であり、約九〇〇万人の子どもたちが視聴していますと、彼はクラリングブル館長宛ての内部文書に記した。(23) ただし、「番組はすべて生放送で、しかもBBC側がこちらに足を運んで放送を行なうつもりはない」とのことだった。おまけに、BBCは番組を月曜日に放送したい意向だった。そうなると、評議員たちに見せる前日、そしてメディア向けの内覧会の当日に放送を行なうことになる。クラリングブルは、「つねに博物館のスタッフが同伴すること、そしてそのための費用をBBCが負担すること」を条件に、BBCの要望をのむことにした。

当日の朝、竹の枝を握らされたチチがライトバンの後部座席に載せられて、サウスケンジントンの大英自然史博物館を出発し、シェパーズブッシュのBBCテレビセンターに向かった。待っていたのは、『ブルー・ピーター』の司会を務めていた、もじゃもじゃ頭のピーター・パーヴズ。パーヴズはテレビの前の子どもたちに、こう語りかけた[24]。「チチが死んだときは、大勢の人がとても悲しみました。だから、こうやってきれいに保存されて、博物館で永遠に展示されるのは、本当に素晴らしいことなのです」。

放送が終わると、チチは博物館に連れ帰られ、展示ケースの中に置かれた。そして、この月曜日のうちにメディア関係者に、翌火曜日には評議員たちにお披露目された。水曜日の朝、大英自然史博物館「北ホール」の新しい住み家でチチがはじめて一般見学者の目に触れると、新聞各紙はそのニュースを大きく報じた。

大英自然史博物館「北ホール」に展示されているチチの剥製。1972年の死後、動かぬまま、ずっとここに。

このときは、剝製化に対して市民から批判が持ち上がって、博物館関係者が神経を尖らせるような局面はほとんどなかった。あと数年遅ければ、そうはいかなかっただろう。チチが死んだ数年後、ロンドン動物園の人気者だったゴリラの「ガイ」が死んだ。虫歯の抜歯手術の途中で心臓発作を起こしたのである。それからほどなく、大英自然史博物館が死体を剝製化する計画だという情報がメディアに漏れ、新聞各紙は「ガイに詰め物をして剝製にする」計画を物笑いの種にし、この計画を知ったイギリス国民は怒り狂った。動物園には批判の手紙が殺到し、その一つひとつにていねいに返信するという手間のかかる作業に、動物園のスタッフは悲鳴をあげることになった。届いた手紙のなかには、心打たれるものもあれば、失笑を禁じえないものもあった。

感動的だった手紙の一つは、ロビン・タッカーという十二歳の男の子の請願文だ[25]。一〇〇人を超す友達や家族、親戚、知人も署名していた。「ゴリラのガイが剝製にされるのを防ぐ助けになれば」と思って、ロビン少年は大勢の人の署名を集めて動物園に手紙を書いたのだ。鉛筆でスケッチされた、物悲しげなガイの顔は、見た人の脳裏にこびりついて離れなくなったに違いない。その絵には、こんな言葉も添えられていた。「どうして、ガイを休ませてあげないの?」

一方、ばかげた主張を熱烈に書き連ねたのがアンソニー・チャップリンだ[26]。子爵の位を保有し、かつてロンドン動物学協会の事務局長を務めたこともあるチャップリンは、協会宛てに手紙をしたため、ガイの死体を剝製師にゆだねるという決定に「激しい嫌悪感を抱いた」と述べた。「ご遺体は火葬なり土葬なりにして、ささやかでもいいので、協会の庭園でなんらかの葬儀を行なうべき」だというのだ。手紙は常軌を逸した言葉で締めくくられていた。「協会の将来の事務局長や総裁たちはみな、死後に剝製にされて博物館に展示されてもいいということか?」

ロンドン動物園のコリン・ローリンズ園長は、大英自然史博物館に厳しい内容の書簡を送り、動物園に届いた抗議文のいくつかを転送した。「多くの市民にとって、ガイは人間に等しい存在なのです。死体の利用方法に関するニュースがこのように報じられたことで、人々は激しい怒りを感じ、それを私たちにぶつけてきたのです！」と、ローリンズは記した。[27]「今回と同じような状況は当分訪れないとは思いますが、将来、当動物園の有名な動物が死に、その死体を貴館で展示することになった場合、ぎりぎりまで報道機関に知らせないでいただけないでしょうか？」

ガイのケースはきわめて慎重な扱いを要する問題と判断され、処理途中の皮は冷凍庫で急速冷凍された。[28]そのまま冷凍庫で保管されること数年間、一九八〇年になって、このやっかいな問題が再び表面に浮上してきた。当時、博物館の広報を担当していたスー・ランヤードが二つの情報を知って不安に駆られた。一つは、ガイの死体がひどい扱いを受けているという噂がロンドン動物園でささやかれているという情報。そして、それ以上に深刻だったのは、博物館の剝製師の一人であるアーサー・ヘイワードから聞かされた話だった。ヘイワードによれば、「動物の生皮は冷凍保存しても、二年で劣化し始める」というのだ。[29]ガイの場合、その二年が過ぎようとしていた。

ランヤードは、「私はガイのファンとはとうてい言えません」とロナルド・ヘドリー館長（一九七六年にクラリングブルのあとを引き継いだ）に打ち明けているが、問題を放置すればどういう結果を招くかは想像できた。「後々、どうしてガイの皮を劣化させたのかと、報道機関から問い詰められることは避けたいのです」と、彼女は館長に説明した。「（ガイに対する）熱狂的なまでの関心は常軌を逸していると、私には思えます。それでも、人々がそういう強い関心をいだいていることは事実なのです。報道機関からは今でもたびたび、現状はどうなっているのか、いつ展示が開始されるのかという問い合わせがあります。この話題はけっして消えてなくならないのです」。

ランヤードの切羽詰まった思いはしっかり伝わった。ヘドリー館長は、ガイの冷凍された皮を取り出し、どの程度のダメージが生じているのかを調べさせた。保存状態はよくなさそうだった。皮の裏側の結合組織が硬くなっていて、このままでは剝製化することがほぼ不可能に見えた。剝製師のヘイワードが考えたアイデアは、「極度に干からびた皮下の結合組織を薬品によってやわらかくし」て、そのうえでマネキンに皮をかぶせて剝製を完成させるというものだった。問題は、用いるつもりの薬品がガイの皮にどういう影響を及ぼすか確証がなかったことだ。へたをすれば、皮に取り返しのつかないダメージを与えかねない。ヘイワードはどうしたか？　私たちがカーペットに洗剤をかける前に、余った切れ端で試すのと同じことをした。乾燥させたオランウータンの皮で試してみたのだ。

オランウータンの皮でテストしたのは大正解だった。ヘイワードが用いる予定にしていた薬品の一つは、皮をやわらげる役割は見事に果たしたが、その過程で「皮から毛がほとんど抜け落ちてしまった」のだ。そうなると、残された方法は一つしかなかった。まず、粘土を塗ったマネキンの上にガイの皮を乗せる。次に、体毛の周囲にラテックス製の人工の皮を貼り、マネキンを覆う。これがヘイワードの提案したやり方だった。この方法は、うまくいけば「非常に素晴らしい結果を生む」と、剝製の歴史を研究しているパット・モリスは説明する。[30]「問題は、それが並はずれて難しいこと。とても時間がかかるし、強烈な臭いのなかで作業しなくてはならないので、誰もやりたがらない」。それに、金もかかる。今日こうした処置を行なおうと思えば何万ポンドもの金がかかると、モリスは言う。

それでも、大英自然史博物館がヘイワードにそうした高度な剝製づくりの処置を行なわせたのは、このゴリラの標本を適切に扱うことがきわめて重要と考えられていた証拠と言えるだろう。最終的に、死亡してから四年以上たった一九八二年十一月五日に一般公開にこぎつけた（毎年十一月五日はガイ・フォークス・デイと呼ばれるイギリスの伝統的なお祭りの日。ゴリラのガイのお披露目には打ってつけだった）。ヘドリー館長はヘイワードの「見事な仕事ぶり」を絶賛したが[31]、イギリス社会は再び騒然となった。「今日は、ゴリラのガイにとって煉獄の日々の始まりとなった」というのが、タイムズ紙の記事の書き出しの一文だった[32]。

それにしても、どうしてチチの剥製化はとくに批判を買わず、そのわずか六年後のゴリラのガイのときは大騒動になったのか？　パンダとゴリラの違いが大きな意味をもったことは、想像に難くない。私たち人間はどうしても、自分たちに似ている動物に感情移入しやすい。それに、一九七〇年代は類人猿に対する関心が高まった時期でもあった。霊長類学者のジェーン・グドールがチンパンジーの、ダイアン・フォッシーがゴリラの生態について新しい知識をもたらし、両者はそれぞれ一九七〇年代後半にジェーン・グドール研究所とダイアン・フォッシー・ゴリラ財団を設立した。また、一九七九年には、BBCの自然史関連番組の制作班が今日にいたるまで最も野心的な動物番組シリーズ『地球に生きる』を放映。このドキュメンタリーのなかで、若き日のデーヴィッド・アッテンボローとアフリカのルワンダのマウンテンゴリラとの出会いが描かれた。

類人猿への関心が高まり始めた背景には、社会の環境保護意識の高まりという大きな流れがあった。一九七〇年代にテレビで動物番組が頻繁に放映されるようになって、自然を大切にしたいという人々の気持ちが飛躍的に高まったのだ（この時期、カラーテレビが普及し始めた影響も見逃せない）。大型哺乳類が大英自然史博物館の剥製師に処置されて、一般公開されるケースもなくなっていった。世論の風当たりが強まったことで、同博物館は一九八〇年代末までに剝製制作部門の閉鎖を決断した。これ以降は、細々と行なわれる剝製化の作業は外部の業者に発注されることになった。チチの剝製化を手掛けたロイ・ヘイルは、このとき商売道具の針と糸を置くことを決めた。

一九七二年夏にチチが死ぬと、イギリスの人々の心にぽっかりと大きな穴が開き、その寂しさを埋めたいという欲求がすぐにつのってきた。実はその前から、当時のエドワード・ヒース首相が中国側に熱心に働きかけていた。この年の三月、両国が大使を交換し、英中関係は改善に向かいつつあった。五月と六月には、アンソニー・ロイル外務政務次官が訪中して、アレック・ダグラス＝ホーム外相の訪中に向けた地ならしをした。この年のうちに、ダグラス＝ホーム外相がイギリスの閣僚としてはおよそ十年ぶりに中国本土の土を踏んだ。「これを機に、関係がこれまでよりずっと温かいものになると確信している。氷が割れて、私たちは温かい海をともに泳げるようになった」と、そのとき彼は報道陣に語った。(33)パンダの件を中国側に切り出したのかという質問に対しては、「パンダを贈ってほしいとこちらから持ちかけることは、フェアな態度とは言えないだろう」と、巧妙な言い方をした。そのうえで、間接的な表現でパンダの寄贈を望む発言をした。「もし中国が贈ってくれるのであれば、私たちとしてはとてもうれしい。誰もが知ってのとおり、私たちはパンダを欲しいと思っている」。

一九七三年には、ロンドン動物学協会が中国に二頭のシフゾウを寄贈した。第一章でも触れたようにアルマン・ダヴィド神父ゆかりの動物だが、二十世紀に入るころには中国から絶滅していたのである。このあと、ほかにもヨーロッパから個体の寄贈が行なわれ、シフゾウは中国で復活を遂げた。

こうした下準備の上に、ヒース首相が一九七四年一月に中国を訪ねる予定になっていた。しかし、大きな国内問題が持ち上がって訪中を延期せざるをえなくなった。その問題とは、炭鉱労働者の大規模ストライキである。そのまま、ヒース訪中は立ち消えになっていても不思議でなかった。二月に行なわれた総選挙で、ヒースの保守党は得票率こそ最多だったものの、獲得議席数で前首相のハロルド・ウィルソン率いる労働党に及ばなかった。いずれの政党も単独過半数に達しなかったが、第三党の自由党の協力を得てウィルソンが首相に復帰。ヒースは、ダウニング街一〇番地の首相官邸を去ることになった。

それでも、中国側はあくまでもヒースの訪中を要望し、五月後半にヒースが北京を訪ねることとなった。「北京の空港では、二〇〇〇人を超す女の子がカラフルなブラウスとスカート姿で出迎え、踊りを披露し、英国旗を振り、温かい歓迎の言葉を叫んだ」と、タイムズ紙は一面トップ記事で書いた[34]。ヒースは北京で三日間にわたって要人たちと会談し、毛沢東と会談した際は、チャールズ・ダーウィンの著書『人間の由来』を贈呈し、代わりに十八世紀の壺を二つプレゼントされた。しかし、イギリス国民にとって、ヒースが北京で獲得した最大の戦利品は「中国政府からロンドン動物園に贈られることになった二頭のパンダだった」ようだ[35]。

その後、八月になってもまだパンダが到着しないと、陰謀説が流れ始めた[36]。サンデー・エクスプレス紙は、ウィルソン首相がパンダ引き取りのための英国空軍機の派遣を渋っている可能性をにおわせた。「選挙で保守党に有利に働くことを恐れている」のではないか、というわけだ。結局、九月半ばに、二頭のパンダ――オスのチアチア（佳佳）とメスのチンチン（晶晶）――がやって来た。多くのメディアが取材するなかで、ヒース前首相がロンドン動物園でパンダたちを出迎えたが、十月の総選挙ではウィルソンの労働党がからくも勝利を収めた。

しかし、前回のウィルソンが政権時のチチのモスクワ行きをめぐる交渉がそうだったように、この新しい二頭も大きな政治的波紋を生み出す可能性をもっていた。一九七四年十一月、ロンドン動物学協会のソリー・ズッカーマンがウィルソンに説明した――「英中両国政府の友好の触媒役には、莫大な金がかかることが明らかになり始めています」[37]。パンダたちのために資金を確保することが政府の役割だと、ズッカーマンはやんわりと指摘したのだ。この件は誰も関わりたくないやっかいな問題だった。そこでウィルソンは、ジェームズ・キャラハン外相にそれを押しつけ、キャラハンは外務政務次官のゴロンウィー・オーウェン・ゴロンウィー＝ロバーツに任せた。ゴロンウィー＝ロバーツはロンドン動物園に出向いて調査し、「ズッカーマンが望んでいるのは、七万ポンド相当の資金がかかる最新鋭のパンダ舎です。その資金を拠出すべきだと、私は強く考えます」とキャラハンに報告した。資金の拠出を拒めば、中国側は「確信犯的な拒絶」とみなすだろうし、それ以上に「きわめて有害な」見出しが新聞紙面に躍ると恐れたのだ[38]。「新聞のかっこうの餌食」になり、「政府、パンダをホームレスにする」などと書かれかねないと心配していた。

とはいえ、当時のイギリスは深刻な景気後退に見舞われていた。政府がどうやって資金を捻出するかが問題だった。外務省は、国外での活動に予算が必要だとの理由で資金負担を拒否。環境省は、すでにロンドン動物園の施設建設費として約七〇万ポンドを拠出していた。結局、ごくわずかな資金も確保できず、資金の拠出は丁重に断わらざるをえなかった。それでもウィルソンにとっては幸いだったが、ゴロンウィー＝ロバーツが恐れたような外交問題には発展しなかった。

予想どおり、二歳のチアチアとチンチンはイギリス国民に熱烈に歓迎された。しかしそのころには、パンダをめぐる国際的な勢力図が明らかに変わっていた。ロンドン動物園はもはや、中国の国外で最も有名なパンダを擁していると胸を張ることができなくなっていた。言ってみれば、チチの死ととももに、その亡霊が大西洋を越えてアメリカに渡り、パンダをめぐる脚光と富も運び去ってしまったかのようだった。

このあと約二十年にわたり、ワシントンDCの合衆国国立動物園が世界のパンダ関連の動きの中心になっていく。そして、この動物園を舞台にパンダの保護に関する科学的な取り組みが本格的に始まることとなる。

第3部

保護される動物

第9章

大統領のパンダ

ピンポン（卓球）とパンダ――この両者の共通点をご存知だろうか？　いずれも、一九七〇年代以降に西側世界と中国の間で新たに育まれ始めた友情のシンボルだ。

一九七一年春、日本で開催される第三一回世界卓球選手権大会に、中国が代表チームを派遣することになった。文化大革命の影響で一九六七年と六九年の大会に参加しなかった中国にとっては、久々の国際大会だった。この大会に合わせて、中国は当時の卓球強豪国であるイングランド、カナダ、コロンビアの代表を自国に招待した。日本での大会が終わったあと、その足で中国を訪れて卓球の試合をしよう、という話だった。しかしのちに、卓球が強いとはお世辞にも言えないアメリカが招待国に加えられたことで、中国側のメッセージがはっきり見えてきた。もはや、ラケットを振って小さな玉を打ち合うことだけが目的ではなかった。中国は、卓球を利用して国際政治の舞台に復帰しようと考えていたのだ。

米中の緊張緩和に向けた最初の兆しが見え始めたのは、一九六九年にリチャード・ニクソンが第三十七代アメリカ大統領に就任したときだった。翌一九七〇年一月には、両国の代表が接触を開始。そして一九七一年四月、アメリカの卓球チームが中国を訪れる。アメリカのスポーツチームが北京の空港に降り立つのは、二十年以上なかったことだった。卓球を通じた関係改善への動きは、「ピンポン外交」と呼ばれるようになる。このあと、中国の周恩来《チョウエンライ》首相がニクソンに訪中を要請。中国に赴くことを決意したニクソンは、一九七一年七月の記者会見でそれを発表し、「中華人民共和国とその七億五〇〇〇万の人々を抜きにして、恒久的で安定的な平和はありえません」とアメリカ国民に説明した(1)。そしてそれから約半年後の一九七二年二月、アメリカ大統領として史上はじめて中国の土を踏んだ。

　このとき、大統領が毛沢東《マオツウトン》や周恩来といった中国の指導者たちと会談する間、ファーストレディーのパット夫人は北京を観光した。その際、動物園も訪れて、愛くるしいパンダたちにすっかり魅了されたようだった。この点は中国側も目にとめたらしい。訪中を終えて帰国したニクソンのもとに、ある知らせが飛び込んできた。ニクソン一行の歴史的な訪中を記念して、中国が二頭のパンダをアメリカ国民にプレゼントする意向だというのだ。このニュースは、国内外に中国訪問の成功を印象づけるうえで役に立つ。そこでニクソンは、ワシントン・スター紙の編集局長に電話し、ワシントンDCの合衆国国立動物園に二頭のパンダがやって来るというニュースをスクープさせた。「大きなニュースになるぞ」と、ニクソンは夫人に言った(2)。

　しかし、それがどれだけ大きなニュースになるか、本当の意味ではニクソンもわかっていなかった。それは、単なる二頭の

1972年2月29日、北京で握手を交わす中国の毛沢東主席とアメリカのニクソン大統領。新たな友好の印として、毛沢東はアメリカ国民に2頭のパンダを贈った。

の話でもない。それは、国際政治の大ニュースでもあった。一九四一年に蔣介石がパンディーとパンダーをアメリカ国民に贈って以来、中国政府は外交上の贈り物として二〇頭以上のパンダを国外に送り出してきた。モスクワに贈られたピンピンとアンアン、ロンドンに贈られたチアチアとチンチンについては、本書でもすでに触れた。そのほかにも、北朝鮮、日本、フランス、西ドイツ（当時）、メキシコ、スペインにもパンダが贈呈されている。しかし、こうした政治的役割を担ったパンダのなかで最も有名になったのは、このときアメリカに贈られたシンシン（興興）とリンリン（玲玲）だ。

人類の長い歴史を振り返れば、個人と個人、一族と一族、部族と部族、国と国の関係を深めるために動物が贈られた例は、枚挙にいとまがない。とくに相手方にとって珍しい動物は、ときに絶大な効果を発揮した。たとえば一四八六年、エジプトのスルタン（君主）は、イタリアのフィレンツェに君臨していたメディチ家から軍事的支援を引き出すねらいで、一頭のキリンを贈ったとされている。キリンがやって来ると、フィレンツェは興奮に包まれた。その騒動を絵に残した画家たちもいたくらいだ。キリンはメディチ家に大切にされたが、長くは生きられなかった。特別に用意された小屋の天井の梁に首をひっかけ、首の骨を折ってしまったのだ。

一五一五年の五月にポルトガルのリスボンに到着したインドサイの例もこれと似ている。サイを受け取ったポルトガルのマヌエル一世は、のちにそれをときのローマ法王レオ十世に贈ることにした。アジアでの植民地拡大に教会のお墨つきを得たかったからだ。ドイツの版画家アルブレヒト・デューラーは、リスボンでこのサイを見た人たちの説明――装甲に覆われた動物だという話だった――をもとに有名な木版画をつくっている。結局、このサイも不幸な最期を迎えた。ローマに向かう途中で船が難破し、そのときに死んでしまったのだ。

それと対照的に、飛び抜けて長く生きたのは、「トゥイ・マリラ」と名づけられたマダガスカル産のホウシャガメだ。記録が残っているなかでは、最も長生きした動物とされている。なにしろ、一七七七年にイギリスの探検家ジェームズ・クックからトンガの王室に献上されたトゥイ・マリラは、一九五三年にイギリスのエリザベス女王がトンガを訪問した際にそれを出迎え、その十年あまりあとまで生きた。一八八年の生涯だったと言われている。

近年、パンダ外交は一時ほど盛んでなくなったとはいえ、中国が政治的な目的を達するためにパンダを巧みに活用していることに変わりはない。香港がイギリスから中国に返還されて間もない一九九九年、中国は香港に二頭のパンダを贈った。その後、返還十周年に合わせてさらに二頭を贈っている。台湾は、数度にわたって中国側の申し出を断っていたが、二〇〇八年、ついに二頭のパンダを受け取った。二頭の名前は、オスがトゥアントゥアン(団団)で、メスがユエンユエン(円円)。「団円」という中国語は家族の再会や団欒を意味する言葉で、中国と台湾の「再統一」を連想させるとして物議を醸すことになった。しかしここでは、シンシンとリンリンに話を戻そう。

一九七二年にパンダの到着を待っていたときのワシントンDCは、選挙を目前に控えているときのような落ち着かない雰囲気だった。国立動物園の電話は鳴りやまず、郵便袋がはち切れそうなくらい大量の手紙が連日届いた。広報担当のシビル・ハムレットは、冷静沈着に膨大な量の仕事をこなし続けた。送られてきた手紙を次々と開封していくうちに、彼女はすぐにあることに気づいた。人々がなによりも知りたいのは、二頭のパンダの名前らしい。パンダたちの名前を公募すると発表したわけでもないのに、自分なりの案を書いて送ってきた人たちもいた。メアリーマウント大学のG・D・シェパードという女性は、「ピン」と「ポン」を提案した。[3]このアイデアを思いついたのは、ミス・シェパードだけではなかった。「この名前がばっちりだと思います。そもそもの始まりはピンポン（卓球）だったわけだし、音の響きが中国語っぽいのもいい」と、エメリー・モルナーという女性は書いてきた。[4]「かわいらしいし、ユーモアもある。かわいくて二頭にぴったりな名前だと思わない人なんているはずありません」。

ウェンツェン・リーと妻はニクソン大統領に宛てた手紙で、やはりピンとポンが「素晴らしい名前」だと思うと述べた。[5]ただし、単にピンとポンと呼ぶのではなく、「ピンピン」と「ポンポン」にしてはどうかと提案した。中国語では、このように音を重ねることでかわいらしさを表現するからだ。「私たち夫婦には、小さい女の子がいます。名前はリンですが、家ではリンリンと呼んでいます」。

ハムレットは定型の返信文を作成し、手紙を寄せた人すべてに送った。そこにはこう記した。[6]「私たちが受け取るパンダの名前はまだ知りませんが、すでに中国語の名前がついているはずです。飼育下のパンダには、すべて名前があるのです。私たちはその名前を変えず、中国で呼ばれていたとおりに呼ぶつもりです」。やがて、二頭のパンダの名前がシンシン（オス）とリンリン（メス）だと発表されたとき、ウェンツェン・リー夫妻の娘リンはさぞ喜んだことだろう。

国立動物園を運営するスミソニアン研究機構の広報部門責任者を務めていたカール・W・ラーセンは、ハムレットにお褒めの言葉を送った。「この件を、きわめて扱いにくく、意見がわかれやすい問題と感じる人もいるだろう。だが、私たちの見るかぎり、貴女は報道機関に対して、嘘をつくことなく、しかし慎重に、しかも相手の興味をそそるような形で情報提供を行なっているようだ」と、手紙に記した。[7]

封筒には、小さなお菓子も入っていた。「貴女の素晴らしい仕事ぶりに対するささやかなボーナスとして、本物の中国製のキャンディを同封した」とのことだった。

国立動物園では、いたるところでパンダを迎える準備が進められていた。パンダがやって来るというスクープ記事がワシントン・スター紙に載ってほどなく、セオドア・H・リード園長は「パンダ計画九カ条」と題した内部文書をまとめて、スタッフに配布した。(8) その計画に基づいて、ある職員は図書館を訪ねて、パンダに関する資料をかき集めた。別のある職員は、パンダのエサである竹の入手先を探し始めた。別の職員は、パンダの飼育経験があるアメリカ西海岸の動物園に電話をかけて助言を求めた。パンダが到着したら、さしあたりは間に合わせのスペースに収容し、ゆくゆくはシロサイ用のスペースを拡張してパンダの棲み処にする計画だった。スタッフの負担は重くなるが、パンダを迎えることにはメリットがあると、リード園長は確信していた。内部文書をこう締めくくっている。「パンダの展示は、多くの人を興奮させ、目を見張るほどの人気を博するだろうし、科学的意義も大きいと思われる。スミソニアン研究機構には、きわめて多くの支持が寄せられ、多額の寄付金が届くに違いない」。

アメリカ中が期待に胸を膨らませるなか、一九七二年四月、ついにパンダたちがやって来た。二頭は別々の金属製の輸送箱に入れられ、パリを経由して到着した。四人の中国高官のエスコートつきだった。皮肉だったのは、二頭が降り立ったのがワシントンDC近郊のダレス国際空港だったことだ。「ダレス」という空港名は、アイゼンハワー政権で国務長官を務めた筋金入りの反共主義者、故ジョン・フォスター・ダレスにちなんだものだ。一九五八年に、チチのアメリカ入国を阻んだ張本人がダレスだった。彼が生きていたら、自分の名前がついた空港に中国からパンダが到着したことを知って、目を剝いただろう。

二頭がやって来て数日しかたたない四月二十日、国立動物園は早くも一般公開を始めた。この「パンダ・デー」は、メディア向けの記者会見から始まった。これには、パット・ニクソン大統領夫人、同行してきた四人の中国高官、そしてWWFの代表者も出席した。ファーストレディーは、WWFのパンダのロゴマーク入りのバッジを着け、二頭のパンダが写った写真などを貼ったアルバムを携えていた。「とても大勢の人が来ていたわ」と、夫人はあとで大統領に報告した。(9)「取材もたくさん入っていた」。この日の来園者は二万人を突破した。前年の同じ日に比べて二倍以上の数字だった。しかし、驚くのはまだ早かった。記者会見の内容を取り上げた報道をきっかけに、週末にはさらに大勢の人が動物園に詰めかけた。一般公開を開始して最初の日曜日には、約七万五〇〇〇人が来園し、近くのコンスティテューション通りが大渋滞を起こした。

熱狂はとどまることを知らなかった。この一九七二年春の時点では、まだロンドン動物園のチチが存命だったが、人々を魅了するパワーはロンドンのチチのもとを離れ、大西洋を渡ってワシントンDCに移っていた。シンシンとリンリンはいまや西側世界で最も有名なパンダになり、ワシントン観光は動物園のパンダを見るまで終わらないと言っても過言でなくなった。

影響は、それだけではなかった。同動物園でのパンダ研究は、パンダを飼育下で繁殖させる方法論に革命を起こし、さらには、絶滅の危機に瀕している動物全般を飼育下で研究し、その成果を野生での保護活動に役立てるためのお手本になっていく。

動物園という施設に対しては倫理面での批判も根強いが、人々が家畜やペット以外の動物を間近で見る機会を提供するうえでは、最も効果的な方法と言っていいだろう。この点は、何百年も昔の動物学者たちも明確に意識していた。フランスの動物学者フレデリック・キュヴィエ（第二章で触れたように、一八二五年にレッサーパンダを世界に紹介した人物だ）は、動物を飼育して展示することにより、自然界に対する人々の理解を深めようとした先駆者の一人だ。一八〇四年、パリ中心部にある国立自然史博物館パリ植物園の付属動物園で飼育責任者を務めることになったキュヴィエは、動物園の未来についてある考えを抱いていた。既存の動物園は「なにかの機能を担う施設というより、派手な見世物という性格が強かった」が、それとは一線を画し、動物の生態を研究する場にしたいと、彼は考えていた。[10]

この動物園は、フランス革命の思わぬ副産物だった。一七九三年、最後のフランス国王ルイ十六世が断頭台の露と消えて数カ月後、パリ警察は、路上で珍獣を見世物にしてお手軽に儲けていた業者を摘発し始めた。動物が市民に危害を加えることを恐れたためだ。珍獣たちを業者から没収し、パリ植物園に連れていくよう、警察官たちは命じられた。摘発作戦を始めてわずか一日で、サル一頭、ホッキョクグマ一頭、ヒョウ一頭、ジャコウネコ一頭が運び込まれ、植物園の博物学者たちは腰を抜かすことになった。植物園はすぐに何人かの飼育員を雇い、檻をつくり、空いていた馬車置き場にそれらの檻を設置して、一般市民から見えないようにした。翌春、植物園の動物コレクションはさらに膨れ上がった。ベルサイユ宮殿の王立動物園から、ライオン一頭、クアッガ（シマウマの一種）一頭、螺旋状に巻いた角をもつネジヅノレイヨウ類が一頭など、何十頭もの珍しい動物が移送されてきたのだ。

こうして誕生した動物園には多くの人が訪れるようになったが、一八〇四年に飼育責任者に就いたキュヴィエの最大の関心事は、生きた動物についてできるだけ多くのことを解明することにあった。「（動物の生態について）これまでなにも記されておらず、ほとんどなにも観察されていない。すべてはこれからだ」と、羽ペンで優雅に書き残している。[11] キュヴィエはその後三十年ほどの間、オランウータンの本能、アザラシの知能、孤立がビーバーに及ぼす影響といったさまざまなテーマについて、画期的な研究を行なった。その過程で、彼は飼育している動物の幸せを真剣に考えるようになり、動物たちがどういう食べ物が好きかを突きとめ、苦痛を極力やわらげようと努めた。

しかし、キュヴィエはかなり時代の先を行っていた。ロンドン動物園に足しげく通って動物の観察を行なったチャールズ・ダーウィンのような例外はいたが、動物園が科学研究を真剣にめざすようになるのはずっとあとの時代のことである。

一九七二年四月半ばにシンシンとリンリンがワシントンDCの合衆国国立動物園にやって来るまで、飼育下のパンダに関する体系的な研究はほとんど行なわれていなかった。この年、パンダたちが到着したのと同じ週、愉快な偶然により、この動物園に一人の若い女性生物学者が加わった。それまでロンドン動物園で働いていたデヴラ・クレイマンだ。ロンドンでは、一九六七年にチチとアンアンを交配させるための取り組みを間近で見ていた。まるでパンダたちがクレイマンを追いかけて、ワシントンDCにやって来たかのようだった。「シンシンとリンリンが到着した瞬間、私はその場にいなかった」と、彼女は振り返っている。[12]「非常に政治的性格の強い動物だったし、パンダは私の主たる関心分野ではなかったから」。

しかし、クレイマンは次第にパンダたちを遠くから観察するようになり、一年たつころには本格的に研究するようになっていた。まず、パンダの行動を監視・記録する体制を確立した。この点は非常に重要だ。ある動物が、どういうときに、どういう状況で、どういう行動を取るかという基本的なパターンがわかっていてはじめて、特異な行動を取ったときに気づくことができる。実際、国立動物園のスタッフがそうした念入りな観察を毎日行なったからこそ、一九七四年の春にリンリンが発情を迎えたとき、はっきりわかったのだ。もっとも、リンリンの発情は完全に予想外だったと、クレイマンは言う。リンリンはまだ三歳半で、生殖には早いと思われていたからだ。しかし今日では、メスのパンダが生殖可能になるまでには三年半で十分だとわかっている。

シンシンとリンリンがやって来ると、いつ二頭を同居させるのか、いつ繁殖させるのか、いつ赤ちゃんが生まれるのか、と尋ねる手紙が動物園にひっきりなしに届くようになった。子づくりに対する人々の関心は高かったが、（春と秋に発情したチチのようなケースもあるものの）パンダはたいてい、毎年一回、春にしか発情を迎えない。しかも、その期間はわずか数日で終わってしまう。一九七四年の四月末に、リンリンにはじめて発情の兆候が見て取れたとき、国立動物園は二頭のパンダをはじめて一緒にした。しかし、シンシンがその気

動物学者のデヴラ・クレイマンとリンリン（1982年、ワシントンDCの合衆国国立動物園で）。

にならず、新聞各紙に皮肉めいた記事が載ることになった。たとえばパームビーチ・ポスト紙は、「動物園のパンダたちは愛し合うことに関して面倒くさがり屋だと、飼育員たちは気づいた」と書いた。[13] リード園長はこうした報道に戸惑いを感じた。「メディアの悪趣味で下世話な報道には、驚きを禁じえない」と当時述べている。[14]

おもしろおかしく脚色された報道に焚きつけられて、動物園に届く手紙はますます増えた。端的に自分なりの繁殖の方法論を提案するものもあれば、思わせぶりなことを書き綴っているものもあった。バッチェルダー&アソシエイツ社のジョシュア・H・バッチェルダーという人物は、もったいぶった提案を伝えてきた一人だ。「弊社は、貴園の直面している問題を解決できると考えています」と、一九七四年五月、バッチェルダーは手紙に書いた。[15] 解決策の具体的な内容は明らかにしなかったが、繁殖が成功しなければ報酬はいっさい請求しないとのことだった。「(成功した場合は)適切な報酬を頂戴したく存じます。四人のスタッフが動物園を訪ねて、一週間滞在することになりますので。ご検討いただければ幸いです」。

動物園には、力になりたいという人たちからの電話も殺到した。一九七五年春の発情時も思わしい結果を得られずに終わると、ウォーターベッドを売っている会社のトム・オブラダヴィッチという人物から電話があった。「リンリンとシンシンのために、キャンバス生地で覆われたウォーターベッドを寄贈してくれるっていうんだ」と、リード園長は陽気な文体でスタッフ向けの内部文書に記した。[16] しかしその申し出は丁重に断ったと、部下たちに報告した。「いいアイデアだという点では、私も同感だった。でも、パンダたちは暴れん坊なので、せっかくウォーターベッドをもらってもすぐ壊してしまうと思ったんだ。この一件は、パンダをめぐる狂騒曲のなかの愉快な一コマと言えるだろう」。とはいえ、のん気に構えてばかりはいられなくなってきた。重圧は目に見えて膨らみ始めていた。翌一九七六年は、アメリカ合衆国の建国二〇〇周年。この年にはなんとしてもパンダの赤ちゃんが欲しいと、リード園長は明言するようになった。

しかし、思惑どおりにはいかなかった。一九七六年春、シンシンとリンリンを同居させたのは、リンリンの発情がほぼ終わりかけているときだった。それを知って激怒したリード園長に、クレイマンが事情を説明した。リンリンの発情が前年より数週間早く訪れたというのだ。「私は（おそらく、ほかのスタッフもそうだったと思います）虚を突かれました」と、彼女は園長宛ての報告書で釈明した。[17] この時点ではすでに、大勢のボランティアが二十四時間監視する体制が確立されていたので、リンリンの行動に変化があらわれればすぐにわかるだろうと自信をもっていた。というより、自信過剰になっていた。「凝り固まった考え方をして、（去年と同じ時期に発情すると）決めつけていました。申し訳なく思います」。

その後、クレイマンはパンダの基礎研究を重ね、数年たつころには、飼育方法に関して有益な情報が手に入り始めた。そうした新しい知識に基づいて、たとえば一九七九年には、パンダ飼育係の膨大な職務リストに、うんざりするような仕事を一つ追加した。毎朝、それぞれのパンダの部屋に入り、床にたまっている尿をピペットで採取することとしたのだ。尿のサンプルは冷凍保存し、のちに分析する。目的は、パンダの血液中の主要なホルモンの濃度が日々どのように変化するかを把握し、リンリンの発情の始まりをもっと正確に予測できるようにすることだった。

ホルモンの分析を始めて二年たつころには、サンプル数は十分とは言い難かったものの、非常に価値あるデータが得られたように思えた。発情の前、リンリンの尿中のエストロジェン（卵胞ホルモン）分解産物の濃度が大幅に、そして急激に上昇した。シンシンは、リンリンの変化をはっきり感じ取れたようだ。次の日にはさっそく、シンシンの尿内でアンドロジェン（雄性ホルモン）の濃度が急上昇していることが確認できた。金網越しに二個体を近づけたところ、交尾を思わせる行動を見せた。「メスのジャイアントパンダが交尾可能な状態になる時期を、エストロジェンの分泌状況を監視することで確実に予測できるかもしれない」と、クレイマンらは専門誌のジャーナル・オブ・リプロダクション・アンド・ファーティリティ誌に発表した論文で記している。[18]

発情が近づくと、リンリンが頻繁に発声することもわかってきた。この点は、動物園スタッフもすぐに気づいた。パンダは一年のほとんどの期間、あまり声をあげず、音よりも、主としてにおいでコミュニケーションを取るからだ。発声の微妙な変化を注意深く観察すれば、発情が近づいたときに察知できるのではないかと、クレイマンは考えた。そこで、クマの発声を研究していた新進気鋭のドイツ人研究者、グスタフ・ペータースの力を借りることにした。

ペータースは携帯型のオープンリール式録音機を持ち込んで、性的に活発になったときのパンダたちの鳴き声を記録した。このような記録作業を行なった科学者は、彼が最初ではなかった。デズモンド・モリスは、一九六三年にチチが発情を迎えたとき、その吠え声を録音することに成功している。「とても大きな声だったので、寝床に続くドアを開け、その方向にマイクを差し出すだけで、ひっきりなしに発せられる大きな鳴き声を録音できた」と、モリスは記している。[19]もっとも、このとき彼がめざしたのは、「生命の樹」（第二章参照）の上でジャイアントパンダがどこに位置するかを明らかにすることだった。「レッサーパンダ、クマ、アライグマに関しても同様の録音が手に入れば、それらの違いを詳しく研究し、類縁関係を明らかにするうえで、有益なデータを得られるかもしれない」と考えたのだ。

ペータースも、自分が研究してきたほかの肉食獣とパンダの発声の相違には関心があった。しかし、さしあたりの最優先課題は、パンダの発声のパターンをすべて記録することだと心得ていた。「生態がほとんどわかっていない動物を研究することにワクワクしていた」と述べている。[20] パンダに対する注目の高さも研究の後押しになった。動物園のスタッフは、データを集めるための支援を惜しまなかった。ペータースは、ジャイアントパンダが発する音声の全容をはじめて明らかにすることに成功した。[21] 不安を感じているときは、歯をすり合わせたり、くちびるを摩擦させたりして音を立てる。悲しいときは、短く鼻を鳴らすような叫び声。身の危険を感じているときは、いかにも悲痛な呻き声。そして、発情が近づいたときにリンリンがあげる声があった。ヤギの鳴き声や鳥のさえずりに似た短く鋭い声を発するのだ。これに対し、シンシンも独特の発声で応じた。こうして、発声の観察と日々のホルモン値の分析を併用することで、パンダの発情を正しく予測できるようになった。

そのころ国立動物園では、中国側のアドバイスを無視し、発情していない時期に二頭を同居させるようにした。「ほとんどの時間、二頭は相手との接し方を探っているように見えた」と、クレイマンは言う。[22] こうしてときおり互いに慣れる機会を設けると、発情時の二頭の関係が前より円滑になったように見えた。

やがて、行動と発声を観察することで、パンダが居住環境をどの程度快適に感じているかを間接的に推し量ることもできるようになった。一九八〇年代前半まで、パンダ舎はがらんとした空間で、登ったり隠れたりできるものはほぼ皆無だった。クレイマンの表現を借りれば、「ゴルフコースみたいに、草がいっぱい生えていて、身を隠す場所がほとんどない空間」だったのだ。動物たちの生活を豊かにしたいと思っていたクレイマンは、この状況にことのほか胸を痛めていた。そこで、リンリンとシンシンの棲み処を大改装し、野生の生息環境に近づけて、登ったり、またがったり、身を隠したりできるものをふんだんに運び込んだ。その際、改装前と改装後の二頭の行動と発声を比較してみた。すると、目を見張る違いが見て取れた。「攻撃的・威嚇的発声を行なう頻度が減り、二頭が一緒に遊ぶことが増えた」のである。

国立動物園はこの時期、リンリンとシンシンがうまくコミュニケーションを取れるようにし、二頭を適切なタイミングで同居させ、できるだけ野生に近い環境で生活させることに加えて、別の方法でも二頭の繁殖を手助けしようとしていた。

国立動物園の科学者たちはこの数年前、シンシンの精子を採取してはどうかと考えた。健康状態は良好に見えたが、精巣がきちんと機能しているかどうか確認しておきたかったのだ。それに、精子を採取して冷凍保存すれば、いつでも適切なタイミングでリンリンの体内に送り込める。

今日では、動物園で希少動物を繁殖させるために人工授精が行なわれることも珍しくなくなったが、一九七〇年代後半にはまだ実践例がきわめて少なかった。国立動物園では今日にいたるまで、クロアシイタチ、ゾウ、スマトラトラといった数々の希少動物の人工授精を試み、オスの精子を採取する最善の方法を研究してきたが、それはかならずしも容易でない。「人を殺すとは言わないまでも、危険な猛獣が対象の場合が多い」と、クレイマンと一緒にリンリンとシンシンの繁殖に取り組み、現在は同動物園の「種存続センター」の所長を務めるデーヴィッド・ウィルトは述べている。[23] その類の危険な動物の場合、動物園のスタッフが手作業で精液を集めるのは論外だ。そこで、人工膣に射精させたり、交尾前にメスの膣に膣コンドームを装着して精液を集めたりといった方法が用いられる。しかし、こうしたやり方でオスが十分に性的に興奮せず、精液を採れない場合、残された手立てはおそらく一つしかない。それは電気射精法である。

ただし、この方法にはリスクもついて回る。まず、オスに全身麻酔をかけなくてはならない。そのうえで直腸に電極を挿入して電流を流し、電圧を次第に強めていき、射精を促す。そのすべての段階で動物にけがをさせたり、悪くすれば死なせてしまったりする恐れがある。電気射精法が行なわれた前例がない動物の場合は、とくに危険が大きい。アメリカに先立って、中国ではすでにパンダの電気射精と人工授精が試みられていた。一九六三年には自然交配により北京動物園でミンミン（明明）が誕生したが、自然交配でパンダを出産させるのは簡単でなく、文化大革命以降は人工授精にいっそう力を入れるようになっていた。その努力は、一九七八年に実を結んだ。史上はじめて、北京動物園で人工授精による赤ちゃんパンダが生まれたのである。一九七二年のニクソン訪中とパンダの贈呈を通じて米中の関係は深まっていたが、中国側はパンダ人工授精プロジェクトの詳細をアメリカ側に教えなかった。そのため、アメリカ側は自力でやり方を考えるしかなかった。

できるだけ円滑に作業を進めるために、ウィルトは、当時テキサスA&M大学にいた電気射精法の専門家、キャロル・プラッツ・ジュニアをチームに加えることにした。二人は何度か一緒に仕事をしたことがあり、数年前にはオスのローランドゴリラの精子を採取することに成功していた。ウィルトとプラッツは、体重一〇九キロのシンシンに適量の麻酔剤を与え、麻酔が効いてくると、転がして仰向けにし、生理食塩水で生殖器をやさしく拭いた。そして、直腸に電極を挿入する前に、シンシンの精巣のサイズをマイクロメーターで計測した。これを調べれば、精子をつくる能力に深刻な問題がないか、ごく大ざっぱに知ることができる。万事、問題はなさそうに見えた。精巣の状態はいたって良好だった。その後、二年間に計四度の電気射精法が行なわれて、その都度、健康な精子を大量に採取できた。精子の保存もうまくいった。ウィルトらは、ジャーナル・オブ・リプロダクション・アンド・ファーティリティ誌に発表した論文でこう結論づけた。[24]「ジャイアントパンダにおいては、標準的な電気射精法を行なえば、個体の健康を危険にさらすことなく、安定的に好結果をもたらせる可能性がある」。

ホルモンの分析と発声の観察を通じて発情を高い確度で予測できるようになったうえに、シンシンの精子が液体窒素で冷凍保存できたことで、リンリンに人工授精を行なう条件が整った。しかし、科学が新しい地平を切り開くとき、いくつかの挫折は避けて通れない。

一九八〇年に行なわれた最初の人工授精は、リンリンの発情から少し時期が遅れてしまい、思わしい結果は得られなかった。翌一九八一年には、ロンドン動物園からオスのパンダのチアチアがレンタルでやって来た。動物園スタッフが把握しているかぎり、この時点でリンリンとシンシンはまだ一度も交尾していなかった。そこで、チアチアがリンリンのよきパートナーになることが期待された。しかし、思惑は大きくはずれた。はじめて一緒にされたとき、リンリンとチアチアは激しいけんかをした。「まったく相いれなかった」と、クレイマンは動物園のニュースレター「タイガートーク」に書いている。[25]「リンリンは大けがをし、シンシンと再び同居させたり、人工授精を試みたりすることも見送らざるをえなかった」。結局、翌年の春まで待つことになった。

チアチアはロンドン動物園に帰っていったが、国立動物園のスタッフはその前に電気射精法で精子を採取し、冷凍保存しておいた。一九八二年春にリンリンが発情すると、その精子の一部を使って人工授精が行なわれた。すると、リンリンに妊娠を疑わせる兆候があらわれた。巣づくりの行動をしたり、秋の間ずっと、赤ちゃんをあやすようにリンゴとニンジンを抱いたりしていた。しかし結局、いわゆる「偽妊娠」だったとわかった。メスが実際には妊娠していないのに、妊娠しているときと同様の行動や心理的反応を示すケースがあるのだ。それでも、科学者と飼育員たちは勇気づけられた。翌一九八三年三月にリンリンが発情すると、期待感が一挙に高まった。そしてある日、クレイマンとボランティアの一人が見ている前で、シンシンとリンリンが交尾をした。国立動物園で一緒に暮らすようになって十年、はじめてのことだった。しかし、交尾はごく短時間で終わってしまったので、万全を期すために、チアチアの解凍精子を使って人工授精も行なわれた。そして七月、リンリンに妊娠の兆候が見られるようになった。その兆候とは、ホルモン値の変化である。

このころまでに、クレイマンはエストロジェンだけでなく、血液中のプロジェステロン（いわゆる「妊娠ホルモン」）の値の変化も調べるようになっていた。ほとんどの哺乳類は、排卵の直後にプロジェステロンの値が上昇する。これは、子宮が胎子を受け入れる準備ができたことを意味している。その後、受精卵が着床すれば、妊娠期間を通してその値が高いまま保たれる。(26)妊娠しなければ、値は下がる。だが、パンダは違う。排卵の直後にプロジェステロンの値が上昇する場合ばかりではない。受精卵がすぐに子宮に着床せず、しばらく休眠状態にとどまるケースがあるからだ。「着床遅延」と呼ばれる現象である。たいていの場合は、受精から二〜四カ月たつとプロジェステロンの値が上昇し、それが、受精卵着床の合図になっているらしい。その後、四週間たつと、超音波検査で胎子の姿をとらえられるようになり、さらに二週間たつと、赤ちゃんが出てくる。つまり、パンダの胎子が母親の胎内で育つ期間は、実質わずか六週間程度ということになる。

一九八三年七月、リンリンのプロジェステロンの値が上昇し、そのまま高いレベルにとどまると、関係者の興奮が高まった。中国以外でもすでにメキシコシティとマドリードの動物園がパンダの繁殖に成功していたが、リンリンが出産すれば、アメリカの動物園で初の赤ちゃんパンダ誕生となる。ただし、動を見守った。

前年に経験したように、プロジェステロンの値が上昇しただけでは偽妊娠の可能性もある。そこで七月十一日以降、動物園のスタッフとボランティアが、監視カメラを通じて二十四時間体制でリンリンの行動を見守った。

七月二十日の午後、リンリンが部屋の隅で竹を使って巣づくりを始めた。夜七時ごろになると、両脚の間をなめるなど、落ち着かなくなり、そのような状態のまま夜が更けていった。そして日付が変わった七月二十一日午前三時十八分、赤ちゃんが生まれた。飼育員のバーバラ・ビンガムと動物管理責任者のベス・フランクはやきもきしながら、生まれたばかりの赤ちゃんを見守った。しかし、ピクリとも動かない。そのまま一分が過ぎた。さらに、一分がたった。フランクは落胆し、クレイマンの家に電話して残念な知らせを伝えた。ところが、受話器を置いて数秒後、リンリンが赤ちゃんに触れると、その小さな胸が上下し始めた。呼吸をしているのだ。喜び勇んだフランクは、あらためてクレイマンに電話した。「最高の気分だった」と、彼女は動物園のニュースレター「タイガートーク」に書いている。[27] リンリンは模範的な母親ぶりを見せ、赤ちゃんをなめてやったり、腕に抱いてやさしく揺すってやったりした。しかし朝の六時半ごろ、悲劇が起きた。赤ちゃんパンダが突然、呼吸を止めてしまったのだ。

そのころには、大勢のスタッフが駆けつけてパンダの親子を見守っていた。涙を浮かべて見ている一同の前で、リンリンは一日中、動かなくなったピンク色の赤ちゃんをなめたり、あやしたりし続けた。スタッフがどうにか赤ちゃんの死体を引き離して運び去ると、リンリンはそばにあったリンゴを拾い上げ、それを腕の中で揺すり始めた。数日間、それをやめなかった。解剖の結果、死因は気管支肺炎と推定された。おそらく、母親の子宮内で発症したのだろう。

緊急記者会見で、園長代理のクリステン・ウェマーは気丈に振る舞った。「期待が大きければ落胆も大きくなります」と、詰めかけた大勢の報道陣に述べた。[28]「新生子は死亡しましたが、リンリンが妊娠し、正常な分娩を行なう能力があるのだと、これでわかりました。ジャイアントパンダの繁殖という目標に向けて、これまでになく前進したのです」。記者たちがいっせいに、メモ帳に鉛筆を走らせた。ウェマーはせめて明るい要素を見つけようとして、次の繁殖サイクルへの期待を表明した。「私たちのやってきたことが間違っていないとわかり、勇気づけられました。来年は、赤ちゃんが無事に育ってほしいと思います」。

しかし翌一九八四年、その夢は打ち砕かれる。死産だった。その後、一九八七年に双子が生まれたが、ほどなく死亡。一九八九年の赤ちゃんは、またしても肺炎により、わずか数日で生涯を終えた。これが、シンシンとリンリンの間に生まれた最後の子どもになった。

こうした挫折の一つひとつを、メディアはこと細かに報じた。すでにチチとアンアンの繁殖失敗が世界中に知れわたっていたところにもってきて、シンシンとリンリンも子どもを残せなかったことで、欧米では「ジャイアントパンダはセックスに興味がない動物」というイメージがますます定着していった。そのようななかで、進化生物学者のスティーブン・J・グールドは、生物体の不完全な設計の一例としてジャイアントパンダの「親指」を挙げた（彼は、自然界ではそのような不完全性がいたるところに見られると考えていた）。一九七八年にナチュラル・ヒストリー誌に発表したエッセーで、グールドはある日ワシントンDCの国立動物園を訪れたときのことを記した。[29]「（この動物にふさわしい）畏敬の念を抱いて」シンシンとリンリンを観察し、パンダの前足の特殊な構造に強く興味をそそられたという。「パンダの本当の親指は、（人間の親指とは）異なる機能を担っているので、その指をほかの指と対向するように動かしてものをつかむことはできない。そこで、パンダは手のほかの部分を活用せざるをえない。手首の骨を巨大化させることより、親指代わりにしたのである。華麗とは言い難いが、これで十分に役割を果たせている」と、グールドは書いた。「このように種子骨の親指化によって間に合わせるという設計は、エンジニアのコンテストではとうてい優勝できないだろう」。

このころ、パンダを自然交配させることには、アメリカだけでなく中国も苦戦していた。一九八三年に四川省の臥龍に「中国ジャイアントパンダ保護研究センター（CCRCGP）」が設立されると、パンダを増やすためにますます人工授精に依存するようになった。

今日では、状況がだいぶ変わっている。シンシンやリンリンをはじめとするパンダたちを対象にした初期の基礎研究を土台に、中国や各国の研究者たちは、パンダの生態についていくつかの興味深い発見に到達した。その成果を活用することにより、飼育下のパンダの繁殖成績も目覚ましく向上している。しかし、そうした最近の動向を紹介する前に、次章では野生のパンダに関する研究の発展について見ておこう。

第10章 野生のパンダたち

一九六〇年代後半、数人の科学者たちがはじめて野生のパンダの生息数調査に乗り出した。このグループは中国初のパンダ保護区である臥龍自然保護区で調査を開始したが、文化大革命で活動の中止を余儀なくされてしまう。その後、一九七〇年代半ばになって、約三〇〇〇人を動員した最初の全国調査が行なわれ、野生の生息域全体を通じた個体数の推計値が明らかにされた。しかし、野生のパンダについて有意義な科学的研究がなされるようになったのは、一九八〇年代前半に「中国・WWF合同プロジェクト」が始動してからのことだ。同プロジェクトではまず、パンダと竹の関係を中心テーマに据えた。「ある動物のほぼあらゆる側面は、エサの量と分布状態、栄養価に影響を受ける」と、動物学者のジョージ・シャラーらは一九八五年の著書『野生のパンダ』(邦訳・どうぶつ社)で記している。[1]「ジャイアントパンダは、どのようにして竹という食料に適応していったのか？　その点が本報告で解明をめざす最大の科学的疑問である」。

この研究の下準備の一部は、実際にパンダを追いかけなくても行なえた。シャラーとともにプロジェクトの共同責任者を務めた胡錦矗は、すでにある程度の準備をすませていた。臥龍自然保護区内に仮設の研究拠点をつくり、予備的データを収集しておいたのだ。具体的には、たとえば次のようなことを調べた。標高一〇〇〇メートルから五〇〇〇メートルにかけて、高度によって植物の種類がどう変わるのか？　生育している植物の構成は、季節によってどう変わるのか？　パンダたちは、標高三〇〇〇メートル前後の亜高山帯の針葉樹林でどのような場所を好むのか？

中国・WWF合同プロジェクトは、これらの調査結果を土台に、さまざまな種類の竹の分布と生育状況を調べた。すると、竹の生育速度は季節によって大きく異なり、一部の種類の竹は、最も生育が速い時期には一日で一八センチも伸びることがわかった。また、枝や根より葉のほうがタンパク質を多く含んでおり、*Sinarundinaria* 属の竹の栄養価が最も高いことも明らかになった。

同プロジェクトでは、パンダが周囲の環境に残す痕跡についての情報も集めた。たとえば、雪の上の足跡を調べることにより、パンダがどこを通ったかがおおよそわかり、その場所でどういう行動をしたかも、ある程度は知ることができた（もっとも、雪上の痕跡だけでは、どの個体がそこを通ったかまでは識別できないが）。パンダに食べられたあとの竹を見れば、どの季節に、どの種類の竹の、どの部分がパンダに好まれるかもかなり見えてきた。

フンも情報の宝庫だった。パンダがどのようなエサを好み、その嗜好が時期によってどのように変わるのかがわかるし、パンダがどの程度、竹から栄養分を吸収できるのかも知ることができる。フンに含まれる竹の断片の大きさを調べれば、そのフンをしたパンダが一口でどれくらい食いちぎるのかも推測できる。この情報をもとに、その一帯に生息するパンダの個体数を大ざっぱに割り出すことが可能だ（詳しくは第十二章で論じる）。実際、一九七〇年代に中国が実施した第一回全国調査では、この方法で野生のパンダの数を推計した。その数は、広さ五〇〇平方キロほどの理想的な生息地が広がる臥龍全体でわずか一四五頭だった。

研究者たちは、ときには夜まで長時間に及ぶ野外調査を行ない、パンダたちの知られざる社会生活を垣間見ることができた。ときどき、パンダたちがコミュニケーションを取り合う声を聞くこともあった。その声を録音して分析したところ、少なくとも十一種類の発声パターンがあるとわかった。この点は、ワシントンDCの合衆国国立動物園で二頭のパンダの発声を録音して調べた際の結果とも一致した。

国立動物園のデヴラ・クレイマンは、パンダのコミュニケーションの手段として、においも大きな役割を担っているらしいと気づいていた。ジョージ・シャラーと中国人研究者たちは、この仮説を裏づけるデータも野外調査でふんだんに入手できた。

一九八一年三月のある日、一頭のパンダが通った痕跡をたどっていくと、一本の木に行き着いた。研究者たちは、その木の幹から「かすかに酸っぱい」においがすることに気づいた。(2) おそらくパンダたちが爪でひっかいたり、尿をかけたり、肛門腺からの分泌物をこすりつけたりする木――いわば「においポスト」――があるのだろうと、研究者たちは考えた。「においポストがどういう見かけをしているかがわかると、そういう木が次々と見つかるようになった。そのほとんどは、標高二七〇〇メートル以上の場所にあった」という。においポストの場所と外見を記録していくと、いくつかのパターンが見えてきた。においポストになる木はたいてい針葉樹で、幹の下のほうが「分泌物でやや黒ずみ、繰り返しこすられて樹皮がなめらかになって」おり、上のほうは、樹皮が爪でひっかかれていた。においポストは、「尾根の上の小高い場所や、まわりより低い峠、峡谷へと続くなだらかな尾根」など、パンダの往来が比較的盛んな場所にあるように見えた。また、においづけを行なったのは、ほとんどがオスだと判断できた。「多くの木は、尿が勢いよく一カ所に吹きかけられた痕跡があった」からだ。

シャラーはパンダのにおいづけに強い興味をそそられたが、この謎めいたコミュニケーションの全容を解明できずにいた。「いったいどうすれば、この動物を理解できるのだろう?」と、著書『ラスト・パンダ——中国の竹林に消えゆく野生動物』で嘆いている。(3)「パンダたちはあちこちに、においづけを行ない、空気中には重要なメッセージが充満している。それなのに、私にはその意味がわからないのだ」。科学者たちが巧妙な実験を行ない、パンダのにおいを通じたコミュニケーションの秘密を解き明かすまでには、さらに十年の年月が経過して、より多くのパンダが動物園で飼育されるようになる必要があった(詳しくは第十一章で論じる)。

以上のような背景情報の数々はきわめて有益なものだったが、さらに詳しい知識を得るためには、パンダそのものを調べることが不可欠だった。そ

パンダがにおいづけをした木を調べる動物学者のジョージ・シャラー。

こで、胡とシャラーは一九八一年、パンダを数頭捕獲して、首輪状の発信機を取りつけようと考えた。野生のパンダを捕まえて、麻酔をかけて発信機を取りつけ、山に放って追跡調査を行なおうというのだ。シャラーはそのために、テネシー大学で修士号を取得したばかりのアメリカ人の若き生物学者、ハワード・クイグリーを抜擢した。

この若者は、一九八〇年に中国・WWF合同プロジェクトのことを新聞で読み、大胆にもシャラーに手紙を送って、自分を使ってくれないかと持ちかけたのだ[4]。彼はカリフォルニア州のヨセミテ国立公園とテネシー州のグレート・スモーキー・マウンテンズ国立公園でアメリカグマの調査を行ない、貴重な経験を積んでいた。「調査を手がけたアメリカグマは、二〇〇頭近くになるでしょう。クマを捕獲し、麻酔をかけて（発信器を取りつけ）、自然に帰していました」と、本人は振り返っている。手紙の返事は来なかったが、別に驚かなかったという。「（シャラーのような）大物研究者に、無名の修士課程の学生から手紙が届けば、黙殺されて当然だと思っていました」。しかし、この年の暮れ近くに電話がかかってきて、彼は翌年早々に、中国に飛ぶことになった。

調査チームは、パンダを捕獲するために二種類の罠を用意した。一つは、木製の檻に、落とし格子戸がついているもの。動物が中に入ると、格子戸が落ちて外に出られなくなる仕組みだ。もう一つは、足にからみつく輪罠タイプのもの。そこに足を踏み入れると、バネが作動して、金属ワイヤーの輪が足を拘束する（その際に、けがをさせないように設計してある）。これを草の中に隠しておく。調査チームは、尾根沿いや谷底などパンダが好みそうな場所と、パンダたちがよく通るルートにこれらの罠を仕掛けた。そして、パンダをおびき寄せるために肉を置いた。

肉？　そう、あなたの読み間違いではない。肉だ。パンダはほとんど竹を食べて生きるが、肉食獣としての習性を完全になくしたわけではない。この点は、十九世紀にアルマン・ダヴィド神父が雇った地元の猟師たちも知っていた。猟師たちはダヴィドに対し、白黒のクマはもっぱら植物を食べるが、「肉を与えられれば拒みはしない」と説明していた(5)。また、一九六〇年代に王朗《ワンラン》自然保護区で大々的に行なわれた調査でも、地元住民は、パンダの胃の中に「小さな齧歯《げっし》類の残骸」が見つかる場合があると答えている（興味深い情報だが、地元住民がパンダの胃の中身を詳しく知っているということは、パンダを脅かす要因が生息地の破壊だけではなかったことを物語っている(6)）。シャラーと胡も調査中に、パンダが肉を食べた形跡を何度か発見している。パンダのフンにキンシコウの毛が混ざっていたり、ジャコウジカの毛と骨と蹄が混ざっていたりしたことがあったのだ。

そういうわけで、調査チームの科学者たちは、罠にヤギの頭とブタの骨を置いた。何日たっても、さらには何週間たっても、罠は空っぽのままだった。しかし、一九八一年三月のある日、中国人スタッフの一人が興奮した様子で走って戻ってきた。報告を受けて、科学者たちが輪罠を一つ仕掛けておいた場所に駆けつけると、次のような光景が待っていた。シャラーの著書から引用しよう(7)。

そのパンダは、木の根元にうずくまっていた。前足の片方が罠にかかっていたのだ。罠から逃れようと、孤独で勇敢な試みを行なったらしく、木の幹がかきむしられていた。しかしそのときは、おとなしくシャクナゲの茂みにたたずみ、不確かな未来に向けて、当惑したまなざしを向けていた。

二十歳のクイグリーが、史上はじめて野生のパンダに麻酔を打つ人物になる瞬間が近づいてきた。彼はこの大仕事を軽く考えてはいなかった。アメリカを出発する前に、資料を読み漁り、ワシントンＤＣ

の合衆国国立動物園でシンシンに麻酔を打った人たちにも話を聞いていた。臥龍入りしてからも、何度も器具の点検を繰り返した。「野営地では暇さえあれば、麻酔銃が正しく作動するか確認したり、矢に麻酔薬を注入して銃に装填する練習をしたりした」という。とはいえ、いくら練習を重ね、予習していたといっても、罠にかかったパンダを実際に目の前にすると動揺せずにいられなかった。そばにいたシャラーの目には落ち着いて見えたというが、本人はそれどころではなかった。「緊張で歯がガクガクしていた。ロボットになったみたいに、自分の体の動きがぎこちなく感じた」と振り返っている。(8)

クイグリーはまず、パンダの体の大きさをざっとチェックすると、バックパックから道具を取り出して、矢に適量の麻酔薬を注入した。使用した薬品はテラゾール。一九六四年にロンドン動物園のチチに用いられたものと成分が近いが、それより危険が少ない薬品である。シャラーは、自分が麻酔を行なうわけでもないのに緊張していた。ロンドン動物園の獣医、オリヴァー・グレアム＝ジョーンズと同じ不安を感じていたのだ。そこにいるのは、単なる一頭の野生動物ではなかった。「非常に珍しい動物で、その中国の国の宝であり、大きな象徴的意味をもっていた。もし事故で死なせるようなことがあれば、そのダメージはずっと消えないだろう」と思ったのだ。(9)クイグリーは不安を押し殺し、やるべきことに神経を集中させた。テラゾールを注入した矢を棒に装着すると、ゆっくりとパンダに近づいていった――これはアメリカグマだと、自分に言い聞かせながら。そして、肩口に矢を打ち込んだ。麻酔が効いてパンダが動かなくなると、調査チームはパンダの体長と体重を測り、性別を確認するなどの調査を手短に行なったうえで、首輪状の発信機を取りつけた。仕事があらかた終わり、あとはパンダが目覚めるのを待つだけだったクイグリーは、物思いにふけった。ここにいるのは、バーチャルなパンダではない。ブランドのロゴマークでも写真でもなければ、かわいらしいオモチャでもない。彼はパンダのごわごわした毛皮を指で梳《す》き、温かい体温と、呼吸に合わせて穏やかに上下する背中の動きを手で感じた。このときまで、なんとなくパンダは人間の世界だけに存在しているもののように思えていた。しかし今は、目の前に生きた野生のパンダがいた。「それまで味わったことのない感覚だった」と言う(10)。

その後、調査チームは臥龍でさらに六頭のパンダを捕獲し、発信機をつけて野生に帰した(11)。合計七頭の内訳は、オス二頭、メス二頭、幼獣が三頭だった。七頭という数は、本格的な科学研究のデータとしては絶望的に少ない。しかし、それまでゼロだったことを考えれば飛躍的な進歩と言えた。事実、これにより、秘密に包まれた野生のパンダの行動を垣間見ることがはじめて可能になり、すでに得ていた背景データとパンダたちの実際の行動を照らし合わせて分析する道が開けた。たとえば、パンダは五平方キロ程度の比較的狭い土地をテリトリーにしているらしいとわかった。また、オスはメスに比べて行動範囲が少しだけ広いように見えた。メスはテリトリーの中のさらに狭いエリアで、ほとんどの時間を過ごしていたのだ。いずれにせよ、基本的には狭い範囲から動こうとせず、平均すると一日の移動距離は五〇〇メートルに満たなかった。

発信機には、一九八〇年代当時としては最先端の機器だった加速度センサーが搭載されていて、パンダが動いているか静止しているかによって異なる信号が発信されるようになっていた。パンダたちの行動は、個体による違いが大きかった。そうした違いは、性別や年齢、発情の有無、個々のパンダの性格、天候など、さまざまな要因によって生まれていたのだろう。しかし総じて言えば、臥龍のパンダたちの行動パターンは、栄養価の低いエサを食べる動物の行動として合理的なもので、なんと一日平均で十四時間も活動していた。竹の栄養価が低いので、起きている間ずっとエサを食べているのだろうと考えられた。また、とくに活発に動くのは日の出前と日没前、一年のなかでは春が最も活発で夏が最も不活発で、冬眠はしないこともわかった（冬眠できるほどの脂肪分を蓄えられないからだ）。
発信機の信号を頼りに、パンダがいる場所に駆けつけることで、パンダが珍しく活発に動いているときに、具体的になにをしているのかも観察できた。そういうとき、パンダは移動中の場合もあれば、木にせっせと、においづけをしている場合もあった。体のどこかをこすったり、ひっかいたり、なめたりすることに夢中になっている場合もあった。稀には、木に登っていたりもした。研究者たちは、パンダが遊んだ痕跡と思われるものを発見したことも数回あった。たとえば、雪の上に残された跡を見ると、パンダが雪の上にお腹からジャンプし、雪のスロープを滑り下りたと判断できたケースもあった。「パンダが一頭だけのスキー大会を楽しんでいるところを、ぜひともこの目で見てみたかった」と、シャラーは書いている。[12] しかし、こうした行動を取るのはあくまでも例外だった。パンダたちはほとんどの時間、竹の枝を握りしめ、固い皮を歯で剝いて、内側のやわらかい部分を食べて過ごしていた。

一九八三年、臥龍をはじめとする邛崍《チオンライ》山脈全域で一部の種類の竹が開花した。こう言うと、ロマンチックな情景を思い浮かべる人もいるかもしれないが、竹の開花は、パンダにとって歓迎すべきニュースではない。そのことは、中国とW

野生のパンダ、ロンロンのデータを回収するハワード・クイグリーと胡錦矗。ロンロンは、1981年3月に中国・WWF合同プロジェクトではじめて発信機を取りつけた野生のパンダである。

WFの研究者たちも知っていた。この十年近く前の一九七五年冬、北の岷山山脈《ミンシャン》の村人たちがパンダの死体や瀕死のパンダをしばしば見つけるようになった。この現象は、地元当局を通じてすぐに北京の中国林業省の知るところとなった。林業省は迅速に、躊躇《ちゅうちょ》なく行動した。北京の科学者たちを現地に送り込み、地元当局者と共同で調査させたのだ。「早い段階で中央政府が関心を示して素早く行動し、国家主導の特別調査チームを組織したことは、北京の中央政府にとってジャイアントパンダが元気に生き、絶滅せずに存在し続けることがいかに重要かを浮き彫りにしている」と、歴史学者のエレナ・ソングスターは指摘している。(13) 調査チームは早々に、パンダ大量死の原因を突き止めた。それが竹の開花だった。

なぜ、竹の開花がパンダにとって問題なのか？　竹はいわゆる一回結実性の植物だ。開花して結実すると、枯死《こし》してしまうのである。しかも、ある地域に生育している同じ種類の竹のほぼすべての株が同時に花を開かせるケースが多い。そうすると、細長い穂がいくつも連なったような花が咲き、雄しべが花粉を放出し、それが風に運ばれて雌しべとくっつき、種子ができる。そして、竹が枯れる。太古の時代にさかのぼって、竹が一回結実性の植物に進化していった過程を観察することができない以上、どうしてこのような特異な繁殖戦略を実践するようになったのかは推測の域を出ないが、主に二つの説が唱えられている。

第一は、一九七〇年代に提唱された「飽和仮説」だ。毎年、数株ずつ開花して種子をつくれば、土の上に落ちた種子は捕食者にことごとく食べられてしまう。それに対し、すべての株が同じ年に種子をつくれば、捕食者がお腹いっぱい食べてもまだ種子が残る、というのである。第二の説は、成熟した竹が健在なままだと、新しい株が十分に日光を浴びたり、土壌の栄養分を吸収したりできないので、既存の竹が一斉に枯れるようになっているという考え方だ。要するに、古い竹が枯死してはじめて、若い竹が世界にデビューできるという発想である。このほかにもいくつか大胆な仮説が唱えられているが、ペンシルベニア州立大学の植物学者、アラン・テイラーによれば、どれも信憑性に欠けるという（テイラーは一九八四年、竹の研究のために中国・WWF合同プロジェクトに参加した経験もある）(14)。たとえば、一斉に枯死した大量の竹の残骸は、落雷などによる山火事を引き起こしやすく、山火事が起きれば土壌が肥沃になり、次世代の株が育ちやすくなるという説もある。しかしテイラーによれば、「まったく説得力がない」とのことだ。

一九七五年の岷山山脈のケースでは、少なくとも二種類以上の竹が一斉開花したようだ。昔であれば、パンダは山を下りて、竹が枯死していない土地に移動して生き延びられたのかもしれない。実際、このときもパンダたちはそういう行動を取ろうとしたようだ。しかし山を下りても、そこにあったのは、切り開かれた農地ばかり。竹林はなかった。その結果として、村人たちが突然、腹を空かせた多くのパンダたちと遭遇することになったのである。国の宝を襲った危機に、村人たちは自分たちも役に立ちたいと考え、パンダの死体を片端から当局に引き渡した。解剖の結果、パンダたちの死因は餓死と特定された。胃は空っぽで、わずかな脂肪も燃え尽き、お腹は水分で膨れ上がっていた。また、この一帯を襲った地震によっても、さらに多くのパンダが命を落としたと考えられている。最終的に、中国林業省の調査チームは、パンダの死亡数を一三八頭と推計した。

パンダの減少を受けて、中国政府は野生のパンダを保護するための措置を新たにいくつか導入した。パンダの数がとくに減っている地域での森林伐採を禁止し、パンダ生息地の狩猟制限を強化した。皮を剝ぐなど、パンダの死体を傷つけることも処罰の対象とした。違反者には、賃金の支払い停止、休暇の没収、罰金の徴収などの罰が科されるものとされた。これらの措置は、パンダの歩む道に大きな影響を及ぼすことになる。

一九七五年のパンダ大量餓死の悲劇がもたらした結果は、それだけではない。地元の森林管理当局は、餓死しかけている野生のパンダを捕獲して施設に連れ帰り、体力が回復するまでエサを与えることを奨励した。これは純粋に善意による行動だったし、好ましいアイデアに思えたのだろうが、人間に飼育されたパンダを自然に帰すことは想像よりはるかに難しかった。しかしこの時点では、そんなことは誰も知るよしもなかった。そのため、数年後に臥龍を含む邛崍山脈で「冷箭竹（レイセンチク）」が開花し始めたときも同様の措置が取られることになった。

岷山山脈の経験がまだ記憶に新しかったこともあり、迅速に徹底した対策が講じられた。邛崍山脈のパンダたちの苦境は、中国の国家的大問題になり、さらには国際的大問題に発展していった。しかし、岷山山脈のときとは状況がだいぶ違うと、中国・WWF合同プロジェクトの研究者たちは考えていた。「臥龍のパンダたちは竹の枯死をうまく生き延びられるだろうと、私は考えていた」と、ジョージ・シャラーは『ラスト・パンダ』で書いている。[15]「危機が迫っていない地域で大々的な救出作戦が実行されれば、パンダを助けるどころか、逆に害を及ぼすことになる」。

当時進展しつつあった竹の研究によっても、この主張は裏づけられていた。竹が一斉に開花するのは、なんらかの遺伝レベルの理由によるものと考えられるが、そのときに竹が開花しない土地もところどころにある。中国とWWFの研究者たちは、そういう土地の共通点を探した。するとわかってきたのは、高度が高く、斜面の傾斜が急で、表土が薄い土地ほど、竹が開花しないケースが多いということだった。「概して、過酷な環境は、遺伝子の時計を作動させないような条件をつくり出していた」と、植物学者のテイラーは説明する。[16]発信機を用いた調査によれば、パンダたちは、竹が枯死していない場所をうまく見つけ、そうした場所を要領よく転々と移動していると考えられた。また、竹の開花が始まると、一本の竹の幹を食べるために費やす時間も長くなった。おそらく、突然少なくなった食料資源から最大限の栄養分を摂取する必要があるとわかっているのだろう。冷箭竹がなくなると、パンダたちは山を下り、「神農箭竹」（英語圏では「アンブレラバンブー」と呼ばれる）という別の種類の竹を食べ始めた。[17]

　中国・WWF合同プロジェクトに参加していた生物学者の一人が、野生パンダ救助センターの開設計画に強い危機感を抱き、思い切った行動に出た。男の名は潘文石《パンウェンシー》。これ以降、野生パンダ研究の中心になっていく人物である。潘は林業省の頭越しに中国政府の最上層部に手紙を送り、パンダを手当たり次第に保護することへの懸念を伝えた。「自由に野山を動き回っている動物を捕獲して施設に閉じ込めるべきではないと思った」と、潘はのちに振り返っている。[18]「私が思うに、パンダを絶滅から救うためには、生息地の環境を改善し、好ましい生息地を広げていく以外にない」。しかし、パンダを案じる声が中国を、さらには世界を席巻し、潘の冷静な主張はかき消されてしまった。

　この問題に対する国際的な反響としては、アメリカで当時のロナルド・レーガン大統領のナンシー夫人が主導した運動がよく知られている。夫人は一九八四年三月、「パンダのために少しのお金を」というキャンペーンを開始し、「アメリカのすべての子どもたちがこの運動の趣旨に賛同し、パンダを助けるためにお小遣いを寄付してくれることを望みます」と、ワシントンDCの国立動物園で開いた記者会見で語った。[19]そして四月、大統領とともに訪中した際、中国林業省の董智勇《トンチーヨウ》副大臣に一万三〇〇〇ドルの小切手を手渡した。パンダ救助作戦は数年継続され、岷山山脈のときと同様に、何十頭ものパンダが捕獲されて飼育下に置かれた。

「人間がパンダを救う必要がある」というニュースが繰り返し報道されたことは、パンダに対する人々のイメージに好ましい影響を及ぼさなかった。一九六〇年代と七〇年代に、ロンドン動物園のチチをはじめ、飼育下のパンダを繁殖させようという果敢な取り組みが実を結ばなかったことで、「パンダはセックスに興味がない」という思い込みが定着していた。それに追い打ちをかけるように、一九七〇年代と八〇年代に竹の開花危機が大々的に報じられ、パンダはいっそう哀れな存在と思われるようになった。このような背景があって、少なくとも欧米では、パンダが進化の袋小路にはまり込んだ無力な動物だとみなされ、絶滅は避けられないと思われるようになったのかもしれない。(20)しかし、野生のジャイアントパンダを調査した経験をもつ科学者の多くは、こうした見方に賛成しないのではないか。「私個人は、そういうふうには断じて思わない」と、潘文石《パンウェンシー》も記している。

中国政府が野生のパンダを保護するための最初の一歩を踏み出したのは、一九六〇年代。世界で野生動物保護の機運が高まり始めたころのことだ。それは小さな一歩ではあったが、非常に大きな意味をもつことになる。失敗に終わった大躍進政策により、中国の野生の動植物は甚大な打撃をこうむった。人々は空腹のあまり、肉がまずいことで知られていたジャイアントパンダまで食べた。歴史学者のエレナ・ソングスターによれば、このような状況を受けて、中国の国務院（内閣に相当）は一九六二年、林業省に対し、絶滅の危機に瀕しているいくつかの動物を保護するよう文書で指示した。「野生動物は、わが国のきわめて豊かな資源の一つである」と、その文書は記している。(21)「肉だけでなく、さまざまな皮や鹿角、大量の麝香《じゃこう》も得ることができる」。

こうして林業省は、野生動物資源を管理し、ジャイアントパンダを筆頭とする一九種の「貴重で希少」な動物を保護する任務を与えられた。「これらの動物の狩猟を厳しく禁じる」と、国務院の文書は記している。[22]「充実した保護を行なうために、主要な生息地と繁殖地に自然保護区を設置することとする」。この命令に従い、ただちにパンダ保護区が設けられた。今日、そのような保護区は六〇カ所以上に増え、総面積は生息地全体のおよそ四分の三に達しており、野生のパンダの半数以上がいずれかの保護区の中で生きている。[23]

保護の取り組みが始まったとはいえ、パンダの存続を脅かす要因がすべて取り除かれたわけではなかった。一九八〇年代には、パンダの密猟と毛皮の密売に関する刑事裁判が何十件も行なわれている。それに危機感を抱いた中国政府は、一九八〇年代末に「野生動物保護法」という法律を制定し、パンダを殺したり、毛皮を密売したりした人物に、十年以上の刑、場合によっては終身刑や死刑を科すものとした。

野生のパンダの数が減り、見つけにくくなれば、密猟者たちはほかのもっと見つけやすい動物に標的を変えるのではないか、と思うだろうか？　そういう発想は、人が希少性にいかに大きな価値を置くかを見落としている。たとえば、パプアニューギニアの村人たちは、金持ちの収集家にチョウを売るとき、チョウの希少性に連動した値づけを行なっている。また、カリフォルニア沖のシロアワビは、乱獲により生息数が大幅に減少し、以前の〇・〇一％まで減ってしまったが、希少性が増したことで相場が急騰し、漁業者たちはわずかなシロアワビを血眼になって探すようになった。

フランスの野生動物保護研究者のフランク・クルシャンらは二〇〇六年、数学的なモデルを作成して分析した結果、希少性が高まって取引価格が上昇することで、野生動物が「絶滅の悪循環」にはまり込むケースがあると結論づけた。[24]パンダ殺しに手を染めた人間に厳しい罰が科されるようになり、新しい罰則が大々的に宣伝されたことで、密猟は確かに減った。しかし、パンダの毛皮のために目が飛び出るような金額を支払ってもいいと思う人がいるかぎり、収監や死刑の危険を冒してでも密猟をしようという人はいなくならない。一九八七〜九八年に中国当局が押収したパンダの毛皮は五二頭分[25]。当然、これは氷山の一角にすぎないだろう。パンダが「絶滅の悪循環」にまだ完全には陥っていないとしても、密猟が根絶されないことで、その一歩手前まで追いやられていることは間違いない。

脅威は密猟以外にもあった。大躍進が失敗に終わったあとも、中国の森林が切り開かれて農地に転換されていくペースは落ちなかった。中国は多くの農地を必要としていたからだ。なにしろ、一九七〇年代後半の時点で中国の人口はアメリカの五倍近くに達していたのに、農地面積は半分ほどにとどまっていたのである[26]。しかし不幸なことに、中国政府が国民に押しつけた農業改革は、短期と長期の両面で深刻な打撃を生み出すことになる。

一九六三年八月、山西省の大寨《ターチャイ》という山村を突発的な豪雨が襲い、村は洪水で壊滅的な打撃をこうむった。村人たちは家をなくし、生計の手段を失い、生活が崩壊したが、それでも強い意志は失わずに村の再建に取り組んだ。村人たちが見事に豊かな村を築くと、毛沢東はそれを自助の精神を実践したお手本として称揚した。すぐに、大寨の人々の不屈の精神を称える新聞記事やポスターがつくられ、中国全土の農民たちは「大寨の道」にならって「川や山の姿を変える」よう求められた[27]。

しかし、大寨モデルによって食糧不足を解消できるという考え方は間違いだった。中国の自然の多くが破壊されたうえに、生産力の高い農地も増えなかったのである。「どんな急斜面の痩せた土地だろうと、また、既存の土地の利用方法がどんなにうまくいっていようと、そういうことにはお構いなしに、棚田がつくられ、穀物が植えられた。大寨のやり方を模倣したのだ」と、歴史学者のジュディス・シャ

1963年8月、山西省の大寨が大洪水で壊滅的な打撃を受けたあと、村人たちは周囲の山腹を耕作地に変えることで村を再建した。その偉業を称えるポスターがさっそく製作されて、中国全土の農民たちが「大寨モデル」を実践するよう促された。しかし、それは大規模な森林破壊を引き起こし、パンダの生息地の分断に拍車をかけた。

ピロは著書『毛沢東の自然との戦い』（未邦訳）で記している。[28]

シャピロは成都ジャイアントパンダ繁殖育成研究基地の科学者に、「大寨に学べ」キャンペーンがパンダの里に及ぼした影響を尋ねてみた。その科学者（名前を明かさないことを条件に取材に応じた）によれば、子どものころは四川省南部の自宅近くの丘でパンダの痕跡をよく見かけたが、大寨モデルの推進により、パンダの生育地の多くが破壊されてしまったという。「今でもありありと覚えている。私たちは竹や木を切り倒し、大寨のような棚田をつくり、あらゆる場所に穀物を植えた」と、その人物は述べている。[29]「どれほど大切なものを失おうとしているか、まったく気づいていなかった」。

一九七〇年代半ばから九〇年代半ばまでの二十年ほどの間に、パンダにとって好ましい生息地だった土地のおよそ半分で、竹が切り倒されたと推測されている。そのうえ、生息地が細かく分断されて、パンダの移動が困難になってしまった。「私たちが野生のパンダについて調査し記録していた間に、パンダが追いつめられ、数が大幅に減ってしまったことを思うと、胸が痛む」と、シャラーは『ラスト・パンダ』で記している。[30]

一九八七年、WWFのシニアアドバイザーとして北京に赴任した動物学者のジョン・マッキノンは、WWFのパンダへの関わり方を基礎研究中心から保護管理中心に移行させ始めた。中国とWWFの合同チームが徹底した野外調査を通じて、前回より正確な二度目の生息数調査を進めるのと並行して、マッキノンと少人数の中国人研究者のチームは、「ジャイアントパンダとその生息地の全国的保護管理計画」の骨子を発表した。[31]「執筆に三カ月、議論し、承認を受けるのに、さらに三年かかった」という。[32]一九八九年には、保護管理計画の承認を得る道が閉ざされかけた。民主化を求める学生や市民が当局により武力で鎮圧された天安門事件を受けて、スイスのWWF本部が中国からの撤退を指示してきたのだ。それでも、ジャイアントパンダにとっては幸いだったが、マッキノンはこの指示をわざと無視した。「指示を聞かなかったふりをして中国での活動を継続し、計画に承認を取りつけることに成功した」と、彼は述べている。

一方、一九八九年後半、WWFの委嘱により、WWFの活動に関する監査報告書が内部向けにまとめられた。その内容はきわめて厳しいものだった。報告書を執筆したオックスフォード大学のジョン・フィリップソン教授は、WWFが新帝国主義的な行動を取っていると糾弾し、地元の人々の意向や事情を十分に考慮せずに野生動物保護対策を指図するなど、世界でわが物顔に振る舞っていると指摘した。パンダ関連の活動についても、フィリップソンは批判の手を緩めなかった。「私の見るところ、WWF

の活動領域を広げようという試みは、むしろ悪影響を生んでいる。あらゆる形態のパンダ研究への支援がほぼ打ち切られたことを考えれば、WWFは大々的に宣伝されてきた『パンダ・プログラム』に対する責任を放棄しているに等しい[33]」。

一九九〇年、報告書の内容がメディアに暴露されると、WWFは苦しい立場に立たされた。当時の総裁であるフィリップ殿下（イギリスのエリザベス女王の夫）は、中国での活動についても説明する羽目になった。パンダ関連の活動は「きわめて期待はずれ」だと、殿下はサンデー・エクスプレス紙に認めた[34]。「開始した当時は、いいアイデアに思えたのだが」。さらに、殿下はこう述べた。「WWFはこれまで莫大な資金をつぎ込んできたが、進歩のペースが現在の水準にとどまれば、パンダという種が存在し続けられる可能性は大きくない」。

改革開放路線に転じて以来、中国経済は目を見張る前進を遂げてきた[35]。一九八〇年、WWFが中国と合意し、臥龍の「中国ジャイアントパンダ保護研究センター（CCRCGP）」の建設費用として一〇〇万ドルを拠出した年、中国はIMF（国際通貨基金）と世界銀行への加盟を果たす。一九八三年には、中国への直接投資は推定一〇億ドルに達し、中国政府はさらにほぼ同額を国際的な融資で受け取るようになっていた。こうした変化を象徴するかのように、一九八四年には、イギリス政府が九七年に香港を中国に返還すると発表した。中国を取り巻く環境が大きく変われば、パンダに対する姿勢が変わるのは必然だった。中国の共産党政権は一九五〇年代以降、パンダを外国にプレゼントしてきたが、ここにきて、この貴重な動物の商業的価値を最大限活用すべきだと思い始めたのである。

ジャイアントパンダの歴史における、このいささか見苦しい一章は、ある企業の取締役会議室で幕を開けたと言えるかもしれない。一九八四年四月、アメリカのロサンゼルスに本社を置く石油関連企業、オクシデンタル・ペトロリウムが中国政府と合意を結び、山西省で大規模な露天掘り炭鉱を開発することになった。[36] オクシデンタル社が三億四〇〇〇万ドルの設備費用と専門技術を提供し、中国側が二億四〇〇〇万ドルを負担するという約束だった。二頭のジャイアントパンダもこの取引の一部だったようだ。オクシデンタル社の会長が私費で一五万ドルを支払い、この年に開催されるロサンゼルス五輪の開催時期に合わせて二頭のパンダ――ヨンヨンとインシン――をロサンゼルス動物園に借り受けることになったのだ。二頭はロサンゼルス動物園に三カ月滞在したのち、サンフランシスコ動物園に一カ月貸し出され、その後、中国に帰国した。「この営利的な活動をきっかけに、展示のためにパンダを借りたいと考える欧米の動物園と、有償でパンダを貸し出したいと考える中国側の動きがますます熱を帯びていった」と、ジョージ・シャラーは『ラスト・パンダ』で書いている。[37]

シャラーが言うような状況は、その後十年近く続いた。中国側はとくに、儲けの大きい短期貸し出しを積極的に行なった。しかし次第に、パンダの貸し出しによる収益は明確にパンダのために用いられるべきだという認識が広まり始めた。また、純粋に営利目的のパンダの貸し出しは、アメリカの「絶滅の危機に瀕する種の保存に関する法律」とワシントン条約（絶滅のおそれのある野生動植物の種の国際取引に関する条約）に違反している疑いがあった。この法律と条約では、絶滅のおそれのある動植物の国際取引を、科学の発展、もしくは種の存続を図る目的を除いて禁じている。やがて、アメリカ内務省魚類野生生物局（USFWS）は、野生のパンダのアメリカへの持ち込み許可の審査を一時停止することになる。

さまざまな面で難しい時代だったが、中国とWWFの協力関係はいくつかの際立った成果をあげた。

野生のパンダの行動と生態をはじめて観察できたし、二度目のパンダ生息数調査も行なえた。実際のデータに基づく勧告をふんだんに盛り込んだ保護管理計画も提案できた。もっと地味な「遺産」もあった。一九八五年にシャラーが臥龍を去ったとき、潘文石も臥龍を離れ、パンダ生息域の東端である陝西省の秦嶺《チンリン》山脈で独自の研究を始めた。その潘のチームが、中国・WＷF合同プロジェクトの成果を土台に、きわめて高い水準の研究を行なうようになったのだ。[38] 潘たちが力を入れたのは、野生のパンダの生殖行動と、それに影響を及ぼす要因を明らかにすること。とくに知りたかったのは、野生のパンダが集団として自立的に個体数を維持していけるのかという点だった。現状の個体数は、繁殖がうまくいけばパンダが野生の種として存続できるレベルを保てているのか？　それが最大のテーマだった。

　潘が秦嶺山脈に拠点を移そうと考えた背景には、四川からできるだけ離れたいという事情もあったのかもしれない。歯に衣着せずにものを言う潘は、中国・WＷF合同プロジェクトの活動を通じて地元の林業省当局者たちの不興を買っていたのだ。潘としては、新天地で再スタートしたいと思ったのだろう。勾配が緩やかで、植物があまり密生していない秦嶺山脈は、野生のパンダを観察するのに打ってつけの場所だと期待していた。

　さしあたりは、陝西省で最も古いパンダ保護区である仏坪《フォーピン》自然保護区で研究を行なうつもりでいたが、林業省とのいざこざからはここでも逃れられなかった。すぐに、次の拠点を、林業省の影響力が及ばない場所に探す必要が出てきた。結局、皮肉な話であることは重々承知で、陝西省内の国営の林業会社である長青《チャンチン》林業局で働くことになった。ここでは一九六〇年代以降、木材事業を行なうために数千人の地元住民を雇っていた。野生パンダの保護と木材ビジネスは相いれないようにも思えたが、長青林業局は潘と仲間たちを歓迎し、木材伐採拠点の一つに基本的な設備を用意し、パンダを探すのために元猟師の職員たちを使わせてくれた。

臥龍と同様、雪深い山奥の土地での調査活動は過酷を極めた。「とくに冬は、じめじめして底冷えがした。夜に体を温める手立ては、部屋で剝き出しの石炭を燃やすことだけだった」と、潘が秦嶺山脈のプロジェクトで最初に指導した大学院生である呂植《リュイチー》は著書『野生のジャイアントパンダ』（未邦訳）で記している（呂は北京大学教授で、同大学「自然と社会センター」所長、北京の非政府団体「山水保護センター」所長を務めている）[39]。もっとも、石炭を室内で燃やして体調を壊す経験を二度してからは、暖房なしで寒さを耐えることにしたという。

秦嶺山脈はパンダの生息数が比較的多いように思えたが、それでもデータが得られるまでにはかなりの時間を要した。「パンダの姿だけでも見られれば、運がいいほうだった。近くで詳しく調べることなど、とうてい期待できなかった」と、呂は書いている[40]。研究チームは、臥龍の中国・WWF合同プロジェクトと同じように、木製の檻を野外に設置し、ヒツジの肉でパンダを誘い込もうとした。しかし、十五カ月たっても一頭も捕獲できず、研究者たちはやきもきして過ごすことになった。

麻酔銃があれば、これほどは苦労しなかっただろう。しかし呂によれば、「麻酔銃は二〇〇〇ドルもした。これは、私の奨学金五年分と潘の給料二年分を合わせた金額に相当した。麻酔銃を購入するなど、無理な話だった」。それでも、あるとき北京大学を訪れたアメリカの動物園長たちが事情を知り、一挺《ちょう》寄贈してくれることになった。麻酔銃が手に入ると、活動のペースが一挙に加速した。一九八六〜九九年に、捕獲して発信機を取りつけ、行動を追跡できたパンダは、三二頭にのぼった。

この時点では、野生のパンダの生殖行動はほとんど解明されていなかった。とりあえず、パンダは基本的に単独行動を好み、交尾のときだけ数日間一緒に過ごすらしいということはわかっていた。中国・WWF合同チームの調査により、そうしたオスとメスの束の間の遭遇に関して、いくつか判明したことがあった。シャラーが追跡調査していたなかに、「チェンチェン」と名づけたメスがいた。このメスは、ある大きなオスとつがいになっていたが、それより小さな別のオスにも追い回されていた。ときおり、小さいほうのオスが割り込もうと試みることがあった。「小さなオスが接近し、低いうなり声をあげると、そのたびにすぐ追い払われた。もっとも私は、犬がけんかするときのような、うなり声や吠え声、悲しげな鳴き声を聞き、竹の枝が乱暴に揺れるのを見ただけなのだが」と、シャラーは書いている[41]。観察を続けるうちに、チェンチェンと強いほうのオスがたそがれ時に交尾するところも見られるようになった。その回数は合計で四十回を上回った。「セックス嫌いの動物」という一般のイメージは、明らかに間違っている。

これらの調査結果は知られていたものの、野生

潘文石の研究チームの面々（1990年代前半、秦嶺山脈の長青で）。奥に座っているのが潘と呂植（女性）。左手前が王大軍。

のパンダの繁殖と子育てに関しては不明な点だらけだった。[42] その意味で、潘のチームが秦嶺山脈で行なった調査は画期的だった。潘と仲間たちは一九八五〜九六年の十年あまりの間に、パンダの生殖行動を合計二十一回観察した。多い数とは思えないかもしれないが、パンダの生殖の一般的傾向を知る出発点としては十分な数だ。興味深い発見もあった。詳しく観察できた生殖行動の場には、たいてい複数のオスがいたのだ。けんかになって、オスがけがをしたケースもいくつかあった。繁殖センターや動物園ではおずおずと交尾する場合が多いが、野生のパンダたちの行動はだいぶ違うようだ。

多くのパンダに発信機を取りつけられたので、五頭のメスの計十一回の出産で正確な出産場所を知ることができた。それを通じてわかってきたのは、野生のメスのパンダが一般に一年おきに八月に出産し、そのときは山を下り、心地のいい洞穴や木の洞を見つけて子を産むということだった。研究者たちがとくに気に入っていたチャオチャオというメスがいた。一九九二年八月、発信機の信号により、このメスの動きが普段より減っていることが確認できた。出産が近いに違いないと、研究者たちは考えた（チャオチャオにとっては二度目の出産だった。このあと、この個体はさらに三回の出産を経験する）。発信機の信号をもとに居場所を見つけたときのことを、呂は次のように振り返っている。[43]

チャオチャオは一瞬顔を上げたが、すぐにまた体を横たえた。その次の瞬間、毛むくじゃらの胸と腕の間から、なにかが這い出してきた。薄い色の小さな生き物が、子犬がクンクン鳴くみたいに弱々しい声を発している……大きさはハムスターくらい。ピンクの肌を、まばらな白い毛が覆っている……赤ちゃんがキーキー鳴き声をあげると、そのたびにチャオチャオはやさしくなでてやった。人間の母親が新生児をあやすみたいに。

研究者たちが見守るうちに長い時間が経過し、チャオチャオは次第に眠りに落ちていった。そのとき、呂は大胆なことを思いついた。このメスパンダを追い続けて、すでに三年半。だいぶ信頼されるようになっていた。どのくらい、赤ちゃんがいるそばまで私を近づかせてくれるだろう？　そう思った呂は、パンダをまねて静かなため息のような音を発しながら、ゆっくり近づいていった。ついに、眠っているチャオチャオに手が届くところまできた。「背中に手を乗せた瞬間、穏やかな気持ちで胸がいっぱいになった」と言う。「こんなに素晴らしいご褒美《ほうび》が待っていたなんて！　三年半たって、ようやく私を受け入れてくれたのだ」。呂と潘は、この赤ちゃんパンダを「シーワン」と呼ぶことにした。

チャオチャオは、なんと二十五日間もシーワンのそばを離れず、そのあとでようやく、竹を食べるために巣の外に出ていった。留守にしたのは一時間ほど。その間に、研究者たちはシーワンを調べて、メスだと確認した。シーワンは、生後七週間で目が開き、四カ月で歩くようになり、その後、木に登ることを覚え、じきにお母さんのあとをついて一緒に出かけるようになった。この母子を観察するうちに、調査チームの面々はあることに気づいた。シーワンが木に登って、お母さんがエサを食べて戻ってくるのを何時間も待つことがしばしばあった。そういうとき、チャオチャオはいつもかならず、娘のところに戻ってきた。この点は重要な発見だった。一九八〇年代後半の竹開花危機の際、親に放棄されたとみなされて、三十頭以上の子パンダが保護されて施設に連れていかれたが、そうした子パンダの半分以上は数年の間に施設で死亡してしまった。

調査チームは一九九四年、パンダの母子関係についての発見を発表した際、次のような提案をした。(44)「放棄されたと思われる子パンダを保護しようとするときは、母パンダがエサを食べるために巣を留守にしている可能性も考慮に入れるべきである。野生のパンダの数をこれ以上減らさないためである」。中国森林省はこの提案を受け入れ、一九九八年に新しい方針を正式に採用した。母親が死亡したという確証がないかぎり、野生の子パンダを保護してはならない、と定めたのである。

チャオチャオは、二年後に次の子を産んだときには研究者たちにすっかり慣れていて、巣の入り口付近に金属ボックスを設置することを受け入れた[45]。ボックスには超小型のビデオカメラとマイクが収めてあり、三〇メートルほど離れた場所に慎重に隠したビデオレコーダーと接続されていた。潘たちは新生子が生後二日のときに装置を設置して、それ以降、半年以上にわたって成長を記録し、野生のパンダの生後数カ月をとらえた貴重な映像を入手することができた。この観察結果によると、赤ちゃんパンダは少なくとも十八カ月間、母親と一緒に過ごすように見えた。

メスのパンダがほぼ一年おきに出産することに加え、赤ちゃんパンダの半分以上が最初の一年間を生

木で遊ぶシーワン（チャオチャオの第二子）。母親がエサを食べに出かける間、幼いパンダが何時間も、ときには何日も放っておかれるケースは珍しくない。潘文石らの観察によってこの点が明らかになるまで、そうした子パンダたちは放棄されたとみなされ、施設に保護されることが多かった。今日では、母親が死亡したという確証がないかぎり、子パンダの保護は行なわれなくなった。

き延びることもわかってきた。こうした点から考えると、秦嶺山脈のパンダたちは自立的に個体数を保っていけると判断できた。「個体数を維持する能力は十分にあり、ジャイアントパンダは進化の成功例であり続けているとみなせる」と、潘たちは結論づけた。(46)

野生のパンダを研究していた科学者たちがこうした明るい結論に達したころ、飼育下のパンダの研究に取り組んでいた科学者たちも目覚ましい成果を誇れるようになっていた。飼育方法を根本から見直した結果、繁殖成績が向上し、飼育下のパンダも繁殖により子孫を残していけると考えられるようになったのだ。次章では、この点を見ていこう。

第11章　飼育下での研究

一九八三年に臥龍に開設された「中国ジャイアントパンダ保護研究センター（CCRCGP）」の活動は、すぐに軌道に乗ったわけではなかった。それでも、一九八六年にははじめてのパンダ繁殖に成功した。その翌年、このセンターにライバルが誕生した。四川省の省都である成都《チョントウ》の北部に、最先端の設備を擁する「成都ジャイアントパンダ繁殖育成研究基地」が開設されたのだ。この新しい施設も飼育下でパンダを繁殖させることの難しさをさんざん思い知らされたが、一九九〇年に偉業を成し遂げた。同年、メスのチンチンが双子を出産すると（パンダの出産では約半分の確率で双子が生まれる）、研究者たちは母親に双子を交互に授乳させ、もう一方の赤ちゃんを保育器に入れて哺乳瓶でミルクを与えることにより、二頭とも生き延びさせることに成功したのである。それまでは、双子が生まれると、片方は放棄されて死んでいた。スタッフは激務を強いられたが、苦労に見合う価値のある成果だった。

こうした成功例はあったものの、一九九〇年代に入ってもなお、パンダの繁殖が大々的に行なわれているとはとうてい言えなかった(1)。北京動物園で史上はじめて飼育下のパンダの出産に成功した一九六三年以降、一九八〇年代末までに、中国の動物園やその他の施設で飼育されているパンダの数は一二頭から八八頭に増えた。しかしそのほとんどは、一九七〇、八〇年代の竹開花危機のときに保護された野生のパンダだった。同じ期間に、飼育下で生まれたパンダは一一五頭。悪くない数字に思えるかもしれないが、繁殖可能な年齢まで生き延びたのは一六頭にすぎなかった。

一九九六年の時点で、中国で飼育されているパンダは一三四頭を数えるまでになっていた。しかし、繁殖可能な年齢に達している個体のうち、一頭でも子どもをつくった経験がある個体の割合は、メスが三頭に一頭、オスが六頭に一頭にとどまっていた。(2)「人工授精の技術はまだ十分に進歩していなかった」と、成都ジャイアントパンダ繁殖育成研究基地の張志和《チャンチーフウ》所長は振り返る。(3) 電気射精法の適切な電圧と、適切な頻度もよくわかっていなかったのだ。「電気射精法を実施すると、そのオスはたいてい一、二週間ほど食欲を失う。直腸から出血する場合もあった」と、張は言う。

一九九五年の「ジャイアントパンダ技術会議」──中国全土のパンダ飼育者が年に一回集まり、情報交換を行なう会議だ──で、中国建設省（当時）の担当者である鄭淑玲《チョンシューリン》は、国内の動物園がパンダに関する専門知識と経験をもっと共有するために大胆な改革を行ないたいと考えた。鄭の働きかけを受けて、中国動物園協会は国際自然保護連合（IUCN）の「野生生物保全繁殖専門家グループ（CBSG）」に協力を求めることになった。アメリカに拠点を置くCBSGは、絶滅の危機に瀕した動物を飼育下で繁殖させることに関して高度な専門知識を蓄えていた。

一九九六年十二月、CBSGの特別チームのメンバー五人が中国を訪れ、「成都の都心部にある役所の建物の、隙間風が吹き抜ける冷え冷えとした会議室」で中国側関係者三十人と面会した。(4) CBSGのアメリカ人たちはこう問いかけた──「中国の動物園でジャイアントパンダを飼育する目的はなにか?」。十数分ほどの白熱した議論の末、中国側の最も地位の高い科学者が発言した。「目的は、(動物園の)パンダたちが繁殖して子孫を残し続けられるようにし、それによって、野生のパンダが将来にわたって種を存続させる支援をすることである」。その後四日間、メンバーはいくつかの作業チームにわかれて、ジャイアントパンダというジグソーパズルを構成する個々のピースを検討した。しかし、論じるべき問題があまりに多いように思えたと、このときCBSGの一員として成都にやって来ていたデーヴィッド・ウィルトは回想する(第九章にも登場した合衆国国立動物園の繁殖生物学者だ)。しかし、彼にはアイデアがあった。

ウィルトは一九九〇年代前半に、ある画期的な調査に参加したことがあった。それは、飼育下の希少動物の健康状態と繁殖状況を改善することを目的としたもので、飼育下で高度にコントロールされた個体を用いる調査としては初の試みだった。そのとき調査した動物は、チーターだった。当時、野生で捕獲されたチーターが飼育下で繁殖する割合はわずか一五%。飼育下で生まれたチーターの場合、その割合はさらに低かった。その原因について推測でものを言うことは簡単だが、精密な調査は行なわれておらず、確かなことはわかっていなかった。そのため、科学的なデータではなく、直感と印象で飼育・繁殖方針が決まっているのが実情だった。そうした状況を変えたいという問題意識のもと、アメリカの一〇〇人を超す科学者や獣医師、飼育員が協力して、いくつもの施設で飼育されている一〇〇頭以上のチーターの動物医科学調査が行なわれた。その結果、チーターの繁殖を妨げている要因がいくつか浮上してきた。とくに際立っていた問題は、メスの卵巣が機能していないように見えるケースが多いことだった。この発見を受けて、ある研究グループは、フンを分析することにより雌性ホルモンの状況を調べる方法を考案した。別のあるグループは、飼育管理の方法をどのように変えれば、ホルモンの分泌状況を変え、卵巣の働きを活性化できるかを解明した。ジャイアントパンダでも同様の方法論を採用できないかと、ウィルトは考えていた。

このアプローチを成功させるためには、ある程度の数の個体を調査することが不可欠だ。そうでないと、飼育下のパンダ全体に当てはまるような一般的な結論を導き出せない。その点、中国の動物園を管轄する建設省の支援は得られていたし、この国で飼育されているパンダの過半数は一握りの施設に集中していた。多数のパンダを対象に大規模な調査を行なうことは十分可能に思えた。

一年ほどの間に、調査の進め方が固まっていった。まず、パンダに麻酔をかけて一通りのことを調べる。その際、研究チームはいくつものグループにわかれて、パンダの体のさまざまな部位で同時並行的に作業する。麻酔下に置く時間を極力短くするためだ。個体識別のために、背中の皮膚の下に電子タグを埋め込み、念のためにくちびるの下にも個体番号を入れ墨する。遺伝子分析のために、皮膚と毛と血液の微量のサンプルを採取する。健康なオスの場合は、直腸に電極を挿入する電気射精法で精子を採取する。電気射精法は、すでに多くの成功例が蓄積されていた（採取した精子は、あらゆる角度から分析評価を行なう）。さらに、歯の検査、生殖器の検査、超音波検査など、一頭一頭の体の内側と外側の徹底した身体検査を行なう。こうした個体ごとの調査に加え、施設ごとのエサの違いを調べ、過去の繁殖の試みに関する記録（成功例と失敗例の両方）について詳しいデータを集める。このような方針のもと、一九九八年四月、北京動物園、重慶動物園、成都動物園、成都ジャイアントパンダ繁殖育成研究基地の四つの施設のパンダを対象に、大々的な調査が始まった。

調査対象のパンダのなかに、繁殖可能年齢のオスは三三頭いたが、それまでに子づくりに成功していたのは五頭だけだった。その理由を解明することから始めたいと、研究者たちは考えた。調べてみると、ほとんどのオスは健康なサイズの精巣をもっていた。そのうえ、動物医科学調査の報告書によれば、「精液には膨大な数の精子が含まれていた」という。[5] 調査では電気ショックで射精させたので、自然な交尾でも同じ結果になるという保証はないが、平均的なオスは一回の射精で約三〇億個の精子を放出すると思われた。これは、平均的なヒトの男性に比べて何倍も多い。顕微鏡で調べても、パンダの精子はいたって健康に見えた。精子の圧倒的多数は元気よく動き回り、とくに異常は見当たらなかった。つまり、飼育下のオスのパンダたちは、繁殖を成功させた経験のない個体も含めて、精子をつくることにはまったく問題がないと言ってよさそうだった。この点は好材料と言えた。

　研究者たちは、精子の凍結保存方法の改善もめざした。しかし、実験のために精子を用いることを好ましく思わな

動物医科学調査により、中国の施設で飼育されているパンダたちの健康に関する基礎的なデータが収集された。

い人たちもいた。成都ジャイアントパンダ繁殖育成研究基地の張志和（当時は副所長だった）は、実験のために数十点の精子のサンプルを凍結保存するよう命じたとき、かなり批判されたという。「金儲けのために精子を利用していると叩かれた」と、本人は回想している。(6)

これはあらゆる細胞に言えることだが、精子の細胞をそのまま凍らせると、細胞膜と内部の構造に修復不能なダメージが生じる場合が多い。損傷を防ぐためには凍結防止剤と一緒に凍らせる必要があるが、一九七〇年代後半にはじめてパンダの精子の凍結が行なわれて以降、施設によって凍結の方法に微妙な違いが生まれていた。しかし、動物医科学調査チームの徹底した研究により、凍結と解凍のプロセスで生じるダメージから精子を守るための最善の方法を割り出せた。その方法どおりに適切に凍結・解凍された精子は、新鮮な精子と同様の機能を果たすらしいとわかった。

電気射精法がすでに普及していたところに、精子の凍結・解凍の方法も改善されたことで、飼育下のあらゆるオスのパンダとあらゆるメスのパンダの組み合わせで人工授精を行なう道が開けた。この点は、飼育下の動物を繁殖させるうえできわめて重要と考えられている。一九九〇年代までのパンダのように、一部のオスと一部のメスの間でだけ交配が繰り返されると、次第に飼育下の集団の遺伝学的多様性が減っていく。それでも、とくに問題なく子孫を代々残している動物の種もある。しかし、それが深刻な問題をもたらす可能性も否定しきれない。少数の個体だけが繁殖を行なえば、次の世代は、兄弟や姉妹、半兄弟や半姉妹、いとこなど、血縁関係の近い個体で溢れ返ることになる。その世代が繁殖するときには近親交配がほぼ避けられず、さまざまな問題が生じかねない。

野生のフロリダパンサー（ピューマの一亜種）の例が有名だ。(7) 一九九〇年代、フロリダパンサーの個体数は二〇～三〇頭程度まで減ったと考えられている。その結果、近親交配が増え、オスの半数以上に潜伏睾丸が見られるといった弊害があらわれていた。フロリダパンサーは、その後に人間が慎重に管理し、近親交配の悪影響を一掃したことで、今日もかろうじて野生に存続している状態だ。ジャイアントパンダの動物医科学調査で調べたオスの大半は健康に見えたが、精巣に問題がありそうな個体も数頭見つかった。近親交配が原因の可能性は十分にある。

やっかいなのは、正確なことが誰にもわからないという点だ。キリスト教徒にとっての聖書、イスラム教徒にとってのコーラン、ユダヤ教徒にとってのトーラーのように、世界でパンダの保護管理に携わる人たちにとって「聖典」のような位置づけになっている書物がある。『ジャイアントパンダ国際血統登録簿』である。ここには、これまで施設で飼育されたすべてのジャイアントパンダの血統と繁殖結果が記されている。一九九一年、合衆国国立動物園のデヴラ・クレイマンと中国建設省の職員一人が中国全土を回り、飼育されているパンダをすべて調べ、その情報に基づいて国際血統登録簿の第一版が作成された。しかし、重要なデータがいくつも抜け落ちていた。とくに、パンダの父親が確定できないケースが非常に多かった。どのオスとどのメスが交尾したかを、中国の科学者たちが記録していなかったわけではない。オスとメスが交尾したあと、性的に活発でない別のオス（一頭の場合もあれば、複数の場合もある）の精子を人工授精でメスの体内に送り込むことがよく行なわれていたのだ。受精の確率を高めることと、性的に不活発なオスの遺伝子を残すことが目的だったが、その結果として、どのオスの精子が卵子と結合したかを確定できなくなっていた。

動物医科学調査チームは、パンダの父子関係を正確に把握するために最先端の遺伝子検査を行なうことにした。これに先立つ一九八三年、ワシントンＤＣの合衆国国立動物園で赤ちゃんパンダが死亡した際に、父子関係確定のための検査が行なわれていた。第九章でも簡単に触れたが、この赤ちゃんパンダが生まれる前、母親のリンリンと長年のパートナーのシンシンが交尾したあとで、ロンドン動物園から一時貸し出されていたチアチアの冷凍精子を使った人工授精も行なわれていたからだ。このとき検査を担当したのは、アメリカ国立癌研究所の遺伝学者スティーブン・オブライエンだった（第二章にも少しだけ登場した人物である）。今日「DNAプロファイリング」、「DNAフィンガープリンティング」などと呼ばれるDNA鑑定の方法論がはじめて提唱されるのは、この一年後のことだ(8)。したがってオブライエンは、DNAよりはるかに違いのあらわれにくいタンパク質を調べるしかなかった。このときの調査結果は、ネイチャー誌に発表された。「三〇〇のタンパク質を調べた結果、遺伝学的変異が起きているものが六つ見つかった。それらを分析したところ、チアチアではなくシンシンが父親だと判明した」と、オブライエンらは論文に記している。

中国のパンダたちの父親鑑定を手がける手がけることになったのもオブライエンだった。パンダの遺伝学に関する実績を考えれば、自然な人選と言えるだろう。オブライエンらが父親のはっきりしない四三頭のパンダを検査したところ、興味深いことがわかった。そのほとんどのケースで、最初に精子を母親の体内に送り込んだオスが父親だったのだ（精子が送り込まれた方法は、自然な交尾の場合も人工授精の場合もあった）。この発見は、飼育下でパンダを繁殖させるうえできわめて有益な情報だった。

絶滅の危機にさらされている動物を飼育管理している人たちがめざす目標の一つは、その動物の遺伝学的多様性の九〇％を一〇〇年先まで残すというものだ。科学的な必然性のある数字とは言えないが、目標としては妥当なところだろう。ジャイアントパンダはさまざまな面で過酷な状況に置かれている半面、遺伝学的多様性はまだ十分にあるように見える。ある国際的な研究チームは、パンダの年間の出生数を推計したうえで、「将来にわたってジャイアントパンダの遺伝学的健全性を保つためには、三〇〇頭ほどの個体を飼育管理できるスペースと資金や設備などが必要である」と主張した[9]。しかし、三〇〇頭というのは、ジャイアントパンダの幸せのためにすべての施設が手と手を取り合って活動することを前提にした数字だ。読者のみなさんは失望こそしても、驚きはしないかもしれないが、現実には、あらゆる施設が一致結束してパンダの保護に取り組んできたわけではない。

動物園が協力し合わない理由は、聞けばうんざりするような話だ。ほとんどの動物園は、いくらかの利益をあげなくては存続できない。その点、動物園の主要な収益源の一つは入場料で、パンダの頭数と来園者数の間には明らかに直接的関係がある。そのため、動物園の間でパンダ展示をめぐる競争関係が生まれ、繁殖のためのパンダの動物園間移動はほとんど行なわれなかったのである。こうした財務上の事情に加えて、学術的な競争関係も足かせになってきた。パンダ研究者に限らず、学者は誰しも最も権威ある学術誌に論文を発表し、多くの研究助成金を受け取り、研究プロジェクトの規模と影響を拡大したいと考える。パンダはことのほか、学術誌の編集委員や助成金の審査委員、若い優秀な学生たちの注目を浴びやすいので、研究者や研究機関同士の競争意識がひときわ激しくなるのだ。

政治上の縄張り争いも影を落としてきた。中国には、飼育下のパンダを管轄する政府機関が二つある。成都動物園や北京動物園などの動物園は建設部（現在は「住宅都市農村建設部」に改組）、臥龍自然保護区の中国ジャイアントパンダ保護研究センターなどは林業部（現在は「国家林業局」に改組）が管轄している。この両政府機関は、パンダのために協力し合うどころか、足を引っ張り合ってきた。動物医科学調査の報告書は、婉曲的な表現でこう記している[10]。「施設間でパンダを移動させるには、官僚機構上の障害がある」。

こうした事情を考えると、パンダの精子の凍結と解凍の技術が向上したことの意味は大きい。パンダを箱に入れて運搬するより、精子の入った密閉ビンを輸送するほうがずっと簡単だし、一頭の人気者の動物がよそに連れていかれてしまうのと違って、数十億個の精子が運び去られても人々の感情的反発は少なくてすむ。「密閉ビン入りの精子なんて、見てもおもしろくないから」と、デーヴィッド・ウィルトは言う(11)。

中国の両政府機関の根深いライバル関係が完全に解消されるまでにはまだ時間を要するだろうが、変化の兆しは見え始めている。動物医科学調査自体がその一例だ。一九九六年に調査を開始したときは、もっぱら建設部管轄下のパンダだけが対象で、林業部管轄下の臥龍のパンダたちは対象に含まれていなかった。しかし、状況はすぐに変わった。林業部がIUCNの「野生生物保全繁殖専門家グループ（CBSG）」を迎え入れ、臥龍のパンダも調査に参加させたのだ。これにより、調査対象のパンダの数が一挙に二倍近くに増え、この調査により導き出される結論の価値も大幅に高まった。CBSGという中立に見える第三者を間に介することにより、中国の二大パンダ飼育施設である成都ジャイアントパンダ繁殖育成研究基地と臥龍ジャイアントパンダ保護研究センターが協力し合うことが可能になったのである。

この二つの施設が対立していたのは過去の話だと、両施設の幹部たちは主張する。「どの施設とも喜んで協力する」と、成都基地の張志和所長は言う(12)。一方、臥龍の保護研究センターの周小平《チョウシアオピン》・副技術責任者も同様のことを述べている(13)。「多くの施設と協力したい。成都基地とも協力している。そのことに、抵抗はまったく感じない」とのことだ。とはいえ、協力の範囲とレベルをさらに拡大させていく必要があることは間違いない。

張志和は二〇〇九年十一月、ジャイアントパンダ繁育技術委員会に提出した報告書で、「ジャイアントパンダの飼育施設が、質を犠牲にして個体の数を追求する傾向」に歯止めをかけるための取り組みを強化すべきだと主張し、「さまざまな施設間でジャイアントパンダの個体と精子の交換・移送を促進し、そのための承認手続きに要する時間を短縮する」ことの重要性を強調している。[14] しかし、そのような変革が実現するのはまだしばらく先だろう。

このように、飼育下のパンダをめぐる状況が変わっていくなか、中国が外国にどのようにパンダを送り出すかという点にも根本的な変化が起きていた。第十章で触れたように、一九八〇年代と九〇年代初頭は、営利志向の短期間のレンタルパンダ計画が全盛だった。しかしアメリカでは一九九三年、内務省魚類野生生物局（USFWS）がこのタイプの取引の承認を停止した。中国とほかの国の間では営利志向の短期貸し出しが続けられたが、USFWSは飼育下のパンダに対するまったく新しい方針を確立していった。その新方針は、パンダの歩む道にきわめて大きな影響を及ぼすことになる。

その過程では、サンディエゴ動物学協会の果たした役割が大きかった。同協会はUSFWSと一緒に、飼育下のパンダのみならず、野生のパンダにも恩恵をもたらせるような、パンダ貸し出しの新しいルールを築いた。同協会が運営するサンディエゴ動物園は、かねてより臥龍ジャイアントパンダ保護研究センターと強力な研究上のパイプをもっており、あるとき同センターから短期ではなく長期のパンダ貸し出しの打診を受けた。長期の貸し出しは、双方に信頼関係があってはじめて可能になるものだ。もしパンダの長期貸し出しを通じた協力と情報交換が実現すれば、両施設の科学者にとって、そしてそれ以上にパンダにとって非常に好ましい結果がもたらされる。それに、サンディエゴ動物園は、借り受けたパンダを対象に独自の調査研究も行なえる。これは、短期貸し出しでは不可能なことだ。この貸し出しに関しては、パンダの展示により経済的に潤うサンディエゴ側が中国林業部に金を払うのが自然に思えた。

支払われることになった金額は、オスとメスの一組に対して年間一〇〇万ドル。これだけ大きな金が動く以上、その金の中国での使われ方にもこれまでにない透明性が確保された。こうした性質の取引であれば、USFWSも承認できる。USFWSは、十二年間の予定で二頭のジャイアントパンダをアメリカに運び込むことを許可した。一九九六年九月、臥龍の保護研究センターがオスのシーシーとメスのバイユンをサンディエゴに送った。その後ほどなく、高齢で粗暴なシーシーは、若くて元気なガオガオと交換された。

一九九八年、USFWSがこれをお手本にパンダ貸し出しについての新方針を正式に決定すると、アメリカのほかの動物園もあわただしくサンディエゴ動物園のあとに続いた。一九九九年には、成都ジャイアントパンダ繁殖育成研究基地とジョージア州のアトランタ動物園が合意を結び、ヤンヤンとルンルンの二頭が十年の約束で渡米した。ワシントンDCの合衆国国立動物園は、リンリンが死んだあとも生きていたシンシンが一九九九年に死ぬと、臥龍の保護研究センターと協力関係を打ち立て、二〇〇〇年にメスのメイシャンとオスのティエンティエンをやはり十年の約束で迎えた。二〇〇三年には、同様の契約により、成都基地からテネシー州のメンフィス動物園に、メスのルールーとオスのヤーヤーがやって来た。このすべてのカップルが子づくりに成功し、アメリカの動物好きの人たちを大いに喜ばせている。

USFWSの新方針の影響は、アメリカ以外の国にも及んでいる。これをお手本に、オーストリア、タイ、日本、オーストラリアの動物園と中国の施設の間でも有意義な長期の研究協力体制が築かれた。同様の協力関係は、さらに多くの国の動物園とも結ばれようとしている。

こうした協力関係がいかに大きな成果を生む可能性があるかは、臥龍の保護研究センターとサンディエゴ動物園の関係を見ればよくわかる。一九九〇年代、サンディエゴ動物園がUSFWSと連携して新しいパンダ借り受け方針を模索していたころ、同動物園を運営するサンディエゴ動物学協会で動物行動部門の責任者を務めていたドナルド・リンドバーグは、科学者たちを中国に派遣して臥龍のスタッフを支援させた。サンディエゴ動物園の栄養士だったマーク・エドワーズも派遣された専門家の一人だった。

当時、飼育下のパンダに与えられていたエサは、一九六〇年代のチチの時代からほとんど変わっていなかった。主な食事は、どろどろしたおかゆの上に、卵や果物、ビタミン剤などを乗せたものだった。ほんの申し訳程度に竹も与えられていたが、おかゆでお腹がいっぱいのパンダたちは竹にあまり興味を示さなかった。竹よりおかゆのほうが好きなのだろうと解釈する人たちもいたが、おかゆ中心の食生活はパンダたちに悪影響を及ぼしていた。嘔吐したり、お腹をこわしたりするケースが多かったのだ。実際、飼育下のパンダの死因の第一位は消化器系の病気だった。

サンディエゴ動物園に長期貸し出しされるパンダたちには、世界中の注目が集まるに違いない。そうである以上、健康でいてくれないと困る。そこで臥龍の保護研究センターは、エドワーズのアドバイスに従って、おかゆをやめ、ひたすら竹を与えるようにした。飼育下のパンダにもできるだけ野生に近いものを食べさせるべきだという、きわめて理にかなった考え方だった。エサに占める竹の割合が多いほど、フンは硬くなる。今日、飼育関係者の間では、パンダの健康チェックのためにフンの質を0～100点で採点する評価システムが普及しており、その評価基準によれば、フンが硬いほど好ましいとされる。(15)「きわめてゆるく、固形をなしていない下痢状のフンで、血液が混ざっていたりする」ものが0点、「固くて、しっかりした形があり、乾いていて砕けやすいフン」が100点だ。これに照らしても、竹中心の食事に転換することは、パンダの健康につながると言えるだろう。

もっとも、一九六〇年代のチチがそうだったように、パンダは竹の種類の好き嫌いがはっきりしている。そうした性質は、一九八〇年代に行なわれた最初の本格的な野生パンダ調査でも明らかになっていた。しかし現実問題としては、多くの場合、動物園などの飼育施設がパンダ好みの竹を確保するのは難しい。そこでエドワーズは、パンダに好まれる竹の化学的組成に準拠してビタミンとミネラルを添加した高繊維質の「パンダ用のパン」の開発にも取り組んだ。

竹中心の食生活を徹底しようと思えば、飼育施設の負担は非常に大きい。パンダが元気でいるためには、大量の新鮮な竹が必要だからだ。一日に食べる竹の量は、重さにして体重の半分近く。これだけの量の新鮮な竹を調達し、世話をするスタッフを雇うためには、莫大な金がかかる。二〇〇三年に臥龍の保護研究センターからつがいのパンダを借り受けたウィーンのシェーンブルン動物園は、二種類の竹を与えている。[16] フランスのある農場で収穫し、毎週一回陸路で運び込む。そのための出費は、年間約二〇万ドル相当にもなる。しかも、単に大量の竹が必要というだけではない。それを一日三回にわけて与えることが望ましいとされている。大量の竹をまとめて与えると、すぐに食べなかった竹の枝や葉が乾燥してしまうからだ。そうしたきめ細かい世話をするには、手間もかかるし、金もかかる。しかし、これをやるかやらないかによって、パンダの健康状態が大きく変わってくる。適切なエサやりを行なうと、嘔吐が減り、フンが硬くなり、パンダが活動的になるのだ。

臥龍の保護研究センターとサンディエゴ動物園の研究協力の成果は、エサの改良だけではなかった。新生子の世話の仕方も目覚ましく変わった。一九九〇年代前半までは、人間の手で育てられる赤ちゃんパンダに、牛乳やヤギの乳を加工したミルクを与えるのが一般的だったが、パンダたちはそれを消化するのに苦労した。また、当時は、パンダの赤ちゃんを早い時期に離乳させていた。六カ月で早くも哺乳瓶を与えるのをやめ、竹を食べ始めるよう促していたのである。六～十八カ月のパンダの死亡率は、きわめて高かった。しかし臥龍のセンターで、ヒト用の人工ミルクとイヌ用の人工ミルクを混ぜたミルクに変更したところ、赤ちゃんパンダたちの健康状態が大幅に改善した。もうひとつ重要だったのは、六カ月を境にいきなり離乳させるのをやめにしたことだ。「少なくとも十八カ月までは、人工ミルクを与え続けるようにした」と、エドワーズは言う[17]。飼育方法をこのように改めると、赤ちゃんパンダの死亡はおおむねなくなった。

こうした栄養面の研究と並行して、サンディエゴ動物学協会のリンドバーグは、パンダの行動を専門に研究させるために、博士号を保有している若手研究員を探した[18]。求人広告には、「年に最大六カ月、第三世界の国で単独性の哺乳類の研究を行なう業務」とだけ記した。パンダの研究を行なうと明記すると、研究に関心があるのではなく、単にパンダが好きなだけの人たちから応募が殺到するのではないかと恐れたためだ。当時、ロン・スワイスグッドは、カリ

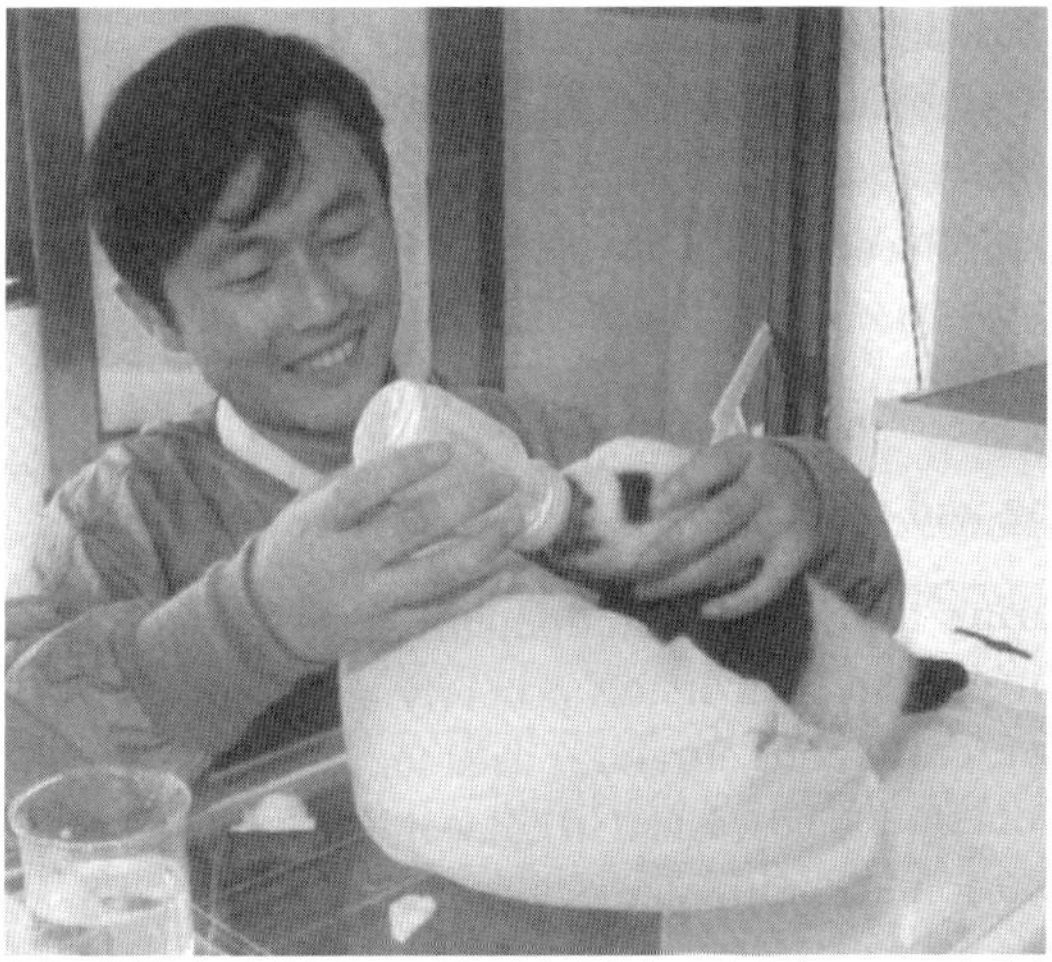

今日、飼育下で生まれたパンダは少なくとも 18 カ月まで、ミルク（パンダの乳の場合もあれば、人工乳の場合もあるし、両方を併用する場合もある）を与えられ、そのあとで少しずつ竹への移行を促される。

フォルニア大学デーヴィス校で動物行動学の博士号を取得したばかりだった。ジリス（北米に典型的な地上性のリス）とガラガラヘビの捕食者・非捕食者動態が研究テーマだったが、もっと実務的な研究をしたいと思っていた矢先にリンドバーグの求人広告を見た。研究対象の動物がパンダだと知らされたのは、採用面接の場だった。「正直なところ、パンダを研究すると最初に聞かされたとき、要求されるような水準の研究がはたして可能なのか、いささか疑問に思った」という。ある程度以上の数のパンダを調べなければ、科学的に価値のある研究成果はあげられないと思ったのだ。この疑念に対してリンドバーグは、臥龍ジャイアントパンダ保護研究センターで研究を行なうのだと説明した。

スワイスグッドは一九九五年にはじめて臥龍を視察し、翌九六年に現地で活動を開始した。「当時、臥龍には約二五頭のパンダがいて、年に一、二頭の赤ちゃんパンダが誕生して育っていた」と、彼は振り返る。「私が臥龍に赴いた目的は、現地のスタッフと一緒に研究を行ない、自然交配を促すために飼育管理方法を改めることだった」。

飼育下の動物の健康と繁殖が飼育環境に強く影響されるという研究データが、続々と報告され始めていた。先鞭をつけたのは、例によってラット（ネズミ）を使った動物実験だった。実験によれば、刺激を多く得られる環境で飼育されているラットは、殺風景な環境で飼育されているラットに比べて、脳が発達していて、多様な行動を取る傾向があるとわかってきたのだ。また、飼育環境が劣悪なほど、動物がいわゆる「ステレオタイプムーブメント（常同運動）」を示すケースが多い。これは、動物園などではお馴染みの行動パターンだ。たとえば、ゾウが右から左へと交互に体重を移動させ、メトロノームのように胴体を揺らし続けたり、トラが同じ場所で前後に行ったり来たりした挙げ句、地面を深く掘ってしまったり。あるいは、ホッキョクグマがお尻を下につけて座り、ゆっくり頭を振り続けたり……。

動物園関係者はこうした行動を目にとめ、それまでより豊かな生活環境で動物を飼育するように努め始めていた。[19]「エンリッチメント」と呼ばれる考え方である。「動物の心理的・生理的健康のために環境からどの程度の刺激を与えるのが最適かを明らかにし、適切な刺激を提供することによって、飼育の質を高めること」を飼育管理の基本原則と位置づけるようになったのだ。しかし、生活環境を改善することが動物にどのような影響を及ぼすかという実証的データは得られていなかった。スワイスグッドと臥龍の研究者たちは、パンダに関してそういうデータを集めることをめざした。

問題は、ボールを与えられたりしたときにどう思ったかと、動物たちに直接尋ねられないことだ（厳密に言えば、問いかけることはできる。しかし、おそらく返事は戻ってこない）。そこで、動物たちがどの程度幸せかを間接的な方法で明らかにするしかない。哲学者であれば「幸せ」の定義を論じようとするかもしれないが、素直に考えれば、同じ場所でひっきりなしに体を揺すり続け、野生の個体のような多様な行動を取らず、繁殖しようとしない動物よりも、ステレオタイプムーブメントを起こさず、野生と同様の行動を多く取り、子づくりをする動物のほうが幸せそうに見える。スワイスグッドは、さまざまな基準を用いれば飼育動物の環境に対する満足度を測ることが可能だと考えている。

臥龍のスタッフは、一九八〇年代に合衆国国立動物園がシンシンとリンリンの飼育環境を改善したときと同じように、パンダたちの飼育環境を大きく改め始めた。[20]生活のスペースを広くし、その中に多様な地形をつくり、さまざまな種類の木を持ち込んだ。ビニール製のボールや、干し草の入った袋、果物入りの氷なども与えた。そして、それにどういう反応を見せるかを記録した。パンダたちはほぼ例外なく、環境の変化に気づくとすぐ、（ときにはおっかなびっくり）目新しいものの近くに寄って調べ始めた。やがて危険はないと納得すると、新しい地形の上でごろごろ寝転がり、新しい物体をまず両手で持ち、それを噛んだり、揺すったり、転がして追いかけたりして遊び始めた。同じ物体を何度与えられても飽きないように見えた。しかも、比較対照のために旧来型の環境で飼育されたパンダに比べて、活動的で、ステレオタイプムーブメントを示すケースが少なかった。

このチームは、四川省の中国・WWF合同プロジェクトと陝西省の潘文石らの研究プロジェクトで報告されていた野生のパンダの行動パターンについても理解を深めようとした。野生のパンダが交尾にいたるプロセスには、人間にお膳《ぜん》立てされて交尾をする飼育下のパンダと際立った違いが一つあった。野生のパンダは一年のほとんどの時期、単独行動を好むが、交尾の時期には一転して非常に社交性が強くなる。夜に蛾《が》がランプに引き寄せられるように、オスのパンダは発情したメスのそばに寄っていく。どうして、そんなことが可能なのか？　あらゆる証拠に照らして考えると、においがカギを握っているらしいと思えた。そこで、臥龍の保護研究センターとサンディエゴ動物園のチームはいくつかの巧妙な実験を考案し、ジャイアントパンダがいかに豊かな嗅覚の世界に生きているかを解き明かしていった。

まず、パンダがほかの一頭一頭の個体のにおいを本当に区別できるのか確認する必要があった。(21) そこで研究チームはモミの木のブロックを用意し、パンダたちに、においづけをさせた（野生のパンダは「においポスト」としてモミの木を好むらしいとわかっていた）。オスは、敷地内の決まった場所に置いてあるブロックに自分の体をこすりつけ、メスは、自分の尿が水たまり状になっている場所にブロックを引きずっていって、においをつけた。研究チームは、においづけのすんだブロックを回収し、それを別のパンダのそばに置いた。つまり、Xというパンダに、別のYというパンダのにおいを嗅がせたのである。それを五日間続けた。最初、XはYのにおいに興味を示したが、物珍しさがなくなると関心をなくした。

六日目、研究チームはXの前に二つのブロックを置いた。一つは今までどおりYのにおいがついたもの、もう一つはZという未知のパンダのにおいがついたものだ。すると、Xは明らかに、Zのブロックに強い関心をかき立てられたように見えた。この実験により、パンダはほかの個体ごとのにおいの違いがわかると判断できた。このほかに、野生のパンダたちは、においポストからどのような情報を得ているのか?

研究チームは、パンダたちを三つのカテゴリーに――オス、発情していないメス、発情中のメス――に分類したうえで非常に骨の折れる実験を行なった。パンダを自分の部屋の外に連れ出し、その部屋に別のパンダを入れて三十分過ごさせ、そのうえで訪問者を部屋から出して本来の居住者を部屋に戻した。そのとき、訪問者は居住者のにおいにどういう反応を示すか? 居住者は部屋に戻ったとき、訪問者の残していったにおいにどういう反応を示すか? それを記録したところ、非常に重要な発見が得られた。オスのパンダは、ほかのオスのにおいを嗅ぐと、テリトリーを守ろうとするかのような態度を取った。しかし、メスのにおいを嗅いだときのほうが強い関心を示し、それが発情中のメスの場合は、とくに大きな声を発する傾向があった。一方、発情中のメスも、オスのにおいに遭遇したときは、ほかのメスのにおいを嗅いだときよりも盛んに声を発した。明らかに、パンダたちは異性のにおいを嗅いだとき、コミュニケーションを取り合おうとしていた。この実験から、研究チームは以下のような強烈な結論を導き出した。[22]「本研究が強力に示唆するのは、(ジャイアントパンダを)飼育下で繁殖させるために適切な飼育管理を行なううえで、(においを通じた)化学物質によるコミュニケーションに注意を払うことがきわめて重要だということである」。

臥龍ジャイアントパンダ保護研究センターは、一連の発見を実践に移した。メスのパンダの発情が近づいたときにすぐ察知できるように、行動を注意深く監視し、尿のホルモンレベルの検査も継続的に行なうようにした。あるメスが発情を迎えたとわかった場合は、ただちに交配相手候補のオスの隣の部屋に移す。そして、それぞれがたっぷりにおいをつけたブロックを交換して嗅覚上の「仲人」の役割を担わせたり、部屋自体を交換したりして、カップルを交尾に備えさせるようにした。そのうえで二頭を同居させると、チチとアンアンのときのように敵対し合うことはなくなった。「自然に交尾をする個体は三分の一程度だったが、その割合が九〇%以上に高まった」と、スワイスグッドは言う[23]。臥龍の保護研究センターで飼育されているパンダの頭数は、一九九五年には二五頭だったが、わずか数年後には七〇頭以上に増えた[24]。同センターの周小平・副技術責任者は、目を見張る成果をあげられた最大の要因が飼育管理方法の変更だったと確信している[25]。「嗅覚を通じたコミュニケーションを可能にしなければ、パンダを繁殖させることはできない」と、彼は述べている。

臥龍の保護研究センターとサンディエゴ動物園は、このほかにも巧妙な実験をいくつか行ない、パンダの嗅覚について調べた[26]。それらの実験によれば、パンダたちは、幼獣より成獣のにおいに強い興味を示す傾向が一貫して見られた。パンダは、においを通じて、ほかのパンダの年齢、発情の有無、そしておそらくは社会的地位も把握できるようだ。研究チームはさらに一つの興味深い仮説を立て、それを試す実験を計画した。その仮説とは、においづけをするときの体勢も嗅覚上の重要な情報を伝えているのではないか、というものである。

デズモンド・モリスは、チチとアンアンがさまざまな体勢でにおいづけを行なうのを目撃していた。合衆国国立動物園でシンシンとリンリンの行動を観察したデヴラ・クレイマンもこの点について詳しく記録し、さまざまなにおいづけの体勢にわかりやすい呼び名をつけた――「しゃがみ型」「うしろ向き型」「片脚上げ型」「逆立ち型」である。とくに興味深いのは逆立ち型だ。この離れ業をやってのける姿が実際に観察されたのは、合衆国国立動物園のシンシンだけだったが、四川省で野生のパンダを調べたジョージ・シャラーは、地上から一メートル以上高い所の木の幹に、においづけの痕跡を発見している。

スワイスグッドらは、さまざまなにおいづけの体勢がもつ意味を明らかにしたいと考えた。観察を進めると、どのパンダもしゃがみ型を実践するが、とくにメスと幼獣がこの方法を用いる場合が多かった。また、うしろ向き型（背中をこすりつける）と片脚上げ型を行なうのはもっぱら成獣で、とくに片脚上げ型はメスよりオスによく見られた。そして、逆立ち型を行なうのはオスだけで、この方法を用いるときは、木にお尻をこすりつけるのではなく、尿を幹に

雅安碧峰峡ジャイアントパンダ保護研究センターで竹の枝とたわむれる子パンダ。碧峰峡の施設は、2003年に臥龍のセンターの姉妹施設として建設された。

浴びせていた。研究チームは、こうしたそれぞれの体勢でにおいづけされた木に、さまざまな年齢と性別のパンダがどのような反応を示すかを実験してみた。すると、どのパンダも、においづけの位置が木の低い所より高い所の場合に強い関心を示し、長い間においを嗅いだり、頻繁にフレーメン反応を見せたりした。フレーメン反応とは、哺乳類の動物がにおいに反応したときに、上くちびるがめくれ上がる現象を言う（ウマがそういう仕草をする場面は、読者も見たことがあるかもしれない）。研究チームはこの実験やそのほかの実験の結果に基づいて、においづけのされている位置の高さによって、においの主の社会的地位に関する情報が伝達されるのではないかと考えた。逆立ちして木の高い所におしっこをかけられれば、それだけそのオスが大きくて強いと思わせられるのだろう。

パンダのコミュニケーションでにおいが重要な役割を果たしていることが明らかになってきたことを受けて、パンダがにおいづけで用いる分泌物と排泄物の化学的分析も行なわれた[27]。科学者たちが特定した成分は、一〇〇〇種類を超えた。オスとメスの成分に大きな違いがあることもわかった。この点は、パンダがにおいを通じてほかの個体の性別を識別しているという仮説を裏づけるものと言えた。個体ごとに化学的成分に違いがあることも明らかになった。実際、科学者たちは、分泌物や排泄物を無作為抽出して化学的成分を調べれば、それがどの個体のものかを五〇％以上の確率で当てることができた。こうした化学的分析はガスクロマトグラフィー質量分析法という最先端の技術を用いてはじめて可能になったものだが、おそらくパンダたちは何百万年も前からこのようなにおいのなかで生きてきて、においの違いを識別する能力を次第に磨いていったのだろう。

科学者たちはちょっとした遊び心を発揮して、パンダの全身にくっついている分泌物を拭き取り、体の部位ごとにどのようなにおいの成分が付着しているかを調べてみた。すると、非常に興味深い「においマップ」が完成した。サンディエゴ動物学協会の分析化学者であるリー・ハージェイによれば、「前脚、後脚、背中には、においのメッセージがあまりついていなかった」[28]。しかし、耳と手のひらには、尿の成分が大量に付着していた。生殖器の尿が手のひらに付着し、さらにそれを介して耳についたのだろう。ところが、目のまわりの黒い部分は、たびたび手でこすられているのに、耳とはまったく別の化学的成分が付着しており、尿の成分はまったく検出できなかった。目をこするとき、パンダたちは尿の付着した手のひらではなく、手の甲を用いていたのだ。「ジャイアントパンダの体は、部位ごとに付着している化学物質が異なり、においの万華鏡のようになっている」と、ハージェイらは論文で記している[29]。この論文の仮説によれば、尿の付着した耳はミニチュア版の灯台のような役割を果たしていて、風に乗せてにおいを拡散させているのかもしれない。

成都ジャイアントパンダ繁殖育成研究基地とアトランタ動物園の長期の協力関係も目覚ましい成果を生んできた。臥龍のセンターとサンディエゴ動物園が嗅覚によるコミュニケーションに研究の重点を置いているのに対し、成都基地とアトランタ動物園は、パンダの母子関係にとくに注目している。もっとも、これはいささか微妙なテーマだ。中国の飼育施設では一般に、赤ちゃんパンダを六カ月で早々と母親から引き離してきたからだ。ねらいは、パンダを効率よく増やすことにある。赤ちゃんパンダが乳を吸わなくなると、その刺激を感じなくなるので、母親のパンダの体はすぐに次の妊娠に備え始めるのだ。しかしすでに述べたように、野生のパンダの赤ちゃんは最低でも十八カ月、場合によっては三十カ月も母親と一緒に過ごす。そのため、毎年出産するように仕向けられている飼育下のメスと違って、野生のメスは一年おきに出産するのが普通だ。赤ちゃんパンダを六カ月で母親から引き離し、パンダ版の託児所に集めて育てれば、見ていてかわいらしいし、パンダの「量」を追求するうえでは生産的かもしれない。しかし、「質」の面ではどうだろう？

成都基地とアトランタ動物園の共同研究によれば、幼いときの母子の関わりは、その子がバランスの取れた成獣になり、環境にうまく適応するために、きわめて重要だとわかってきた。この研究チームは数年前から、六カ月で母親と引き離されたパンダと、一年以上にわたって母親と一緒に過ごしたパンダの両方を追跡調査している。[30] 研究はまだ進行中だが、現段階ですでに、母親に育てられたパンダのほうが活動的な場合が多いとわかっている。竹をいじる時間も長い（おそらく、母親からエサの食べ方のコツを学ぼうとしているのだろう）。なにかによじ登ったり降りたりして過ごすことも多い（パンダは木の枝付け根に腰かけて過ごす時間が長く、この技能は生きていくうえで重要だ）。それに引き換え、六カ月で母親と引き離されたパンダは、じっと座ったまま、あまり動かない。これは、好ましい傾向とは考えにくい。

「母パンダは子どもが活動するよう背中を押しているように見える」と、この研究の責任者を務めているアトランタ動物園の哺乳類担当キュレーター、レベッカ・スナイダーは言う。[31]「パンダ版託児所で同年代のパンダだけに囲まれて過ごしていては、活動を促す刺激を得られない」。

スナイダーらの研究チームは、オスの子どもとメスの子ども、母親との関わり方がどう違うかについても興味深い発見をした。一年間にわたり母親と一緒に過ごさせたパンダの場合、メスよりもオスのほうが長い時間、母親とプロレスごっこのようにじゃれ合うことがわかった。専門家の間では、施設で育ったオスがうまく繁殖行動を取れないケースが多いのは、幼いころに母親とじゃれ合う機会を奪われていることが原因ではないかと推測されている。パンダたちが生殖可能な年齢になるまでスナイダーらが追跡調査を続ければ、この点も解明できるだろう。もし母親と早期に引き離すことの弊害が確認されれば、多くのパンダ飼育関係者の考えが変わるかもしれない。「赤ちゃんパンダをもっと自然な環境で育てられるようになればいいと思う」と、成都基地の張志和所長は言う[32]。

成都基地とアトランタ動物園の共同研究は、母子関係以外のテーマでも多くの発見を生んできた。新しいところでは、発声に関する発見がある。すでに述べたように、これ以前にもワシントンDCの国立動物園でドイツ人研究者のグスタフ・ペータースが二頭のパンダの発声を記録し、中国・WWF合同プロジェクトの研究者たちも野生のパンダに関して同様の発声のパターンを確認していた。成都基地とアトランタ動物園の研究の新しい点は、そうした発声を細かく分析したり、人為的に操作したり、特定の音声をパンダたちに聞かせたりすることにより、それぞれの発声のパターンを通じてどのような情報が伝達されているかを明らかにしようとしたことにある。この研究を通じて、パンダの発声には個体ごとに明確な違いがあることがわかってきた。この点は予想どおりだった。それよりも驚くべきなのは、音声に遺伝学的側面が大きいように見えることだ。血縁関係が近いパンダほど、似た音を発する傾向があるのだ。「パンダたちは、近い距離であれば、音声を通じて互いの血縁関係の近さを識別できるのかもしれない」と、この研究の責任者としてアトランタ動物園から派遣された音声専門家のベン・チャールトンは言う[33]。

臥龍でロン・スワイスグッドらがにおいのコミュニケーションについて行なった研究と対をなすかのように、チャールトンらは、パンダたちが発声だけで、互いの性別、年齢、体の大きさ、そしてメスが発情中か否かなどの情報を得られることを明らかにした[34]。「(パンダの発声は) きわめて豊富な情報を含んでいる。伝達される情報は大半の哺乳類動物より複雑だ」と、チャールトンは言う[35]。おそらく、においのほうがパンダの主要なコミュニケーション手段なのだろうが、うっそうとした森林の中で比較的近くにいる個体同士がコミュニケーションを取るうえでは理想的な方法は発声だ。「深い竹林の中でも、四〇メートルくらいまでであれば、パンダたちの音声の周波数の違いを識別できる」と、チャールトンは述べている。この発見はそれ自体としてきわめて興味深いだけでなく、いずれは飼育下のパンダの生活環境を改善する役に立てられるかもしれない。

嗅覚と聴覚について触れた以上は、視覚にも簡単に言及しておくべきだろう。この点に関する最初の研究は、アトランタ動物園で行なわれた。その実験によれば、この動物園の二頭のパンダは、ご褒美のエサをもらうために、灰色のカードではなく緑と赤と青のカードの下にあるビニール製パイプを押すことを覚えた。こうした反応を見るかぎり、パンダは少なくとも一部の色がわかるらしい。この点は、三十年以上前にロンドン動物園でチチが死んだときに右の眼球を調べた結果とも一致している。(36)

ウィーンのシェーンブルン動物園では、パンダの視覚について、さらに意欲的な研究が行なわれた。(37)動物学者のエヴェリン・ドゥングルが博士論文の研究で何十頭ものパンダの顔写真を調べたところ、個体によって目のまわりの黒い部分の形と大きさに違いがあることがはっきりわかった。左右の黒い部分がどの程度離れているかによって、オスとメスを見わけることもできた。オスは鼻づらが大きいので、メスよりも左右の目のまわりの黒い部分が離れているのだ。ドゥングルは、パンダ自身もこうした違いを見わけられるのだろうかと考えた。たとえば、メスはそれを手がかりに、交尾相手候補のオスの健康状態を把握できるのか？(38)彼女はシェーンブルン動物園の二頭にご褒美のエサを与えて、パンダの顔の黒い部分に似た模様の細かな違いを見わけさせる実験を行なった。すると、パンダたちはすべての実験で識別に成功したばかりでなく、お気に入りの模様を一年先まで覚えていられる場合もあった。

「シェーンブルンのパンダで明らかになったように、パンダは、ほとんどの人が思っているよりはるかに視覚を活用している可能性があり、一般のイメージよりずっと賢く、外界からの精神的な刺激を細かく受け止めている」と、彼女は述べている[39]。

本章で紹介したのはパンダ研究の一端にすぎないが、飼育下のパンダの研究がいかに多くの成果をあげてきたかは理解してもらえただろう[40]。野生のパンダだけを研究していては、このような充実した研究成果は得られなかったに違いない。この点は、パンダの飼育を正当化する強力な根拠の一つだ。パンダを施設で飼育すべき理由は、ほかにもいくつか挙げられるかもしれない。まず、人々はパンダを見たがるが、野生のパンダは数が少なく、過酷な山地に生息しており、おまけに人間の目を逃れるのがうまい。そのため、一般の人々が野生のパンダを見ることはほぼ不可能なので、動物園や、臥龍の保護研究センター、成都基地などの専門施設で飼育する必要がある、というわけだ。また、動物園や施設にいるパンダたちは野生のパンダのための「大使」となり、どうして野生のパンダを救う必要があるのかを人々につねに意識させる役に立っているという主張もある。それに、パンダは教育の道具としても非常に優れている。パンダをきっかけに、老いも若きも、自然界と科学に興味をもつ。人々が強い関心を抱く結果、パンダは巨額の利益も生み出す。この性質は人間の善良な側面を引き出す場合ばかりではないが、正しく活用すれば好ましい結果をもたらす可能性もある。さらには、飼育下のパンダが繁殖して子孫を残せるようになったことで、野生のパンダが不幸にも絶滅した場合の「保険」ができたという見方もあるかもしれない。この最後の主張は、飼育下のパンダを野生に再導入できることを前提にしてはじめて成り立つものだが、これまでのところ再導入は成功を収めていない。それは今後に残された課題だ。次章では、この点を含めてジャイアントパンダの未来について見ていこう。

動物園などの施設でパンダが飼育されるようになって以来、野生への再導入はつねに最終的な目標であり続けてきた。しかし、飼育下のパンダを無事に野生に送り出せるようになるまでには、数十年とは言わないまでも、まだだいぶ時間がかかりそうだ。

飼育下の個体の野生への再導入が成功しやすいかどうかは、動物の種によって大きく異なる。この点に関しては、おおむね以下の三つの法則が当てはまる。第一に、草食動物は再導入がうまくいきやすい。獲物を追いかける必要がないからだ。それに対し、肉食動物の場合、施設で育った個体に、獲物を捕まえるための敏捷《びんしょう》性を身につけさせるのは簡単でない。第二に、草食動物であっても、天敵となる捕食者が自然界にたくさん存在すると再導入は難しい。捕食者は少なければ少ないほど好ましい。第三に、社会構造をもつ動物は再導入がひときわ困難だ。そういうタイプの動物は、施設で育った個体が自然界に入っていく際に乗り越えなくてはならないハードルがとくに高い。したがって、単独性の動物のほうが再導入に適していると言えそうだ。

これらの基準に照らして判断すると、ジャイアントパンダは非常に有望に見える。理想的な生息地に放獣すれば、エサの竹は周囲のいたるところにある。獲物を探して追いかける必要はなく、地面に座り込んで、むしゃむしゃと竹を頬張るだけでいい。それに、体が大きく、物を噛む力が強いパンダを狙って食べようという動物はほとんどいない。さらに、パンダは一年のほとんどの時期、単独行動をして過ごす。以上の点で、飼育下のパンダを野生に再導入することは、ほかの多くの種に比べて成功の確率が高そうに思える。

実際、第四章で簡単に触れたように、一九三〇年代、ルース・ハークネスは数カ月間飼育したパンダを山に帰すことに成功したようだ。一九八〇年代の中国・WWF合同プロジェクトでも、パンダを野生に復帰させた成功例とおぼしきケースがいくつか報告されている。たとえば、臥龍に新たにつくられた施設の「空室」を埋めるために捕獲された一頭のオスのパンダは、一年近く飼育されたのち、ジョージ・シャラーらの働きかけにより野生に戻されることになった[1]。この個体は野生で生き延び、研究チームが把握しているかぎり、少なくとも十八カ月以上生存した。チェンチェンというメスは、スタッフがいたずら半分に置いたエサに釣られて、研究者たちの野外キャンプにたびたび闖入《ちんにゅう》していたが、やがて捕獲されて、数カ月ほど人間に飼育された。その後、昔の縄張りから十数キロほどの場所で山に放たれると、比較的容易に野生の生活に再適応できたようだった[2]。しかし注意すべきなのは、こうした成功例はすべて、野生で生まれて、のちに捕獲されて飼育されていたパンダのケースだということだ[3]。飼育下で生まれたパンダを野生に放った場合はどうなのか？

一九八九年に打ち出された「ジャイアントパンダ保護管理計画」では、幼いパンダを野生に放つ実験をいくつか行なうことを提唱していた。将来、飼育下で生まれたパンダを本格的に野生に送り出すための一歩になることを期待したのだ。しかし、一九九一年に作成された報告書の結論は、「飼育されているパンダを野生に放つことは好ましくない」というものだった。[4] 一九九七年に中国で、そして二〇〇〇年にアメリカのサンディエゴで開催された学会でも、研究者たちは同様の結論に達した。サンディエゴの学会で報告した研究チームは、「現時点において、ジャイアントパンダの大々的な野生復帰プログラムは推奨できない」と述べている。[5]

きわめて賢明な警告と言えるだろう。飼育下の動物の野生への再導入に関しては、科学的研究がまだ始まったばかり。再導入が成功する保証はまったくない。事実、これまでそうした試みは何百回も行なわれてきたが、ほとんどが失敗に終わっている。失敗の理由はさまざまだが、再導入が成功する可能性をもつためには、三つの重要な条件を満たさなくてはならない。まず、生物学的に見て再導入が妥当であること。次に、野生に放つ前の個体を十分に訓練すること。そして、その動物の生存を危うくする自然界の脅威に対処できていることである。三つの条件の一つでも欠ければ、失敗を避けられない。

まず、最初の条件、すなわち再導入の生物学的妥当性について考えてみよう。過去三十年で野生のパンダに関して多くのことが明らかになってきたとはいえ、まだわかっていないことがあまりに多く、パンダの再導入を試みる価値があると言い切るだけの根拠はない。たとえば、読者は驚くかもしれないが、野生のパンダの頭数について確かな数字はいまだに割り出せていない。そんな状況では、再導入が成功するかどうかを判断することなど無理な話だ。

調査研究のために多くの時間と労力が費やされてきたはずなのに、どうしてこのような状態にとどまっているのか？　それは、かつて誰よりも早くパンダを狩ろうとして中国の山奥に乗り込んだ西洋人たちが思い知らされたように、パンダが野生できわめて見つけにくい動物だからだ。一九六八〜六九年には「ジャイアントパンダ調査団」が野生のパンダの頭数を調べようとしたが、活動はごく一部の地区に限られていた。野生に生息するパンダの総数を把握しようという最初の試みがなされたのは、文化大革命の最中の一九七四年。地域ごとに調査チームが組織され、三〇〇〇人もの人がパンダの生息地に入って頭数を推計したと言われている。このとき推計の根拠に用いられたのは、地面に残された足跡と実際に目撃された個体の数だった。こうしてまとめられた第一回全国調査では、野生に生息しているパンダの数を一〇〇〇〜一一〇〇頭としていた。この数字はおそらく控えめすぎた。秦嶺山脈の仏坪自然保護区にあるジャイアントパンダ研究センターの雍厳格《ヨンイエンコウ》所長は数年前、ＷＷＦ中国の取材に対し、当時の調査のやり方を次のように振り返っている[6]。「主眼は、パンダが生息している場所を明らかにすることだった。そこで、メモ帳を手に農民や猟師に話を聞き、どこでパンダを見たかを尋ねた。テクノロジーらしいテクノロジーは用いていなかった。農民たちはよく冗談を飛ばし、パンダを八頭見たことがあるけれど、目撃頭数に応じて謝礼がもらえるなら、二八頭に訂正したい、などと言ったものだ」。

一九八七年にＷＷＦのシニアアドバイザーとして北京にやって来たジョン・マッキノンも、数字に関する中国側のずさんな態度を目の当たりにしたと言う。中国でマッキノンが最初に行なったのは、一九七〇年代の第一回全国調査の生データの提供を求めることだった。そのデータを見たところ、地域ごとの推定生息数を合計すると、四川省だけで四〇〇〇頭近くの野生のパンダがいた計算になった。世界に向けて発表された数のおよそ四倍である。どうして数字の食い違いが生じたのかと、礼儀正しく中国側に尋ねると、「ばかにしたような顔で見られた[7]」。パンダ保護プログラムにおける各地域の重要性を強調する目的で主張された数字と、世界に向けてパンダ絶滅危機の深刻さを強調する目的で主張された数字が食い違うのは当たり前、というわけだ。「それぞれの地域ごとの数字を合計して発表していると思い込んでいた私の世間知らずぶりに、彼らは驚いていたようだ」。

新たに本格的な調査を実施することになり、一九八五〜八八年に、中国・ＷＷＦ合同プロジェクトの三五人のスタッフが各地域を順番に回って調査した。調査チームは、野生のパンダの分布状況を明らかにし、生息数の推計値を算出することに加えて、森林や竹、地元の人間の数や行動に関するデータも集めた。最終的に公表された推定生息数は、一一二〇頭プラスマイナス二四〇頭というものだった。この調査結果にはやや問題があった。第一回調査の結果と単純に比較すると、パンダの数が増えていることになるが、実際の生息環境を見るかぎり、そうとは信じ難かったのだ。「生息地全体が縮小していたし、竹の生育地域の面積も減り、竹がまとまって生えている土地の数も減っていた」と、マッキノンは言う。そうした問題はあったが、少なくともこの調査により、その後の生息数の変動を評価するための基準値が得られた。

それから十年あまりたって、中国国家林業局（林業部の後身）とＷＷＦが協力して、一九九八〜二〇〇一年にまた新たな調査が行なわれた。このときは航空写真と衛星写真を用いたことにより、生息地の全体像が前回よりかなり正確に把握でき、生息地の分断が進んでいることがはっきり見えてきた。調査チームはパンダのフンも収集した。臥龍の中国・ＷＷＦ合同プロジェクトでは、フンに含まれる竹の断片の長さによって、パンダが幼獣か亜成獣か成獣かを判別していた。竹の断片が長いほど、一口で噛み切る竹の量が多く、体が大きいとみなせるのだ。第十章でも述べたように、秦嶺山脈で研究を行なった潘文石らのチームはこの考え方を応用して、フンに含まれる竹の断片の長さをもとに、回収されたフンと個々のパンダの対応関係を割り出すことにより、その地域に生息するパンダの数を推計しようと試みていた。国家林業局とWWFのチームも潘たちと同様の手法を採用した。科学的に厳密な調査とは言えないが、フンに含まれる竹の断片の長さを調べれば、ある一帯で回収されたフン全体のなかに、何頭分のフンが混ざっているかを推定できると考えたのである。ジャイアントパンダのようになかなか姿を見せてくれない動物の生息数を調べようとする場合は、こうした手間のかかる作業を避けて通れない。この調査で回収した三八〇〇個近くのフンを分析したところ、一五九六頭という数字が出てきた。過去二回の調査より増えているように見えるが、それは以前より厳密性の高い推計方法を採用した結果であり、実際に頭数が増えたわけではないと考えられている。

本書執筆時点では、これが最新の、そして最も正確な数字だが、今後、新たなテクノロジーが導入されれば、数字はさらに変わるかもしれない。一九九〇年代後半以降、野生であまり姿を見せない希少な動物の生息数を算出するために、フンに含まれるDNAの分析がきわめて有効だとわかってきた。この手法を用いれば、オスとメスの頭数の比率も明らかにできる。一頭の個体の複数のフンを回収できれば、野生の個体の地理的な移動のパターンも見えてくる。このような遺伝学的調査を行なうコストは年々下がっており、次回のパンダ生息数調査では、このような分子遺伝学的手法が採用される可能性が高そうだ。事実、四川省北部の王朗《ワンラン》自然保護区では、国際的な研究チームがこの方法によりパンダの数を推計している。

王朗では、第一回全国調査での推定生息数は一九六頭、それが第二回では一九頭まで激減し、第三回では少し増えて二七頭まで回復したとされている。しかし、フンのDNAを分析したところ、生息数は少なくとも六六頭以上と推計できた。オスとメスの構成比はおおむね半々だった。この調査では、ある重要な発見があった。第三回調査で用いられた「バイトサイズ（一口で噛み切る大きさ）法」であれば一頭のパンダのものとみなされた可能性が高いフンを分子遺伝学的分析にかけたところ、別々のパンダのものと判明したケースが多数あった。つまり、わずか数年の間にパンダの数が大幅に増えたわけではなく、第三回調査ですらまだ生息数をかなり過小評価していたと判断できた。王朗だけでなく、生息地全域に同様のことが言えるとすれば、「野生のパンダの数は二五〇〇～三〇〇〇頭というところだろう」と、王朗で調査を行なった研究チームは結論づけている[8]。

しかし、パンダ研究ではよくあることだが、この調査結果に反発する研究者もいた。ある保護区の状況が生息地全体に当てはまるという発想に、抵抗を感じる研究者が多いのだ。「お粗末な推計と言わざるをえない」と、ある論文は王朗自然保護区の調査方法を辛辣に批判した[9]。王朗の研究チームはそれに反論し、自分たちの手法を用いれば生息数をこれまでより正確に推計できるとあらためて主張した[10]。また、第三回調査の数字には、生息数の二〇％程度を占めると思われる赤ちゃんパンダが含まれていないと、王朗の調査結果をまとめた論文の執筆責任者である魏輔文《ウエイフーウエン》は指摘している（魏は、中国科学院動物研究所の動物生態・保護生物学国家重点実験室長を務めている）。「私たちの推測は合理的だと思う[11]」。

要するに本書執筆時点では、過去四十年の生息数の推移について具体的なことはあまり言えず、現在どれだけの数の野生のパンダがいるかも正確にはわかっていない。野生のパンダの数がわからなければ、その数を増やす必要があるのか、それともこれ以上増やすべきでないのかを判断できない。飼育下のパンダを自然界に放った場合に、野生のパンダ全体にどのような影響が及ぶのかも知りようがない。こうした不確かな状況では、野生への再導入を行なっても成果は乏しいだろう。むしろ、弊害を生む恐れすらある。「病気が拡散したり、野生のパンダの社会に混乱を生み出したりして、もともと野生で生きてきた個体と、野生に導入される個体の両方に害が及ぶ危険がある」と、前出の二〇〇〇年の学会報告をまとめた論文では記している。[12] 以下で述べるように、この指摘はきわめて的確なものだった。

パンダの野生への再導入の妥当性に関しては疑問も多いが、この二〇〇〇年の学会報告では、飼育下のパンダの頭数が十分な数に増えれば、「将来に本格的な再導入を行なう際の計画立案に役立つデータを得るために、一部の個体を試験的に放獣してもいいだろう」と記している。そのようなやり方であれば、再導入を成功させるための三条件の二番目、すなわち放獣前の個体を入念に訓練することもできる。

この学会報告の内容が論文として発表された二〇〇四年にはすでに、臥龍の「中国ジャイアントパンダ保護研究センター（CCRCGP）」が試験的放獣の準備を始めていた。臥龍の研究チームが野生に放つ個体として選んだのは、二〇〇一年に同センターで生まれたシアンシアンという、健康そうな若いオスだった。センターのスタッフは二〇〇三年、シアンシアンを人間のいない環境に慣れさせるための訓練を開始し、次第に生活スペースを広くし、野生の竹を多く食べさせるようにしていった。「三年もトレーニングを積めば十分だろうと思っていた」と、同センターの周小平は振り返る。[13]

そこで約三年後、シアンシアンを野生に放つ日が決められた。二〇〇六年四月二十八日、数人のお偉方も立ち合い、野外に運び出された箱の格子戸が開け放たれた。シアンシアンは箱の外に足を踏み出すと、ゆっくり斜面を下り、やがて姿を消した。首には、GPS発信機が取りつけられていた。研究者たちが居場所を把握するためだ。しかし翌二〇〇七年の年明け早々、信号が途絶えた。そして約四十日後の二月十九日、雪の上で死んでいるのが見つかった。シアンシアンの身になにが起きたのかを知ることは難しい、というより不可能だ。それでも、臥龍の研究者たちはつらい反省を行ない、前もってエサを得る方法を教えるだけでは不十分だったと結論づけた。肋骨が折れ、内臓が損傷していたことから判断して、おそらくほかのオス（あるいは、オスたち）と激しいけんかをしたと推測できた。それは、シアンシアンにとって準備のできていない経験だった。この悲劇をきっかけに、パンダの野生への再導入はもっと慎重に進めるべきだという考え方が強まった。「次の機会には、さらにもっと多くの要素を考慮したい」と、周小平は言っている。

では、その「次の機会」には、どのように放獣が行なわれることになるのか？　シアンシアンの経験から引き出せた教訓のひとつは、放獣する個体はオスでないほうがいい、というものだ。メスのほうが暴力を振るわれるケースが少なく、野生のパンダたちにすんなり受け入れられやすいという点で、大方の専門家の意見は一致している。この認識を前提に、いくつか提唱されていることがある。そうした提案のすべてに共通するのは、幼い時期になるべく人間と接触させないことを重んじている点だ。たとえば、自然の環境に似せた広いスペースで母親のパンダに出産させ、生まれた子が人間と接する機会を少なくすべきだ、という

2006年に、飼育下のパンダの野生への再導入がはじめて行なわれたときは、非常に大きな期待がもたれていた。しかし1年もたたないうちに、そのオス、シアンシアンは死体で見つかった。ほかのオスの縄張りにさまよい込んで襲われたのだろう。

意見がある。あるいは、出産したメスのパンダを子と一緒に野生に放ってはどうかという意見もある。そうすれば、母子ともに自然界にうまく馴染めるだろうというのだ。もっと極端な意見としては、妊娠中のメスのパンダを放獣すべきだというものもある。このやり方であれば、赤ちゃんパンダが人間といっさい接触せずにすむからだ。「やり方はぜったいに見つける」と、周は言う。「かならず成功させる」。現在、臥龍で行なわれている研究は、野生への放獣に向けた訓練を行なうために、飼育下のパンダの行動に関して有益な情報をもたらすだろう。

こうした話を聞くと、パンダの野生への再導入に大きな期待をもてそうに感じるかもしれない。しかし問題は、再導入が成功するための三条件の三つ目がとうてい満たされていないことだ。再導入が生物学的に妥当性があり、再導入のための準備方法も十分に磨き上げられたとしても、野生で生きるパンダたちへの脅威が緩和されないかぎり、いくら再導入を行なってもパンダの種の存続にはほとんど役に立たないだろう。飼育下のパンダは、野生のパンダを絶滅から救う取り組みのなかで「補助的な役割」を担うにすぎないと、二〇〇四年に刊行された論文集『ジャイアントパンダ――その生態と保全』（未邦訳）の編者たちは結論づけている。[14]

人間に飼育されている数百頭のパンダのうちの数頭を野生に放つというのは、素敵なアイデアに感じられるし、大衆受けもいい。再導入の試みが放棄されることはないだろう。しかしおそらく、そうした活動は、野生のパンダを保護するという本当に重要な活動からエネルギーと関心を奪うことにしかならない。以下では、野生のパンダの保護について見ていこう。

一九六〇年代に最初のパンダ保護区である王朗自然保護区が設置されて以来、中国が野生パンダの保護に関して目覚ましい前進を遂げてきたことは間違いない。すでに述べたように、中国国家林業局は現在までに六〇以上の保護区を設けてきた。このようにあっさり書くと、いかにも簡単そうな印象を与えるかもしれないが、土地利用のあり方をこれだけ大きく転換するのは容易なことではない。それを実現するためには、多くの勇気と資金と問題解決の知恵が必要だ。ある保護区が誕生した経緯を通じて、その点を見てみよう。

第十章で触れたように、潘文石は一九八五年に陝西省の秦嶺山脈で長期の研究プロジェクトを始めようとしたとき、地元の林業省当局者から冷たくあしらわれ、結局は国営の林業会社である長青林業局の管理する森林で研究を始めた。結果的にこれが吉と出たと、教え子の呂植は述べている。「林業を取り巻く状況の変化をこの目で見ることができた」と、呂は言う(15)。「自然保護区で活動していれば、現状を直接見ないままだっただろう」。

では、当時、林業にどのような変化が起きていたのか？　一九九〇年代前半、中国では森林伐採のペースが一挙に加速し始めた。それまで潘の研究チームは、長青林業局の面々とうまくやっていた。ところが、市場経済の導入が全国に広がると、林業局は事業の拡大に熱を入れるようになり、利益を増やすために広大な森林を切り開き始めた。研究者たちは、アイドル的な存在だったチャオチャオなど、発信機を取りつけたパンダたちを追跡調査するうちに、森林伐採の加速が野生のパンダに、そして自分たちの研究活動に及ぼす脅威に気づき始めた。「チャオチャオが出産の場に選んだ木を切らないで欲しいと、林業局に頼んだこともあった」と、呂は振り返る。その要望は聞き入れられたが、あくまでも一時的な配慮にとどまった。「来年は伐採すると言い渡された」と、彼女は言う。

こうした状況に直面して、研究者たちはさまざまな階層の政府関係者に懸念を伝え始めた。最初は、誰も耳を貸してくれなかった。それでも、潘のチームは一九九三年のパンダ関連の国際会議に合わせて、このまま森林伐採を続けた場合にパンダにどのような影響が及ぶ可能性が高いかを詳しく記した文書を作成し、世界の二八人の科学者から賛同の署名を得た。この文書では、新しいジャイアントパンダ保護区を設置し、その区域内での森林伐採を全面的に禁止するよう提唱していた。きわめて大胆な提案だった。しかしそれ以上に大胆だったのは、潘たちが提案書を当時の江沢民《チアンツウミン》国家主席と李鵬《リーポン》首相に送ったことだった。すると、思いがけず提案が了承され、中央政府は八〇〇万ドル相当の予算を用意し、長青林業局で働く数千人の従業員がほかの土地に移住して新しい職を見つけるための支援を行なうことにした。一九九五年には、世界銀行の「地球環境ファシリティ（GEF）」からさらに四五〇万ドルの資金援助を得て、「長青自然保護区」が設置された。チャオチャオをはじめとする野生のパンダたちにとっては、素晴らしいニュースだった。「これ以上望みようのない結果だった」と、潘は言う。(16)

　この数年後、現地を訪れた呂は、自分が十年以上前に生活していた木材伐採拠点が保護区の野外拠点に変身しているのを目の当たりにした。「谷の斜面の木材輸送道路だった場所には、植物が生い茂っていた。数年前にはきれいに切り開かれていた土地に、樺の木や竹が再び根を張り、パンダたちもときおりやって来るようになっていた」と、彼女は記している。(17)

　長青の変貌は、中国でその後に起きる変化を先取りするものだった。中国ではほどなく、世界の歴史上でも有数の野心的な生態系回復プロジェクトが始動することになる。一九九七年、黄河流域が半年以上にわたる猛烈な旱魃に襲われ、大きな打撃をこうむった。翌年の夏には、長江（揚子江）流域で大雨が降り、洪水で甚大な被害が生じた。この洪水で何千人もが死亡し、さらに何十万人もが家を失い、生活のすべてを水に押し流された。洪水による経済的な損害とその後の洪水対策費は、合わせて何百億ド

チャオチャオと赤ちゃんパンダ。チャオチャオは野生で多くの子を出産し、育ててきたが、2001年3月、7番目の子と一緒に捕獲されて、西安近郊の楼観台森林公園で飼育されるようになった。その数年後、親子は死亡してしまう。

ル相当にも達したと考えられている。

このような惨事と損害を生み出した原因は、明らかに何十年にもわたる森林伐採にあった。森林の保水機能がそこなわれたことで、雨水が山から川に直接流れ込むようになってしまったのだ。中国政府はただちに、前例のない規模の対策を二つ打ち出した。一九九八年に開始された「天然林保護プログラム（NFPP）」と、翌九九年に開始された「退耕還林プログラム（SLCP）」である。NFPPは、天然林保護のための規制を強化するもので、二〇〇〇年までに黄河と長江の上流域での商業的な森林伐採が全面的に禁じられることになった。SLCPは、「穀物から森林へ」の転換をめざすもので、傾斜地に切り開かれた耕作地を草地や森林に戻そうという計画だった。このプログラムは、野生のパンダがまだ生息している三つの省（四川省、甘粛省、陝西省）で一九九九年に試験的に導入され、二〇〇三年に全国規模に展開された。

　これだけ大がかりな変革を推進しようと思えば、莫大な予算が必要となる。一九九八〜二〇〇〇年に中国政府がNFPPに拠出した金額は、二六億九〇〇〇万ドル相当。二〇一〇年には、プログラムの規模を拡大するために、さらに一一六億三〇〇〇万ドルを支出した。この資金のかなりの部分は、林業関係の仕事に就いていた人たちの退職手当や、移住と転職の支援のために費やされた。また、ある試算によれば、同じ期間にSLCPにつぎ込まれた予算は約四〇〇億ドル相当[18]。その金の多くは、穀物生産をやめる農民への補償に用いられた。

　長青自然保護区が設立されたときと同様、これらの措置も大きな変化を生み出した。森林を維持・管理する仕事に携わる人の数は、数年で急激に増えた。森林伐採が禁止される前、木材ビジネスで生計を立てていた人たちは、自分たちの仕事の場である森林がジャイアントパンダの生息地だと認めたがらなかった。それを認めれば、自分たちの仕事が難しくなったり、仕事を奪われたりしかねないと恐れていたのだ。しかし森林伐採が禁止されると、途端にパンダは貴重な財産と位置づけられるようになった。木材ビジネスを続けられなくなった人たちは、新たな収入源を必要としていたからだ。パンダのための保護区の数は、森林伐採禁止前には二〇カ所前後だったが、今日では六〇カ所を上回り、さらに増え続けている。

　二〇〇六年には、四川省のジャイアントパンダ保護区群がユネスコ（国連教育科学文化機関）の世界遺産（自然遺産）に認定された。面積にして約一万平方キロ。邛崍山脈と近くの夾金《チアチン》山脈にかけての七つの自然保護区と九つの自然公園で構成されており、野生のジャイアントパンダの約三〇％がここに生息している。このエリアの中核ゾーン——全体の半分あまりの面積を占める——では、人間の活動が最低限に抑えられている。「このゾーンでは、木の伐採、狩猟、野焼き、薬用植物の採取、居住、鉱物資源の採掘、工業生産はいっさい許されない」[19]。中核ゾーンを取り巻く緩衝ゾーンでは、人間の活動が禁じられてはいないが、厳しく制約されている。

守られているのは、ジャイアントパンダだけではない。世界遺産に認定された地区には五〇〇〇種以上の植物が生育しており、熱帯以外では世界で最も豊かな植物の宝庫となっている。五〇〇〇種の植物というのは、たとえばフランス全土に生育している植物の種類とだいたい同じ数だ（面積で言えば、フランスの約五〇分の一にすぎない）。さまざまな魅力的な哺乳類や鳥類、さらにはもっと地味な動物も数多く生息している。その多くは、ほかの土地ではお目にかかれないものだ。

NFPP、SLCP、そして四川省のジャイアントパンダ保護区群の世界遺産認定は、中国が自然保護に力を入れ始めたことの証拠と言えるだろう。欧米人は中国の自然環境に対する姿勢を批判しがちだが、いくつか頭に入れておくべき点がある。中国の莫大な人口が世界にきわめて大きな影響を及ぼしていることは間違いないが（本書執筆時点で、中国の人口は約一三億三〇〇〇万人。世界の総人口のおよそ五分の一を占めている）、「一人っ子政策」を採用している結果、人口増加率は世界の平均を下回っている（中国は〇・四九％、世界全体は一・一三％）[20]。また、人口はアメリカの約四倍に達しているにもかかわらず、環境に与えている負荷はアメリカより少ない（人間の生活が環境に及ぼす影響を数値化した指標である「グローバル・ヘクタール」で比較すると、アメリカが二・七三〇億ヘクタールなのに対し、中国は二・四五六億ヘクタールにとどまっている）[21]。中国が二〇〇九年にクリーンエネルギー産業に投資した金額は、世界のどの国をも上回る。その金額は三四六億ドル、GDP（国内総生産）に対する割合は〇・三九％で、アメリカの一八六億ドル、対

GDP比〇・一三%より多い。[22]森林再生に関しては、ほかの国を圧倒していると言っても過言ではない。[23]NFPPやSLCPなどの大規模プロジェクトを通じて、年間に約四〇〇万ヘクタールもの森林を再生している。これはおそらく、世界のほかの国すべての再生面積の合計よりも多い。

とはいえ、中国の人口が今も増え続けていることは事実だ。毎年一三億三〇〇〇万人の〇・四九%ずつ人口が増えていくとすれば、それはきわめて大きな数字になる。増加ペースは、年におよそ六五〇万人。これは、毎年一つずつ大都会を新たに生み出しているに等しい。しかも、中国の経済は目を見張る速度で成長している。[24]このままのペースで成長が続けば、中国が地球環境に及ぼす負荷が拡大することは避けられないだろう。

たとえ中国が自国の自然を守れたとしても、自然破壊の起きる場が他国に移るだけになりかねない。NFPPや森林伐採禁止措置は、事実そういう結果を生み出している。これらの政策により、中国の森林は保護されるようになったが、木材の需要が減ったわけではない。そのため、一九九八年の伐採禁止前には年間約四〇〇〇万立方メートルだった中国の木材輸入量が、伐採禁止を境に一挙にはね上がった。二〇〇四年のWWFの報告書では、二〇一〇年までに中国の年間の木材輸入量がなんと一億二五〇〇万立方メートルまで増えると予測していた。[25]中国の木材輸入が増えれば、ロシア、インドネシア、マレーシアなどの輸出国は、短期的には経済的に潤うかもしれないが、長い目で見ればこれらの国の森林に深刻な影響が及びかねない。

では、どうするべきなのか？ 自然保護論者たちはこの二十年ほど、人間が環境に及ぼす影響を抑えたければ、自然を研究するだけでなく、人間と自然との関係を学ぶ必要があるという結論に達し始めている。その関係を知ってはじめて、現実のデータに基づく理にかなった自然保護・管理策を打ち出せる。ミシガン州立大学の「システム統合・持続可能性センター（CSIS）」はそういう認識のもと、一九九〇年代以降、四川省の臥龍で人間と森林とパンダの関係を調べてきた。その研究により、きわめて重要なことがわかってきている。そのなかには、非常に気がかりな発見もあった。

中国の自然保護区のなかで、臥龍自然保護区ほど、多くの資金が費やされ、多くの研究がなされ、多くのデータが得られてきた保護区はほかにないだろう。ジャイアントパンダが動物学のシンボルだとすれば、臥龍は自然保護区のシンボルだ。しかも、臥龍自然保護区内には人間も居住しているので、人間が自然に及ぼす影響を調べることにも適している。ミシガン州立大学の研究チームは、同保護区に関するさまざまなデータを集めた。過去と現在の森林の変遷を描き出す航空写真と衛星写真、足で集めた竹の分布状況のデータ、野外で回収したパンダのフン、政府の人口統計、住民との個別面談、全世帯に対するアンケート調査などである。

研究チームは、一九六五年、七四年、九七年の航空写真を比較することで、一九七五年の保護区設立がパンダの生息地に及ぼした影響を明らかにしようとした。すると、一九七四年から一九九七年の間に、パンダの生息に適した土地の面積が減り、質も悪化したことがわかった。保護区外と同等、もしくはそれを上回るペースで生息地の縮小と分断が進行していた[26]。原因はおそらく、この期間に保護区内の人口が一・七倍に増加し、世帯数も二倍以上に増えたためだと考えられている[27]。

研究チームが人口の推移と人間の行動、森林の面積と状態に関するデータを集めたところ、いくつかのことが見えてきた。それらの知見を活用すれば、中国当局はもっと適切な判断を下せるようになるかもしれない。臥龍のパンダ生息地は、住民が暖房や調理用の薪を集めることで、大きなダメージを受けてきた。そこで一九八四年、当局はその影響を最小限に抑えるねらいで、いくつかの規制を導入した。しかし、期待されたような効果は得られなかった。[28] 新たな規制自体は多くの住民に知られていたが（七〇%近くの世帯は、少なくとも一つの規制について知っていた）、規制を知っていた人の半分以上がそれまでどおりに薪を集め続けたのだ。そればかりか、村人たちが遠くまで薪を探しに行かなくてはならなくなり、以前よりもむしろ、良質なパンダ生息地の木々が切り倒されるようになった。

この問題を解決するためには、住民にもっと電力を利用させ、薪の使用を減らせればいい。[29] しかし、住民はあまり乗り気でないように見えた。ミシガン州立大学の研究チームがその理由を探ったところ、住民たちは、政府の補助で電気料金が安くなり、もっと電圧が強くなり、停電が少なくなれば、もっと電力を利用してもいいと思っていることがわかった。住民が望むように電気料金を引き下げ、電力の質を向上させようと思えば、中央政府や地方政府の支援が欠かせない。

また、誰もが思いつくことだが、人間がパンダの生息地に及ぼす影響を小さくするためには、人口を減らすことも有効な方法だ。[30] しかし、一九八〇年代と九〇年代前半に中国政府が世帯単位での移住を促そうとしたときは、うまくいかなかった。高齢者が移住を嫌ったことが主な原因だった。その点、ミシガン州立大学の調査により、世帯丸ごとではなく若い世代の移住を促すことに力を入れたほうが効果的だとわかった。若い人のほうが概して移住に抵抗を感じないし、若者が移住するときは年長者の支援も得やすいのである。それに、年長者がおおむね若者ほど活発に子づくりをしないことを考えると、臥龍の人口が高齢化すれば、人口増加のペースが減速すると期待できる。薪を集めるのは主に若い世代なので、若者が減れば、森林の破壊にも歯止めがかかるだろう。

ほかには、地元住民の生活様式を、自然環境に及ぼすダメージの少ないものに転換させるのも有効だ。

たとえば、農業から観光業への移行を促せばいい。四川省は、観光客にとって実に魅力的な土地だ。なにしろ、ジャイアントパンダ保護区群も含めて五つの世界遺産と二〇以上の自然保護区を擁しており、歴史的・文化的に重要な都市もいくつもある。それに、スパイスの効いた四川料理も有名だ。こうした数々の観光資源に恵まれて、四川省はこの十年間で観光産業を大きく成功させてきた。(31) 二〇〇〇年から二〇〇七年にかけて、観光産業の市場規模は二五〇億人民元から一二五〇億人民元へと、およそ五倍に拡大した。省のGDPに占める観光産業の割合も、同じ期間に六・四％から一一・六％に上昇した。四川省では、中国のほかのどの省よりも観光産業が重要な産業になっている。

ジャイアントパンダ保護区を訪れる観光客も増えた。たとえば臥龍自然保護区に足を運ぶ観光客の数は、二〇〇〇年には一三万人だったのが、二〇〇五年には二〇万人を突破した。こうした観光客が落としていくお金が地元の人たちの懐を潤わせ、野生のパンダたちを苦しめる脅威がいくらかやわらいだ……と思うだろうか？ 残念ながら、そうなっているとは限らない。

地元の人々の生計の手段と周囲の自然環境との間に持続可能な関係を築く方法として、いわゆるエコツーリズムの有効性が説かれることが多い。観光客が比較的手つかずの森を散策しに訪れ、地元にたくさん金を落とせば、その土地で暮らす人たちは自然を守ろうと思うようになる、という発想だ。一見すると魅力的なアイデアに思えるが、このモデルが触れ込みどおりの効果を発揮できたケースはほとんどない。

原因は、エコツーリズムのコストと利益がすべての関係者の間で均等にわかち合われていないことにある。この種の観光ビジネスを行なうためには、多くの初期投資をして施設などを建設する必要がある。その際に潤うのはたいてい地域外の業者だが、そういう業者はおうおうにして、その地域と長く関わろうとは思っていない。一方、エコツーリズムの支援対象であるはずの地元住民の大多数には、この段階でまったくお金が入ってこない。むしろ、地域コミュニティに深刻な悪影響が及び、そのツケを払わされる羽目になる。初期の建設工事が終われればさまざまな施設が残り、地元の人たちはそれを活用して収入を得られるのではないか、と思うかもしれない。確かに、ホテルやレストランで働いたり、金持ちの観光客相手に土産物を売ったりして生計を立てられそうなものだ。しかし、こうした産業はあまり働き口を生み出さない。専門的技能をもっている地域外の人たちを雇うケースが多く、技能や経験の乏しい地元住民の雇用は大して増えないのだ。つまり、エコツーリズムのための観光開発は、繊細な自然環境への負荷を増やすばかりで、地元の人たちを取り込めない可能性がある。しかし、持続可能性を長期にわたって維持するためには、その土地で暮らす人たちが深く関わることが欠かせない。

臥龍自然保護区のエコツーリズム産業もこうした問題を抱えていたようだ。「ほとんどの投資は外部からのもので、ほとんどの働き手は外部から雇われていた。そして、ほとんどの物資も外部の都市で購入されていた」と、ミシガン州立大学の研究チームはエンバイロンメンタル・マネジメント誌に発表した論文に記している。[32]「地元住民の手に渡る利益はごくわずかだ。しかも、そうした利益を手にできる世帯は、全体のごく一部にすぎない。恩恵に浴せるのは、たいていパンダの生息地から遠く離れた場所の世帯だ。そのため、パンダ生息地への好影響は比較的少ないのかもしれない」。

二〇〇八年五月十二日、四川地方を大規模な地震が襲った。[33]九万人以上が死亡し、数十万人が負傷、少なくとも五〇〇〇万人以上が住居を失った。震源地に近い臥龍自然保護区でも一〇〇人以上が死亡したほか、甚大な物的損害が発生した。野外調査拠点のすべて、一般住居の九八%、そしていくつかの学校が倒壊したり、使えなくなったりした。保護研究センターでは、三二あったパンダの飼育場所がことごとく壊れたり、ダメージをこうむったりした。飼育されていた六〇頭以上のパンダはすべて、安全のために雅安市郊外の「碧峰峡ジャイアントパンダ保護研究センター」に移された。これは、二〇〇三年に、臥龍のセンターを補完するために国家林業局によって建設された施設である。臥龍自然保護区以外にも、三〇以上のパンダ保護区が被災した。「二十年かけて築いたパンダ保護施設網がほぼ崩壊してしまった」と、中国科学院動物研究所の魏輔文《ウェイフーウェン》は言う(34)。

もっとも、野生のパンダにはそれほど被害がなかったようだ。地滑りに巻き込まれるなどして死んだパンダも一頭か二頭はいただろうし、生息地もそれなりにダメージを受けただろう。しかしパンダたちは、人間がいなくなったことで以前よりのびのび過ごせているようだ。それまで観光客が大勢訪れていた土地にも出没するようになったと、ミシガン州立大学の研究者である劉偉《リュウウェイ》は述べている(35)。元WWFシニアアドバイザーのジョン・マッキノンによれば、長期的に見ても、地震がパンダにとって好ましい環境をつくり出す可能性があるという(36)。「地震で土が剝き出しになった斜面がたくさんある。そうした土地には竹が根づきやすい。あたり一面が竹林になるだろう」。

大地震が土地利用のあり方を大きく変える可能性もある。潘文石の教え子である王大軍《ワンターチュン》や呂植など、北京大学と山水保護センターの研究者たちは、二〇〇八年にコンサベーション・バイオロジー誌に発表した論文で、重要な提案をいくつか行なっている。生息地の修復は地域全体の復興計画の一環として行ない、森林の面積を増やして、分断されたパンダ生息地を結ぶ「回廊」を設けるために最大限の努力を払うこと。新規のダム、道路、建物の建設には、厳しい制約を課すこと。人間がどこに住み、周囲の土地をどのように利用するかを考え直すこと。「大地震後の地域再建の過程は、こうした革命的な変革に乗り出す機会になりうる」と、王らは記している[37]。

とはいえ、この提案を実践に移すのは容易でない[38]。生息地の修復と回廊の設定に関しては、種の再導入と同じく、科学的研究がまだ始まったばかりだ。ある研究で、過去にさまざまな動物を対象に行なわれた七八件の回廊設定プログラムのデータを集めて効果を調べたところ、回廊ができれば、野生の動物たちがたいてい生息地を移動することはわかった。しかし、ジャイアントパンダは比較的研究が進んでいる動物ではあるものの、実際に利用される回廊をつくるためにはまだデータが足りない。一般論的にものを考えると、落とし穴にはまる危険がある。現在得られている数少ないデータによれば、パンダの移動のパターンは地域によって一様ではないらしい。中国・WWF合同プロジェクトの研究によれば、邛崍山脈のパンダは、一年のほとんどを標高の高い山で過ごし、主に冷箭竹を食べているが、夏は豊富な神農箭竹を食べるために山を下りてくる[39]。それに対し、秦嶺山脈の長青と仏坪でそれぞれ行なわれた研究によると、これらの地域では正反対のパターンが見られる[40]。ほとんどの時期は標高の低い土地で過ごすが、夏になるとたちまち高地に移動し、別の種類の竹を食べるのだ。分断された生息地を結ぶ回廊をつくるのであれば、土地によってパンダの移動パターンに違いがあることを知り、それぞれの土地のパンダがどの時期にどこへ移動するのかを把握しておく必要がある。

それに、もっと長距離の移動も考慮に入れるべきだ。パンダは最長でどれくらい遠くまで移動するのか？　長距離移動をするのは、どういうときなのか？　この点に、オスとメスの違いはあるのか？　これまでのところ、確かなことはわかっていない。中国・WWF合同プロジェクトによれば、邛崍山脈では、オスのほうが長距離移動をするケースが多いように見えた。ところが、秦嶺山脈で潘文石らが実施した調査では、メスがよく移動するというデータが得られた。比較的短い時間で何十キロも遠くまで行っていたのだ。また、中国科学院動物研究所の魏輔文らが王朗自然保護区でフンを回収してDNAを調べたところ、オスもメスも長距離の移動をすることがわかったが、メスのほうが遠くまで移動する傾向があったという[41]。おそらく、出産に適した巣を探すためなのだろう。いずれにせよ、パンダの移動を促したければ、パンダがどのくらい遠くまで移動する可能性があるのかを知らなければお話にならない。この点に関しては、中国政府の支援により研究が進められている。

どのように回廊を設計するのが最善かも知っておかなくてはならない。「それをつくれば、彼は来る」という言葉は、一九八九年のハリウッド映画『フィールド・オブ・ドリームス』の中では現実になったが、ジャイアントパンダの生息地を結ぶ回廊に関しては、いささか楽観的すぎる発想と言わざるをえない。「ある土地にたくさん竹を植えれば、そこをパンダが通るようになる、という話ではない」と、北京大学の王大軍《ワンターチュン》は言う[42]。「人間は回廊をつくったつもりでも、パンダにはそう見えていない場合もあるのだろう」。

また、パンダが実際に通りたくなるような回廊のつくり方がわかっても、それだけではまだ十分ではない。どこに回廊を設ければいいかも割り出さなくてはならない。王たちはそういう研究にも取り組んでいる。彼らが検討している要素は実に多岐にわたる。二つの生息地がどれだけ離れているかといった地理的な要因、それぞれの土地の植生とパンダにとっての適性などの生物学的な要因、人口や開発の程度、土地利用の状況などの要因も調べている。「このようにさまざまな要因を考慮することで、どこに回廊を設ければ最も成功の確率が高いかを明らかにできるはずだ」と、王は言う。

この発想によれば、回廊をつくってもうまくいかない可能性が高い生息地は、（永遠にとまでは言わなくても）当分は孤立した状態であり続けることになる。この点は、受け入れざるをえない。現実を直視することは重要だ。野生動物保護論者は、自然を大切にしているが、人間のことも大切に思っている。実際、ほとんどの保護論者は、中国で二〇〇〇年に始まった西部大開発計画の基本的な趣旨には賛同している。比較的裕福な東部に追いつくように西部の開発を促進するために、輸送やエネルギー、通信などのインフラを整備することは、確かに必要だと思っているのだ。しかし同時に、そうした開発の結果として、美的、文化的、生物学的に豊かな自然が破壊され、取り返しのつかない結果にならないよう願ってもいる。

何百万人もの人々の生活水準を向上させる必要性と、自然の世界を守る必要性の折り合いをどのようにつければいいのか？　その答えを見いだすのは至難の業だ。パンダ研究者たちが野生のパンダを探して険しい山道を進むのと同じように、野生動物の保全に取り組む人たちたちはこの二つの目標のバランスを取るために、きわめて険しい道を切り開いて歩んでいかなくてはならない。地図はなく、切り立った崖がいたるところにある。いつ奈落の底に落ちても不思議でない。このような勝算の乏しい取り組みに、彼らはなぜ乗り出すのか？　呂植に言わせれば、答えはきわめて単純だ。[43]「そうするのが正しいことだから」である。

これまでの一五〇年間は、ジャイアントパンダにとって受難の時代だった。野生の生息地は大幅に縮小し、収集家や密猟者、そして動物園でパンダを見たいと望む多くの人たちのおかげで、野生のパンダはすっかり減ってしまった。それでも今、パンダたちは比較的好ましい状況に身を置いている。動物学者のジョージ・シャラーは、一九八〇年代に中国・WWF合同プロジェクトの共同責任者としての役割を終えたあと、四川省での経験を一般読者向けの本にまとめようと考えた。その際にめざしたのは、

「絶滅しつつある動物に関するノスタルジックな本ではなく、痛ましい歴史をつづりつつも、最後に希望を示すような本を書くこと」だった。(44) 言ってみれば、「罪と贖罪《しょくざい》の寓話」を書きたいと思ったという。しかし実際には、明るい材料はなかなか見いだせず、一九九三年の著書『ラスト・パンダ——中国の竹林に消えゆく野生動物』は、美しくも悲しい弔辞のような作品になった。あと十年待っていれば、シャラーは望みどおり希望の光明を見て取れたかもしれない。事実、二〇〇四年に刊行された『ジャイアントパンダ——その生態と保全』に寄せた序文で、彼は一転して明るい見通しを披露している。(45)「一九八〇年代、私は忍び寄る絶望感から逃れられずにいた。パンダが次第に、絶滅という恐るべき結末に飲み込まれつつあるように見えたからだ。しかし今は、早期に正しい選択がなされれば、野生動物保護の生きたシンボルとして、そして進化の素晴らしい産物として存存し続けられるに違いないと思える」。

ジャイアントパンダの未来に明るい見通しを抱いているのは、シャラーだけではない。『ジャイアントパンダ——その生態と保全』の編者であるドナルド・リンドバーグ（当時はサンディエゴ動物園に勤務）とカレン・バラゴーナ（WWFアメリカ）は、「パンダの時代がやってきた」と主張し、「パンダを救えるという期待が今ほど高まったことはなかった」と記している。(46) 二〇〇九年には、ロン・スワイスグッドやデーヴィッド・ウィルト、魏輔文をはじめとする有力なパンダ研究者たちが以下のように指摘した。(47)「パンダの未来は明るいだろう。一般の人々の人気が非常に高く、中国や諸外国から資金面と制度面の支援も得られている。中国国家林業局も、国の宝と位置づけているこの動物を救いたいという政治的意思をもっているように見える」。

研究者たちが慎重ながらも楽観的な結論に達した背景には、以下のような進展があった。中国政府は「国の宝」を守るために莫大な予算を投じ、自然保護区の大規模なネットワークを築いた。いまや六〇以上の自然保護区がパンダ保護のために存在しており、それらの自然保護区が生息地全体の面積に占める割合は七〇％以上、野生のパンダの五〇％以上がそこで生きていると推定されている。一九八〇年代に新しい法律が施行されてからは、密猟も目覚ましく減った。また、危機にさらされている生息地での森林伐採が禁止されたことで、野生のパンダを取り巻く環境が劇的に変わった。退耕還林プログラム（SLCP）などにより、中国は世界のほかの国すべての合計を上回るペースで森林再生を推し進めるようにもなった。一方、科学者たちが飼育下での繁殖の技術を磨き、飼育下のパンダたちが繁殖して子孫を増やしていけるようになった。これがもつ意味は大きい。動物園や研究施設のために野生のパンダを捕獲する必要がなくなったからだ。

パンダが一五〇年の旅をする間、中国の人々も苦しみを味わった。十九世紀のアヘン戦争、一九三〇年代の日本の侵略、一九四〇年代の国共内戦、一九六〇年代に「大後退」をもたらした大躍進政策、そしてそのあとの文化大革命と、厳しい時代が続いた。しかし、ジャイアントパンダと同様、中国にも明るい光が差してきた。この数十年、中国の生活水準は飛躍的に向上し、経済は急速な成長を遂げている。学術研究機関のレベルも高まってきた。中国の人々は、極度の苦痛を味わった二十世紀を歴史の彼方に葬り去り、二十一世紀に元気よく踏み出すことに成功したようだ。ジャイアントパンダと中国の相似関係は、私には単なる偶然とは思えない。

では、今後パンダはどのような道を歩んでいくのか？　それを見守っていくことは興味深いだろうし、多くの示唆を与えてもくれるだろう。

最後に、本書の旅が始まった場所、四川省の宝興県に舞台を戻そう。雅安市から宝興川をさかのぼり、アルマン・ダヴィド神父ゆかりの鄧池溝カトリック教会をめざすと、猛烈な工業化の波に洗われている

鉱業が盛んな宝興県を流れる宝興川は汚染がひどいが、左右にそびえる山々は世界遺産の「四川省のジャイアントパンダ保護区群」の一部として手厚く保護されている。

農村を次々と通り過ぎる。工場に鉱山、水力発電所のダム、そしてまたダム……。しかし、そうした峡谷を挟む両側の山々では、打って変わって世界屈指の手厚い自然保護がなされている。そこに広がっているのは、世界遺産に認定された「ジャイアントパンダ保護区群」だ。このような「開発」と「自然保護」の綱引きは、あらゆる途上国で見られるものだが、この地域はとりわけ注目に値する。地球上のあらゆる生命体は、よきにつけ悪しきにつけ、巨大な人口と経済力を擁する中国が形づくっていく未来から逃れられなくなりつつあるのだから。

エピローグ

ここまで、「パンダが来た道」をたどる旅を楽しんでいただけただろうか？　竹林の隠れ家でひっそりと生きてきた白黒のクマが、新しいアイデンティティを獲得し、動物学の世界に君臨するようになる間、中国は植民地支配のくびきを脱し、共産主義の中華人民共和国となり、世界の大国の座にのぼり詰めていった。

残りのページでは、私たちがパンダのことを考えるとき、実際にはなにを思い浮かべているのかを考えていきたい。私たちが思い浮かべるもの、それは、現実のパンダなのか、それともバーチャルなパンダなのか？　もし、あなたが生のパンダを一度も見たことがなければ、あなたが抱くイメージは、どうしてもさまざまな文化の中のパンダ像に大きく左右される。それは野生動物のテレビドキュメンタリーの場合もあるだろうが、極端なケースでは映画の『カンフー・パンダ』の場合もあるだろう。もし、私のように動物園でパンダを見たことがあれば、その人がパンダに抱くイメージは、もう少し本物に近いかもしれない。しかし、野生のパンダをその目で見た経験をもつ数少ない——本当にごくひと握りの——幸運な人たちでさえ、パンダに対して抱くイメージは、世界に大量に拡散している文化の中のパンダ像に影響されている可能性が高い。

世界の文化におけるジャイアントパンダの存在感は、十八世紀にアルマン・ダヴィド神父がパンダの毛皮を箱に入れてパリに送って以来、目を見張るほど大きくなった。そのプロセスは、数々の「史上初」に彩られた歴史を通じて、紆余曲折を経ながら進んできた。分類学者たちは、ジャイアントパンダをはじめて正しく分類した人物として名を残そうと主張を戦わせ、探検家たちは、はじめて野生のパンダを見た人物に、さらにははじめてそれを撃ち殺した人物になろうと競い合った。収集家たちは、誰よりも早く生きたパンダを中国から運び出そうと情熱を燃やし、一般市民は、親戚や友人より先にパンダを見ようと動物園に詰めかけた。動物園は、世界初のパンダ繁殖を成功させようと奮闘し、動物学者たちは、我先に野生のパンダの研究を行なおうとした。このそれぞれの段階を経るたびに、パンダは動物学上の存在から文化上の存在へと変わっていった。しかし、バーチャルなパンダが一挙に存在感を増した時期を一つ特定しろと言われれば、私は一九六〇年代を挙げたい。さらに、その立役者となった一頭のパンダの名前を挙げるのであれば、それはなんと言ってもロンドン動物園のチチだろう。

ぬいぐるみや絵葉書、新聞や雑誌のページにその姿を映し取られてきたという点では、チチもそれ以前に人間に捕獲されて飼育されたパンダたちと変わらない。しかしそれまでと違ったのは、画期的なテレビ番組『ズー・タイム』を通じて何百万もの家庭のお茶の間に入り込んだことだ。また、モスクワ動物園のアンアンとのお見合いの失敗——世界が注視するなかで飼育下のパンダを繁殖させようとした最初の試みだった——が伝わると、新聞のコラムニストや風刺漫画家たちはパンダを大げさに擬人化して描いた。当時のイギリスとソ連の政治家たちの思惑を二頭のパンダに重ね合わせたり、食べ物の選り好みが激しい動物、生殖に興味をもたない動物というイメージをことさらに強調したり。こうした風刺は、時代が進むにつれてますます極端になっていった。英語圏の多くでパンダが愛されると同時にばかにされている背景には、こうした風刺の影響があるではないかと、私は思う。

しかしなによりも重要なのは、ピーター・スコットがチチをモデルにWWFのロゴマークを描いたこ

パンダがしばしば風刺の対象にされるようになったのは 1960 年代のことだが、そうした描かれ方は今も変わっていない（観光客から金を巻き上げるパンダを皮肉った漫画）。

とにより、ジャイアントパンダが世界の野生動物保護のシンボルになったことだ。パンダが現実の存在からバーチャルな存在に変わっていく過程で、これほど大きな出来事はなかった。成功しているブランドとはそういうものだが、WWFのパンダは、「美」「野生」「生物多様性」「慈善」「動物保護」「明るい未来」など、好ましいイメージをかき立てるようになった。加えて、やはり優れたブランドの例に漏れず、こうした好ましいイメージを通じて、野生動物保護活動のために莫大な資金を引き出すことにも成功している。しかし、このようにパンダが露骨に商業的に利用されるようになった結果、バーチャルなパンダの拡散にいっそう拍車がかかった。WWFの成功を目の当たりにして、多くの企業や団体が、家電に始まり、炭酸飲料やチョコレートやビスケットやタバコにいたるまで、さまざまな商品にパンダの姿を映し取るようになったからだ。

こうした商業化の流れを考えれば意外でないが、一九八〇年には中国政府とWWFが協力関係を結び、契約書と現金がやり取りされた。この合同プロジェクトが現実のパンダについて新しい発見をもたらしたことは確かだが、一般の人々のイメージのなかにバーチャルなパンダをいっそう植えつけてしまった可能性もある。「このプロジェクトは、パンダを救うよりむしろ、パンダに害を及ぼしたのではないかという思いが抜けない」と、中国・WWF合同プロジェクトクトの共同責任者を務めたジョージ・シャラーは吐露している。(1)「多くの人や組織はパンダの幸せを心から願っていて、その善意は疑いようがない。しかし、パンダが今も竹林の奥深くでひっそりと生き続けていて、世界中に存在を知られて多くの人間の欲の対象になることを避けられていれば、これほど多くのパンダが竹の開花危機の際に意味なく捕獲されたり、これほど多くの繁殖センターが設けられたりする必要はなかったのかもしれない」。

そうした繁殖センターの多く、とりわけ臥龍ジャイアントパンダ保護研究センター（CCRCGP）と成都ジャイアントパンダ繁殖育成研究基地がパンダのために大きな貢献をしたことは間違いない。これらの施設は、野生では難しかった研究に道を開き、飼育下のパンダたちが繁殖して子孫を増やし始めるうえでも欠かせない役割を果たした。一般市民がパンダについて、そして野生動物保護全般について学ぶ機会も提供してきた。海外の動物園への長期貸し出し料、動物園の入場料、パンダ関連グッズの売り上げという形で、保護のための資金をたくさん集めることにも成功している。

しかし飼育下のパンダは、パンダの本来の姿を正しく映し出していない。動物園などで飼育されているパンダは、誰でも簡単に見ることができる。刈りたての竹を（ときには一日に何度も）運んでもらい、最新の科学技術を駆使して繁殖の手助けを受けている。たくさんのパンダが飼育されていて、一年に何頭も赤ちゃんパンダが生まれている施設では、託児所のようにパンダの赤ちゃんがずらりと並んで寝ている光景を見ることができる。数百ドル相当の金を払いさえすれば、パンダと一緒に写真も撮れる。

だが野生のパンダはまったく違う。うっそうとした竹林の中に潜むパンダの姿を見ることは不可能に近い。野生のパンダは基本的に単独行動を好む動物で、年に数日だけ繁殖のために他個体と交流するだけだ。人工授精は必要ないし、保育器も人工ミルクも必要ない。野生の赤ちゃんパンダを抱っこすることなど無理な話だし、ましてや一緒に写真を撮ることなど夢のまた夢だ。そういう意味で、かわいらしいオモチャのパンダや、WWFのロゴマーク、新聞や雑誌などで風刺の対象にされたパンダたちと同様、飼育下のパンダたちもまた〝バーチャル〟な存在にすぎない。

私は、バーチャルなパンダたちが嫌いなわけではない。この本の執筆に着手して以降、私と子どもたちのもとには、実に多くのバーチャルなパンダたちがやって来た。Tシャツや絵葉書、バースデーカード、カレンダー、写真集、ポスター、ぬいぐるみ、箸、フィギュア（プレイモービルの「パンダ一家」のセットを三組もっている）……。こうしたものを通じて、私たちはパンダに親しみを感じている。パンダのことを知っていて、よく理解できていると、私たちは思っている。しかし、ここに落とし穴がある。私たちは、本当の意味でパンダを理解してなどいない。膨大な数のパンダ関連のウェブサイト、学術論文、雑誌記事、書籍に目を通してきた私とて、その例外ではない。飼育下のパンダも含めて、魅力的なバーチャル・パンダたちが大量に押し寄せてくる一方で、野生のパンダの生態についておぼろげながらも科学的に解明され始めたのは、この二、三十年にすぎない。そういう状況で、野生の本当のパンダについて知るのは至難の業だ。この本がそうした状況をただす一助になり、読者がバーチャル・パンダを目の前にしたときにそのことに気づき、見たことのない野生のパンダに魅力を感じられるようになれば、著者としてうれしい。バーチャル・パンダと本物のパンダの決定的な違いを理解できなければ、せっかくパンダを守るために多大な努力を払っても、バーチャル・パンダを守るばかりで、野生のパンダを守ることにつながらない可能性もあるからだ。

では、どうして野生のパンダがそれほど重要なのか？　理由はいくつもある。まず、（たとえ誰も実際には見られないとしても）野生のパンダが存在し続けてこそ、さまざまなバーチャル・パンダたちも独特の魅力をもつことができる。試しに、野生のパンダが一頭もいなくなったと想像してみてほしい。ぬいぐるみのパンダは、今ほどかわいらしく思えないだろう。ＷＷＦのロゴマークは、野生動物を保護すべきだという強い思いを人々に抱かせるというより、悲しい喪失の象徴になってしまう。野生のパンダが絶滅して、パンダの野生への再導入の可能性が事実上絶たれれば、飼育下のパンダたちは、私たちを楽しませる以外の存在意義がほぼ失われる。それに、そもそも野生のパンダには、美しさと神秘性という強烈な魅力がある。野生のパンダが存在し続け、それを研究する機会があり続けるだけで、世界はより素晴らしい場所になっているのだ。また、パンダの生息地は、地球上で屈指の多様な動植物が存在する土地だ。野生のパンダを守ることは、それ以外の数多くの生き物を守ることにもなる。しかし、野生のパンダを守ることの意義は、これらの点だけではない。野生のパンダを守れるかどうかは、ヒトの種としての真価を問う試金石でもある。

私は、ホモ・サピエンスという動物に関して複雑な思いを抱いている。腐敗、強欲、詐欺、窃盗、殺人、戦争、強姦など、人間の行動や性質の多くは、生き残りと繁殖をかけた進化の闘争でよく見られるものだ。こうした点を見ると、私たち人間も絶滅に向けて歩んでいる動物の一群としか思えない。そして、このような人間の行動は、いまだにジャイアントパンダから野生の生息地を奪い続けることにもつながっている。しかしその半面、思いやり、決意、創意工夫の才、創造性などの

成都動物園の来園者もバーチャル・パンダと記念撮影。

人間の性質を見ると、確かに人間はほかの動物とは違うと思えてくる。ある行動を取れば地球がどのように変わり、人間や、この惑星を共有しているほかの動物たちにどのような影響が及ぶかを想像できる動物は、人間だけだ。これからパンダが歩んでいく道の行く先に、野生のパンダの居場所はあるのか？

私は、この問いの答えがイエスであってほしいと思う。野生のパンダのいる世界と、いない世界――その二つの世界を思い浮かべたとき、私がどちらの世界で生きたいかは疑問の余地がないからだ。

謝辞

本書のために支援と細やかな気配りを惜しまなかったプロファイルブックスのみなさん、とくに担当編集者のピーター・カーソン、ペニー・ダニエル編集長、そしてルクサナ・ヤスミンとレベッカ・グレイに感謝したい。また、ワイリー・エージェンシーのジェームズ・パレンにもお礼を言いたい。

貴重な時間を割いて長時間にわたって話を聞かせてくれた以下の人たちには、どんなに感謝しても感謝しきれない。デズモンド・モリス、エヴェリン・ドゥングル、ワン・ティエチュン、ジョージ・シャラー、スティーブン・オブライエン、ベン・チャールトン、レベッカ・スナイダー、アラン・テイラー、ロン・スワイスグッド、ドナルド・リンドバーグ、デーヴィッド・ウィルト、ハワード・クイグリー、王大軍、呂植、チュー・シアオチェン、シエ・イエン、王梦虎、ナンシー・ナッシュ、セーラ・ベクセル、張志和、ジョン・マッキノン、魏輔文、マーク・エドワーズ、周小平。そして、デヴラ・クレイマン。彼女は本書の草稿の多くの部分に目を通し、有益なコメントを寄せてくれたが、二〇一〇年四月、残念ながら世を去った。もちろん、本来であれば「パンダが来た道」に関して話を聞かなくてはならない重要な人物がまだ大勢いた。時間が許さずインタビューできなかったのは残念だが、そうした人たちの著作は大いに参考にさせてもらった。

このほかにも、私と話したり、電子メールで質問に答えてくれたりした人たちがたくさんいる。以下の人たちにも感謝したい。カーラ・ナッピ、スジット・シヴァスンダラム、ジム・エンダーズビー、ゲライント・ヒューズ、ピーター・ホー、メアリー・アン・アンドレイ、パット・モリス、グレッグ・ミットマン、ジュディス・シャピロ、ブレア・ヘッジズ、グスタフ・ペータース、リーチョン・チアン、リー・ハージェイ、クランブルック卿、スティーブン・ノット、マイク・ケリス、マット・ゲージ、ティム・バークヘッド、ビル・ホルト、フィリッパ・スコット、マイケル・ブリュフォード、メリンダ・ヒル、ゴードン・コーベット、劉偉、ヤディラ・ガリンド、スン・シャン、ラン・チョン、ルー・チャン、ジョン・ハノン、ヴィッキー・クローク、フィル・マッケンナ。エレナ・ソングスターとアレクシス・シュワルツェンバッハには、とくにお礼を言いたい。ソングスター博士は中国におけるパンダの象徴的意味、シュワルツェンバッハ博士はＷＷＦの歴史という、私と同じテーマに取り組んでいたにもかかわらず、親切にも草稿の一部を読んで感想を伝えてくれた。第八章の記述は、サム・アルバーティのコメントのおかげで磨きをかけられた。この章の文章の一部は、アルバーティが編者を務めるエッセイ集 *The Afterlives of Animals* (the University of Virginia Press より刊行予定) に収録されることになっている。また、ブログの執筆は、自分の考えをまとめることに加え、読者のコメントから学ぶ機会にもなった。なかでも、チェト・チン、ディー・ガンナ、アンドレイ・コトキン、アンディ・マクリーン、ジェローム・プイユは、有益なコメントを寄せてくれた。

本書の執筆の過程では、さまざまな図書館にこもって資料を漁った。とくに、以下の施設の図書館の人たちに助けてもらった。ロンドンの大英自然史博物館 (ポリー・パリー、ジェームズ・ハットン、リチャード・サビン)、ロンドンのリンネ協会 (ジーナ・ダグラスとリンダ・ブルックス)、ロンドン動物学協会 (マイケル・パーマーとジェームズ・グッドウィン)、スミソニアン研究機構資料室 (パメラ・ヘンソン)。また、パリの国立自然史博物館 (セシル・カロー)、ベルリン自然史博物館 (サスキア・ヤンケ)、それに英国漫画資料館 (ニコラス・ハイリー）にもお世話になった。

素晴らしい写真やイラストを無償で使わせてくれた組織や個人にも感謝したい。マクミラン社（ネイチャー誌の写真）、スミソニアン研究機構（パンダの頭蓋骨の写真）、バーバラ・チアン（蔣彝の著作の挿絵）、ナンシー・ナッシュ（北京動物園のパンダの写真）、デズモンド・モリス（モスクワ動物園の写真）、ルーク・ヘイズとデザイン博物館（『パンダ・アイズ』の写真）、ジェシー・コーエンと合衆国国立動物園（リンリンとクレイマン博士の写真）、ジョージ・シャラー（一九八〇年代の王朗の写真）、呂植（一九九〇年代の長青の写真）、マーク・エドワーズ（哺乳瓶でミルクを与えられるパンダの写真）、アン・ベロフ（パンダの風刺漫画）。この人たちの協力がなければ、本書の魅力は半減していただろう。マーティン・ルビコウスキーにも感謝したい。

中国への調査旅行の費用は、英国作家協会のK・ブランデル基金から助成を受けた。また、ブリティッシュ・カウンシルは、天津自然博物館で王大軍博士とともに講演を行なう機会を与えてくれた。調査旅行の計画段階では、多くの人から貴重な助言をもらった。とりわけ、アレックス・ウィッツェ、ドラ・デュアン、リー・レンコイに感謝したい。中国の以下の機関や団体の人々は、誰もが温かく迎えてくれた。山水保護センター、北京大学「自然と社会センター」、野生生物保護協会、中国科学院動物研究所、EU＝中国・生物多様性プログラム、成都ジャイアントパンダ繁殖育成研究基地、雅安碧峰峡ジャイアントパンダ保護研究センター。

家族と友人にも助けられた。父ジョンと母ステラ、きょうだいのトムとメアリー、それに、マーク・ルディ、ヒュー・スターリングとシーラ・スターリング、ザイド・アルザイディ、マシュー・リー、マリサ・チャン、ケート・ムーアクロフト、ジョン・テイラー、ジョン・ホイットフィールド、セーラ・

アブドゥラ、カミール・ルー、アダム・ラザフォード、トム・ギルモア、「セロリアック11」の仲間たち。そして、いつものように、シャーロット、ハリー、エドワードに誰よりも感謝したい。

最後に、本書の執筆過程やパンダに関する新しい情報に興味をもった読者は、私のブログ（http://thewayofthepanda.blogspot.com）、フェイスブック（https://www.facebook.com/WayOfThePanda）、ツイッター（@WayOfThePanda）をぜひのぞいてみてほしい。

ヘンリー・ニコルズ

解説

たかがパンダ、されどパンダ

遠藤秀紀（東京大学総合研究博物館教授）

1

ジャイアントパンダの腹壁に鋭い刃先を刺し込んだことがある。軽く握ったメスの柄に、皮膚や脂肪や筋肉や腱や臓器が返してくる反力は、この桁外れの人気者であっても、実際のところどこにでもいるドブネズミやイエウサギやイノシシやニホンジカや、無数に死体を生じるごく普通の動物と何も変わらない。きらっと私の目に反射光を打ち込んでくるステンレスの刃《やいば》も、パンダを切断している幸せを表現しようと輝くわけでもなく、いつも通りの鈍い金属光沢を放つだけだ。

　死体を解剖するときはいつも同様に心地よい。死せる体は必ず謎を隠しもっている。物言わぬ体をメスで切り、目で覗き込み、指先で感じ取る。死体を感じ、死体と語り合うのが、私の仕事だ。当然、話し相手が誰であれ、プロたる私は相手を選ばずに、対話にふける。

　街角で水晶玉一つで生業を営む占い師のごとく、その日のお客さんのその日の秘密を聞こうではないか。今日出会うのは、猟師さんが獲ったちょっと肥満のアナグマだろうか。不幸にも街道で撥ねとばされた野良ネコだろうか。もしかしたら水族館で天寿を全うした芸達者なイルカだろうか。そう思いながら暮らす研究室の暖簾を、その日いつもと変わらぬ垂れ目でくぐってきたのは、ジャイアントパンダだった。

　死体を運ぶことにおいてはビギナーの域をだいぶ通り過ぎていた私は、ゆっくり彼とのお喋りを始めることにした。アキレス腱に刃先を沈めていくときの硬質の響き。指にまとわりつく皮下脂肪の滑り。筋肉の束の隙間に差し入れていくピンセットの手応え。そして、指先が触知するかすかな関節の震え……。およその大きさも大雑把な形状も、猟師さんからいつも頂くごく普通のツキノワグマとそっくりだ。

冷静に、平常心で、私はパンダを切った。

本書で舞台に登る多くの登場人物のように、ジャイアントパンダと〝対決〟するときには、もう少し激しい高揚感に包まれながら仕事をするべきだったのかと今さら苦笑してしまう。どんな死体を前にしても客観的に発見ができ、落ち着き払って骨格標本を作っていくことを自らに課していくのが、解剖学者のプロフェッショナリティだ。プロの遺体屋にとっては、パンダでもドブネズミでも、同じように学問の宝物である。頁に躍る歴史上の登場人物たちの、パンダゆえに後世に名を残し、パンダに人生を助けられ、またときにパンダのせいで身を持ち崩していった姿と比べて、遺体科学者の誇りは一八〇度逆の地味な方角に振っているのかもしれない。

頁に躍る人間たちは、この白黒模様の被造物に陶酔していく。成功者も失敗者も、まるで妖怪に憑依されたかのように、人生をパンダ一色に染められていく。だが、あちらが世界一の妖怪なら、こちらは天下一のへそ曲がりだ。本書が生み出される十年とちょっと前に、私は白黒クマに人生を翻弄されてなるものかと、プロの誇りと根性でかの死体と内緒話の時間を過ごしたのかもしれない。妙な、相当に奇妙な意地だったかもしれないが。

だからだろう。本書には私のちょっとしたパンダとのお喋りタイムは採り上げられていない。それでいい。人生を天下の珍種に翻弄されなかった私は、本書のキャストの人生をかけたあまりにも激しい戦《いくさ》の兵《つわもの》たちと墓標を並べる生き方をしていないのだ。

だが、黄泉の国のパンダと語り合いつつ見つけ出す新しい真実は、決して小さいものではなかった。顎の筋肉がえらく大きいみたいだとか、後ろ足が木登りによく適応していそうだとか、タケをつかむために器用な〝指〟がどうやら七本ありそうだとか、冷静であったはずの私は、振り返ってみれば、類まれに楽しく、喋りっぱなしの時間を彼と過ごしたではないか。やはりパンダはパンダだ。解剖学者を一人、ちゃんと虜にしていたに違いない。

パンダとこうして出会うことができたのも、上野動物園の方々のご厚意からだ。園長さんに飼育係さんに獣医さんにすっかりお世話になった。息を止めた身体と対話する者は、必ずその遺体を譲ってくれた人々に育てられていく。死せる体に学問という永遠の命を与えるのは、メスを握る私の誇りだ。そして、かく生きる私の心は、生前のパンダを見守った人々といつまでも一緒だ。

2

目を学界に転じると、「ヒトと動物の関係学」なる学問が日本でも提起されるようになって、四半世紀になろうか。母国でScience of the Human Animal Bondなどと掲げられる看板の、いささか歯切れのよくない日本語訳である。だが、その冗長気味のタイトルとは異なって、この「学」は近未来の人間社会に鋭い光を当てる力を携えていまも成長している。本書は、その「ヒトと動物の関係学」の最前線から、ジャーナリストの筆で平易に綴られた好著と受け止めることができよう。

書の主は、白黒模様の天下一の人気者、ジャイアントパンダだ。そもそも生き物は、ただの静物や製品やテクノロジーと異なって、ヒト個人や人間社会や人類総体との間に、心理、文化、経済、伝統、歴史、産業、民俗、社会、政治、外交、そしていうまでもなく基礎自然科学を通じて多様な価値観を通した結びつきをもち、実際にその価値観を現在進行形で変貌させていく存在である。とりわけパンダは、人間との関係史をときに力強く、ときに象徴的につくり上げてきた張本人である。Human Animal Bondから見ると、パンダはヒトと人間社会を自在に操ってきたといえるのである。

本書でジャイアントパンダは、類書にはなかったほどに、緻密な分析の対象として、温かい情の向かう先として、そして奥深い対話の相手として生き生きと描かれる。語られるのは、人間とジャイアントパンダの関係の幅広さと特異さだろう。発見と紹介の歴史がまだ浅いこと、いまに至るまでその進化史的足跡が明瞭とはいえないこと、生態や行動にはいまもって分からない点が多々あることなどが、まず本書の扱うパンダとヒトの科学上の間柄である。加えて環境保全の重要性が叫ばれる中、この種を保護し、飼育し、殖やし、自然界に戻すことの困難さが示される。そこに鮮烈に描き出されるのは、一連の出来事に関わった人間たちの足跡だ。信仰心ゆえに発見者となる宣教師、狩猟欲に取りつかれたかつての権力者、野生復帰に尽力する現代の中国人、そして、博物学者、獣医師、剝製師、動物園、保護団体、国際機関ら、パンダそのものよりもそこに登場する人間たちに、本書は踏み込む。パンダを取り巻く人間の歴史が、鋭く切り取られているといえるだろう。

そして何よりも本書のアイデンティティは、他の動物とは一線を画してジャイアントパンダゆえに実際に起こってきた、希有なHuman Animal Bondの桁違いのスケールである。

「かわいい」

その一点だけで、この動物は、社会の様々な営みに存在感を残してきた。とくにパンダが担った変幻自在の役どころは、共産党中国を抜きにして語れるものではない。冷戦下では、東西イデオロギーの乖離を埋める束の間の友好の使者であり、経済体制や政体間の隔絶とは無関係に、ほとんどの国で絶対的人気を誇る動物であった。パンダはときに国家や地域の戦争、紛争、軋轢を背景に歴史の舞台に登場し、反面、幕間では市井の人々を背景に据えた融和の象徴でもあった。そしてひとたび冷戦が崩壊すれば、大陸中国の市場原理と環境保全のシンボルに早替わりし、マネーと偽善を貪り食う悪しき人間の意志を具象化さえしている。次々と移りゆく現代社会と対面しつつ、パンダはその「かわいい」という唯一無敵の武器を携えて、絶えず人の心に入り込み、社会を根強く動かす動物なのである。

ふと、社会を動かすというのはこんなに単純な空気づくりなのかと改めて思う。白黒のクマの武器は、その外貌のかわいらしさだけだ。ちょっと動物学の理屈を学んだものならこの種に一定の科学的目新しさを感じることはあったとしても、種ゆえの常識を逸脱する異様な面白さをもっているかといえば、実際には違うだろう。にもかかわらず、単純極まりないことに、かわいらしさで街の話題を独占し、かわいらしさで中国人の評判を左右し、かわいらしさで国際政治の斬り込み役となる使命を全うしてきたといえる。

ヒトや社会と切っても切れない生き物たちは数多い。だが、その深層を最も分かりやすく示してくれるHuman Animal Bondの随一の語り部こそ、ジャイアントパンダだ。本書の著者をして滑らかに巧みに筆を走らせたのは、「パンダの隣に、必ず人あり社会あり」の面白さだろう。

3

さて、学者として、パンダと人間の関係は今後どうなるかを尋ねられる機会は多い。「資本主義経済の一パーツになってしまうだろう」というのが、私の憂鬱な答えの一つだ。好むと好まざるとに関わらず、冷淡にも、この先の人間はパンダをますますそう扱っていくに違いないと思われる。

人寄せパンダとはよくいったものだ。どれほど高名な経済アナリストよりも、どれほど馬券代を回収できる予想屋よりも、私が確実に未来を語ることができるのは、この動物の人気度だ。西暦二二〇〇年にヒトが絶滅していないのならば、間違いなくジャイアントパンダも生き延びて、相変わらず動物界きっての人気者のままだろう。時代をそこまで先へ進めなくても、ここ三十年くらいは、客を何人集めることができるかという冷たき物差しとして使われるに違いない。「パンダのいる園の一七%しか来園者が来ないから、この動物園は廃止し、職員は解雇だ」と、ポピュリズムを煽った行革狂いの首長が得意げに語る姿が目に浮かぶ。動物を丹念に育て、人間の知的好奇心を養いつつ日々を営もうという園の教育の責任はどこかへ吹き飛び、パンダの経済効果を話のタネに、動物園は遊興施設として営利商業化されてしまうだろう。

そして、Human Animal Bondの学は、人間と大熊猫の関係が現ナマと経済パーツの有り様に変質していくことを予測せざるを得ない。たとえば家畜にちょっとした疾病被害が広まるだけで、合理的利潤追求を研ぎ澄ませた近代農業を確立している先進国では、農業関係者の何名かが必ずといっていいほど首を吊ってきた。生き物の命を金に換え、生の血が流れる生命を儲けの原料として市場経済に投げ込むという行為は、金ゆえに人を死に追いやる裏面すらもっているのだ。金と命を結びつけるとき、人は狂うのである。

本書に登場するように、パンダはほとんどの場合、既に富裕者・成功者の論理によって人前に姿を見せるようになっている。アフリカの貧国で人間の赤ん坊の命を何百も救えるだけの資力を投じられて、かのアイドルは経済力に囲まれてぬくぬくと暮らし、過度に飾られて社会に登場しているといえる。パンダ自体は、金に塗《まみ》れたゲームに引きずり出された、初心《うぶ》な子役のようでもあるが。

貧富の差を私が否定することはもちろんない。だが明確なのは、是とするか非とするかに関わらず、人寄せパンダはこの先も金持ちの経済活動と切り離すことのできない一パーツに陥っていくということだ。この構図を認識することなく人が動物の命なるものを論じるとするならば、その社会の生命観・死生観は、歪《いびつ》なもの以外の何ものでもない。

たかがパンダ、されどパンダだ、これからも。人の精神世界がこの先健全に育まれていくかどうか。どうもこの動物は、社会の心を映し出す鏡として、人間たちのすぐ近くで生き続けていくことになりそうである。

〈参考文献〉
Endo, H., D. Yamagiwa, Y. Hayashi, H. Koie, Y. Yamaya and J. Kimura. 1999. Role of the giant panda's 'pseudo-thumb'. Nature 397: 309-310.
遠藤秀紀『哺乳類の進化』二〇〇二年、東京大学出版会
遠藤秀紀『東大夢教授』二〇一一年、リトルモア
遠藤秀紀『パンダの死体はよみがえる』二〇一三年、ちくま文庫

監修者略歴
遠藤秀紀（えんどう・ひでき）

東京大学農学部卒。国立科学博物館、京都大学霊長類研究所を経て、東京大学総合研究博物館教授。博士（獣医学）。獣医師。動物の遺体に隠された進化の謎を明らかにし、標本として未来へ引き継ぐ活動を続けている。ジャイアントパンダで7本目の指を理論化した。
『パンダの死体はよみがえる』（ちくま文庫）、『東大夢教授』（リトルモア）、『人体　失敗の進化史』（光文社新書）、『哺乳類の進化』（東京大学出版会）など著書多数。

訳者略歴
池村千秋（いけむら・ちあき）

翻訳者。R・カーソン『46年目の光――視力を取り戻した男の奇跡の人生』（NTT出版）、P・スティール『ヒトはなぜ先延ばしをしてしまうのか』（阪急コミュニケーションズ）、『オスカー・ピストリウス自伝』（白水社）など訳書多数。

パンダが来た道　人と歩んだ150年

2014年　1月20日 印刷
2014年　2月10日 発行

著者　ヘンリー・ニコルズ
監修者　©遠藤秀紀
訳者　©池村千秋
発行者　及川直志
発行所　株式会社白水社
〒101-0052
東京都千代田区神田小川町3－24
電話　営業部　03-3291-7811
編集部　03-3291-7821
振替　00190-5-33228
http://www.hakusuisha.co.jp
印刷所　株式会社三陽社
製本所　誠製本株式会社

乱丁・落丁本は、送料小社負担にてお取り替えいたします。
ISBN978-4-560-08343-7
Printed in Japan

索引

（原則として人名・地名は本文に振ったルビの50音順に並べた。）

欧文

あ行

か行

さ行

た行

な行

は行

ま行

や行

ら行

わ行

原註

＊すべての URL については、2013 年 11 月時点でリンクが確認されたもの。

プロローグ

(1) Desmond Morris and Ramona Morris, *Men and Pandas* (New York: McGraw-Hill, 1966), pp. 124–30〔R & D・モリス『パンダ』根津真幸訳、中央公論社、1976 年〕.

(2) Chris Catton, *Pandas* (New York: Facts on File Publications, 1990), p. 65.

(3) Chris Packham, 'Let pandas die', *Radio Times*, 22 November 2009.

第 1 章　極上の白黒のクマ

(1) Peh T'i Wei, 'Through historical records and ancient writings in search of the giant panda', *Journal of the Hong Kong Branch of the Royal Asiatic Society*, 28 (1988), pp. 34–43, p. 38.

(2) Elena E. Songster, 'A Natural Place for Nationalism: The Wanglang Nature Reserve and the Emergence of the Giant Panda as a National Icon' (San Diego: University of California, San Diego, 2004), p. 27. 以下も参照。Songster, *Panda Nation: Nature, Science, and Nationalism in the People's Republic of China* (forthcoming).

(3) 著者宛ての電子メール（2009 年 9 月 12 日付）。

(4) Wei, p. 40.〔第 1 章註 1 と同書〕

(5) George B. Schaller and others, *The Giant Pandas of Wolong* (University of Chicago Press, 1985), pp. 5–7.〔ジョージ・B・シャラー、播文石、胡錦矗、朱靖『野生のパンダ』熊田清子訳、どうぶつ社、1989 年〕

(6) Armand David, *Abbé David's Diary: Being an Account of the French Naturalist's Journeys and Observations in China in the Years 1866 to 1869,* trans. by H. Fox (Harvard University Press, 1949), p. 3.

(7) 同上 p. xv.

(8) 同上 , p. 4.

(9) 同上 , p. 276.

(10) 同上 , p. 276.

(11) このときの山の中への探索に関する描写は、同上 , pp. 278–82.

(12) 同上 , p. 283.

(13) Fa-ti Fan, *British Naturalists in Qing China: Science, Empire and Cultural Encounter* (Harvard University Press, 2004), p. 80.

(14) David, p. 166.〔第 1 章註 6 と同書〕

(15) 同上 , p. 46.

(16) 同上 , p. 167.

(17) 同上 , pp. 208–9.

(18) Jonathan D. Spence, *The Search for Modern China,* first edn (New York: Norton, 1991), p. 171.

(19) David, p. 170.〔第 1 章註 6 と同書〕

(20) 同上 , p. 6.

(21) 同上 , p. 253.

(22) 同上 , p. 7.

(23) 同上 , pp. 7–8.

(24) 同上 , p. 278.

(25) 同上 , pp. 174–75.

(26) 成都から鄧池溝への旅の描写は、以下に基づく。David, pp. 266–72.〔第 1 章註 6 と同書〕

(27) David, *'Voyage en Chine fait sous les auspices de S. Exc. le Ministre de l'Instruction publique', Nouv. Arch. Mus. Hist. Nat. Paris, 5* (1869), pp. 3–13.

第 2 章　皮と骨

(1) David, p. 283.〔第 1 章註 6 と同書〕
(2) ダヴィドはさらに 2 頭のジャイアントパンダの標本を送っており、それらもパリの国立自然史博物館に所蔵されているが、ミルヌ＝エドワールの記述には登場しない。
(3) Jim Endersby, 'From having no Herbarium'; local knowledge versus metropolitan expertise: Joseph Hooker's Australasian correspondence with William Colenso and Ronald Gunn', *Pacific Science*, 55 (2001), pp. 343–58.
(4) Jim Endersby, *Imperial Nature* (Chicago: University of Chicago Press, 2008), p. 137.
(5) Morris and Morris, p. 1 に引用。〔プロローグ註 1 と同書〕
(6) Alphonse Milne-Edwards, *'Note sur quelques mammifères du Thibet oriental'*, *Ann. Sci. Nat., Zool.*, 5 (1870), art. 10. Morris and Morris, p. 19 に引用。〔プロローグ註 1 と同書〕
(7) Armand David, *'Rapport adressé à MM. les professeurs administrateurs du Muséum d'histoire naturelle'*, *Nouv. Arch. Mus. Hist. Nat. Paris, 7* (1872), pp. 75–100.
(8) Dwight D. Davis, 'The giant panda: a morphological study of evolutionary mechanisms', *Fieldiana Zoology Memoirs, 3* (1964), pp. 1–337, p. 16.
(9) 同上 , p. 11.
(10) 'Serological Museum of Rutgers University,' *Nature* 161, no. 4090 (1948), p. 428.
(11) C. A. Leone and A. L. Wiens, 'Comparative serology of carnivores', *Journal of Mammalogy* , 37 (1956), pp. 11–23.
(12) Vincent M. Sarich, '"Chi-Chi": Transferrin', *Trans. Zool. Soc. Lond.* 33 (1976), pp.165–71.
(13) R. E. Newnham and W. M. Davidson, 'Comparative Study of the Karyotypes of Several Species in Carnivora Including the Giant Panda (*Ailuropoda melanoleuca*),' *Cytogenetic and Genome Research 5*, no. 3–4 (1966), pp. 152–63.
(14) Stephen J. O'Brien, *Tears of the Cheetah: and Other Tales from the Genetic Frontier*, first edn (New York: Thomas Dunne Books/St Martin's Press, 2003).
(15) 著者のインタビュー（2009 年 10 月 24 日）。
(16) Stephen J. O'Brien and others, 'A molecular solution to the riddle of the giant panda's phylogeny', *Nature*, 317 (1985), pp. 140–44, p. 142.
(17) Li Yu and others, 'Analysis of complete mitochondrial genome sequences increases phylogenetic resolution of bears (Ursidae), a mammalian family that experienced rapid speciation', *BMC Evolutionary Biology*, 7 (2007), 198; Johannes Krause and others, 'Mitochondrial genomes reveal an explosive radiation of extinct and extant bears near the Miocene-Pliocene boundary', *BMC Evolutionary Biology*, 8, (2008), 220. この研究では、ジャイアントパンダがほかのクマの仲間から分岐したのはおよそ 2000 万年前と推定している。
(18) 肉食獣のヘモグロビン（血液中の赤血球内のタンパク質。全身に酸素を運ぶ役割を担っている）に関する研究によれば、レッサーパンダとジャイアントパンダのヘモグロビンはきわめてよく似た構造をもっているという (D. A. Tagle and others, *Naturwissenschaften*, 73 (1986), pp. 512–14). また、ミトコンドリア（細胞にエネルギーを供給する小器官）内のＤＮＡの比較がはじめて行なわれたところ、ジャイアントパンダとレッサーパンダの共通点がさらに明らかになったように見える (Y. Zhang and L. Shi, *Nature*, 352 (1991), p. 573).
(19) 著者のインタビュー（2009 年 10 月 24 日）。
(20) George B. Schaller, *The Last Panda* (The University of Chicago Press, 1993), pp. 261–7〔ジョージ・B・シャラー『ラスト・パンダ――中国の竹林に消えゆく野生動物』武者圭子訳、早川書房、1996 年〕.
(21) Ernst Mayr, 'Uncertainty in science: is the giant panda a bear or a raccoon?', *Nature*, 323 (1986), pp. 769–71.
(22) Ya-ping Zhang and Oliver A. Ryder, 'Mitochondrial DNA sequence evolution in the Arctoidea', *Proceedings of the National Academy of Sciences of the United States of America*, 90 (1993), pp. 9557–61.
(23) たとえば、以下を参照。Zhi Lü and others, 'Patterns of genetic diversity in remaining giant panda populations', *Conservation Biology* 15 (2001), 1596–1607; Baowei Zhang and others, 'Genetic viability and population history of the giant panda, putting an end to the "evolutionary dead end"?', *Molecular Biology and*

Evolution 24 (2007), pp. 1801–10.
(24) Qiu-Hong Wan and others, 'Genetic differentiation and subspecies development of the giant panda as revealed by DNA fingerprinting, *Electrophoresis* 24, (2003), pp. 1353–9; Qui-Hong Wan and others, 'A new subspecies of giant panda (*Ailuropoda melanoleuca*) from Shaanxi, China', *Journal* of *Mammalogy* 86, (2005), pp. 397–402.
(25) Ruiqiang Li and others, 'The sequence and de novo assembly of the giant panda genome', *Nature* 463 (2010), pp. 311–17.
(26) たとえば、以下を参照。Li Yu and Ya-ping Zhang, 'Phylogeny of the caniform carnivora: evidence from multiple genes', *Genetica,* 2006, pp. 1–3; Rui Peng and others, 'The complete mitochondrial genome and phylogenetic analysis of the Giant panda (*Ailuropoda melanoleuca*)', *Gene*, 397 (2007), pp. 1–2.

第3章　狩りの始まり

(1) Spence, *The Search for Modern China,* p. 232.〔第1章註18と同書〕
(2) Ernest Wilson, 'Aristocrats of the Garden' (Doubleday, Page & Co., 1917), p. 274に引用。
(3) Ernest Wilson, 'A Naturalist in Western China', Vol. 2 (Methuen, 1913), pp. 182–4.
(4) 一般的には、生きたパンダを見た最初の西洋人はフーゴ・ヴァイゴルトとされているが、歴史家のアレクシス・シュワルツェンバッハが発見したワルター・ストッツナーの日記によれば、ストッツナーこそがその最初の西洋人なのかもしれない。以下を参照。Alexis Schwarzenbach, 'WWF – A Biography', Collection Rolf Heyne (forthcoming).
(5) J. Huston Edgar, 'Giant panda and wild dogs on the Tibetan border', *The China Journal of Science and Arts,* (1924), p. 270–71.
(6) J. Huston Edgar, 'Waiting for the Panda', *Journal of the West China Border Research Society,* 8 (1936), pp. 10–12. 穆坪は宝興の昔の呼び名。
(7) Mary Anne Andrei, 'The accidental conservationist: William T. Hornaday, the Smithsonian bison expeditions and the US National Zoo', *Endeavour,* 29 (2005), pp. 109–13.
(8) 同上に引用。
(9) William T. Hornaday to Spencer F. Baird, 21 December 1886.
(10) Roderick Nash, *Wilderness and the American Mind,* 4th edn (Yale University Press, 2001), p. 152に引用。
(11) Gregg Mitman, *Reel-Nature* (Harvard University Press, 1999), p. 15.
(12) 同上, p. 16に引用。
(13) Theodore Roosevelt and Kermit Roosevelt, *Trailing the Giant Panda* (Scribner, 1929), p. 3.
(14) Catton, *Pandas,* p. 12に引用。〔プロローグ註2と同書〕
(15) Michael Kiefer, *Chasing the Panda: How an Unlikely Pair of Adventurers Won the Race to Capture the Mythical 'White Bear'* (New York: Four Walls Eight Windows, 2002), p. 37に引用。
(16) Morris and Morris (1966), p. 29に引用。〔プロローグ註1と同書〕
(17) Kiefer, p. 39に引用。〔第3章註15と同書〕
(18) 恐竜標本の獲得競争に関して、詳しくは以下を参照。Tom Rea, *Bone Wars: The Excavation and Celebrity of Andrew Carnegie's Dinosaur* (University of Pittsburgh Press, 2001).
(19) T. Donald Carter, 'The giant panda', *Bulletin of the New York Zoological Society,* Jan–Feb (1937), pp. 6–14.
(20) Dean Sage, 'In quest of the giant panda', *Natural History,* 35 (1935), pp. 309–20.
(21) 'Giant panda shot', *The Sydney Morning Herald,* 22 August 1935.

第4章　生け捕り作戦

(1) Vicki Croke, *The Lady and the Panda : The True Adventures of the First American Explorer to Bring Back China's Most Exotic Animal* (New York: Random House Trade Paperbacks, 2006), p. 314に引用。
(2) 同上, p. 45.〔第4章註1と同書〕
(3) 同上, p. 47–8.
(4) Ruth Harkness, *The Lady and the Panda* (London: Nicholson & Watson, 1938), p. 14.
(5) Croke, p. 34.〔第4章註1と同書〕

(6) 同上, p. 48 に引用。
(7) 同上, p. 71–2 に引用。
(8) Harkness, p. 90.〔第 4 章註 4 と同書〕
(9) Ernest Wilson, *A Naturalist in Western China,* Vol. 1 (London: Methuen & Co. Ltd, 1913), p. 168.
(10) Croke, p. 155.〔第 4 章註 1 と同書〕
(11) 同上, p. 157.
(12) Harkness, p. 231.〔第 4 章註 4 と同書〕
(13) 同上, p. 232.
(14) Douglas Deuchler and Carla W. Owens, *Brookfield Zoo and the Chicago Zoological Society* (Arcadia Publishing, 2009), p. 38.
(15) Croke, p. 190.〔第 4 章註 1 と同書〕
(16) 同上, p. 192 に引用。
(17) Spence, p. 448.〔第 1 章註 18 と同書〕
(18) 'Su-Lin, America's favorite animal, dies of quinsy in Chicago Zoo', *Life Magazine,* 11 April 1938.
(19) Croke, p. 265 に引用。〔第 4 章註 1 と同書〕
(20) Rosa Loseby, 'Five giant pandas,' *The Field*, 24 December, 1938.
(21) Ruth Harkness, *Pangoan Diary* (Creative Age Press, Inc., 1942), p. 6.
(22) Arthur de Carle Sowerby, 'Live giant pandas leave Hongkong for London', *China Journal,* December (1938), p. 334.
(23) Yee Chiang, *Chin-Pao and the Giant Pandas* (Country Life, 1939), p. 83〔蔣彝『パンダとチンパオ君』村上利三郎訳、しいら書房、1975 年〕.
(24) Yee Chiang, *The Story of Ming* (Penguin Books, 1945).
(25) John Tee-Van, 'Two Pandas – China's Gift to America', *Bulletin of the New York Zoological Society,* 45 (1942), pp. 2–18 に引用。

第 5 章　共産主義の「商品」

(1) T'an Pang Chieh, 'Rare animals of the Peking Zoo', *Science and Nature,* trans. by C. Radt, 1958.
(2) Heini Demmer, 'The first giant panda since the war has reached the Western world', *International Zoo News,* 5 (1958), pp. 99–101.
(3) BBC の番組 'Chi-Chi the panda'（1992 年）での発言。
(4) 'The panda from Peking', *The Times,* 8 May 1958, p. 10.
(5) Shu Guang Zhang, *Economic Cold War: America's Embargo Against China and the Sino-Soviet Alliance, 1949–1963* (Stanford University Press, 2001), p. 24.
(6) 同上, p. 70.
(7) COCOM と CHINCOM に関して、詳しくは以下を参照。Zhang, *Economic Cold War* ; and Jacqueline McGlade, 'The US-led trade Embargo on China: The origins of CHINCOM, 1947–52,' in *East-West Trade and the Cold War* (2005), pp. 47–63.
(8) Demmer, *International Zoo News*, p. 101.〔第 5 章註 2 と同書〕
(9) 同上, p. 100.
(10) 同上, p. 101.
(11) 同上, p. 101.
(12) たとえば以下を参照。'Visitor to zoo hurt by panda', *The Times,* 8 September 1958.
(13) Solly Zuckerman, *Monkeys, Men, and Missiles : An Autobiography, 1946–88* (Collins, 1988), p. 60.
(14) Christopher Parsons のインタビュー（2000 年 9 月 6 日）による（www.wildfilmhistory.org）。
(15) Mitman, *Reel Nature,* p. 132 に引用。〔第 3 章註 11 と同書〕
(16) 同上, p. 133.
(17) Desmond Morris, *Zoo Time* (Rupert Hart-Davis Ltd, 1966), introduction.
(18) 同上, introduction.
(19) Parsons のインタビューによる。

(20) 'Giant panda to stay in London', *The Times,* 24 September 1958.
(21) Judith Shapiro, *Mao's War Against Nature: Politics and the Environment in Revolutionary China* (Cambridge University Press, 2001), p. 67. 以下も参照。Sigrid Schmalzer, *The People's Peking Man: Popular Science and Human Identity in Twentieth-Century China* (The University of Chicago Press, 2008).
(22) Shapiro, p. 71.
(23) Shapiro, p. 78.
(24) BBC の番組 'Chi-Chi the panda'（1992 年）での発言。
(25) Ronald Carl Giles, *Daily Express*, 25 September 1958.
(26) マイク・ケリスに対する著者のインタビュー（2009 年 10 月 1 日）。
(27) Michael R. Brambell, 'The giant panda (*Ailuropoda melanoleuca*)', *Trans. Zool. Soc. Lond.*, 33 (1976), pp. 85–92.
(28) BBC の番組 'Chi-Chi the panda'（1992 年）でのデニス・フォーマンの発言。

第 6 章　野生動物保護の顔

(1) E. Max Nicholson, 'How to save the world's wildlife,' 6 April 1961, Nicholson Archive, The Linnean Society of London, EMN 4/3/1.
(2) Julian Huxley, 'The Treasure House of Wild Life', *The Observer,* 13 November 1960; 'Cropping the Wild protein', *The Observer,* 20 November 1960; 'Wild Life as World Asset', *The Observer*, 27 November 1960. 本文中の引用はすべて 11 月 13 日付の記事による。
(3) Victor A. Stolan to Julian Huxley, 6 December 1960, EMN 4/2.
(4) Nicholson to Stolan, 16 December 1960, EMN 4/2.
(5) Stolan to Nicholson, 3 January 1961, EMN 4/2.
(6) Nicholson to Huxley, 9 January 1961, EMN 4/2.
(7) Max Nicholson, 'Earliest planning of World Wildlife Fund', 1977, EMN 4/1.
(8) Max Nicholson, 'The Morges Manifesto', 29 April 1961, EMN 4/3/1.
(9) 新団体の名称は第 3 回準備会合（1961 年 5 月 16 日）で合意。ロゴマークに関しては第 4 回準備会合（5 月 30 日）で議論がなされ、第 6 回準備会合（7 月 6 日）でパンダの使用が全会一致で決まった（EMN 4/3/1）。
(10) Raymond Bonner, *At the Hand of Man: Peril and Hope for Africa's Wildlife* (Simon & Schuster, 1993), p.64 に引用。
(11) Songster, 'A Natural Place for Nationalism', p. 178.〔第 1 章註 2 と同書〕
(12) 同上 , p. 179.
(13) 同上 , p. 178.
(14) *World Wildlife Fund Twentieth Anniversary Review,* EMN 4/19/1, 2. この WWF 創設 20 周年の機会にはじめて、パンダのロゴマーク決定の過程でワターソンが果たした役割が公式に言及された。ピーター・スコットの妻フィリッパは、ワターソンが自宅を訪れてアトリエでパンダのスケッチを描いたことを覚えている（2008 年 10 月 9 日の著者のインタビューによる）。歴史学者のアレクシス・シュワルツェンバッハは、著書（Alexis Schwarzenbach, '*WWF – A Biography*', Collection Rolf Heyne forthcoming）の調査の過程で、WWF インターナショナル（スイス）の地下室でワターソンによる初期のパンダのスケッチをいくつか発見している。ただし、ワターソンが最初に描いたものかどうかは確認できていない。
(15) Peter Scott to Michael Adeane, 17 July 1961, EMN 4/3/1.
(16) Adeane to Scott, 18 July 1961, EMN 4/3/1.
(17) Mervyn Cowie to Max Nicholson, 3 November 1961, EMN 4/1.
(18) Nicholson and Ian S. MacPhail, The Arusha Manifesto, EMN 4/3/2.
(19) Nash, *Wilderness and the American Mind,* p. 342 に引用。〔第 3 章註 10 と同書〕
(20) C. I. Meek to Gerald G. Watterson, 8 August 1961, EMN 4/3/2.
(21) MacPhail, 'Meeting at Royal Society of Arts on 28th., September. Proposed arrangements and programme', September 1961, EMN 4/3/2.

(22) *Daily Mirror,* 9 October 1961.
(23) 'To the rescue!', *Daily Mirror,* 13 October 1961.
(24) ニコルソンが各国の運動のリーダーたちに宛てて記した書簡（11 October 1961, EMN 8/7）。
(25) Nicholson to Jean G. Baer, 25 October 1961, EMN 4/3/2.
(26) 'The Launching of a New Ark,' in *First Report of the President and Trustees of the World Wildlife Fund. An International Foundation for Saving the World's Wildlife and Wild Places 1961–1964* (Collins, 1965), pp. 15–207.
(27) 'This is the symbol of the World Wildlife Fund', EMN 8/7.
(28) George Schaller, *The Last Panda,* p. 11 に引用。一連の記述は、このシャラーの著書、およびナンシー・ナッシュ、王梦虎に対するインタビューに基づく。〔第1章註5と同書〕
(29) 著者のインタビュー（2009年12月11日）。
(30) Schmalzer, *The People's Peking Man,* p. 169 に引用。
(31) 'China and wildlife group agree on help for endangered species', *New York Times,* 24 September 1979.
(32) 著者のインタビュー（2010年3月3日）。
(33) Spence, *The Search for Modern China,* p. 667.〔第1章註18と同書〕
(34) ナンシー・ナッシュに対する著者のインタビュー（2010年3月3日）。
(35) 著者のインタビュー（2010年12月16日）。
(36) 著者のインタビュー（2010年12月16日）。
(37) Schaller, *The Last Panda,* p.4 より推測。〔第1章註5と同書〕
(38) Schaller's foreword to Zhi Lü and Elizabeth Kemf, *Wanted Alive! Giant Pandas in the Wild. A WWF Species Status Report* (WWF, 2001).
(39) Schaller, *The Last Panda,* p. 12.〔第1章註5と同書〕
(40) 著者のインタビュー（2010年12月16日）。
(41) 著者のインタビュー（2010年12月16日）。
(42) 著者のインタビュー（2009年12月11日）。
(43) David Hughes-Evans and James L. Aldrich, '20th anniversary – World Wildlife Fund', *The Environmentalist,* 1 (1981), pp. 91–3.
(44) WWF アメリカのウェブサイトより（2010年7月16日確認）。
(45) 著者のインタビュー（2010年12月16日）。

第7章　お見合いの政治学

(1) Oliver Graham-Jones, *First Catch your Tiger* (Collins, 1970), p. 167.
(2) ウィリアム・T・ホーナデイの言葉。Mary Anne Andrei, *Endeavour* に引用。
(3) Peter J. S. Olney, 'International Zoo Yearbook: past, present and future', *International Zoo Yearbook 38* (2003), 34–42.
(4) Morris and Morris (1966), p. 87 に引用。〔プロローグ註1と同書〕
(5) BBC の番組 'Chi-Chi the panda'（1992年）での発言。
(6) Morris and Morris (1966), p. 83.〔プロローグ註1と同書〕
(7) 'Zoo flirts with Reds for frustrated panda', *Palm Beach Post,* 17 September 1964 に引用。
(8) BBC の番組 'Chi-Chi the panda'（1992年）での発言。
(9) ロンドン動物学協会、イギリス国防省、外務省間でやり取りされた文書の内容は、すべて BBC の番組 'Chi-Chi the panda'（1992年）に基づく。
(10) BBC の番組 'Chi-Chi the panda'（1992年）に基づく。
(11) BBC の番組 'Chi-Chi the panda'（1992年）での発言。
(12) Parsons のインタビューによる。
(13) Parsons のインタビューによる。
(14) Graham-Jones, *First Catch Your Tiger,* p. 175.
(15) 同上, p. 176.
(16) 同上, p. 176.

(17) 同上 , p. 179.
(18) 同上 , p. 181.
(19) 同上 , p. 183.
(20) たとえば、以下を参照。Ylva Brandt and others, 'Effects of continuous elevated cortisol concentrations during oestrus on concentrations and patterns of progesterone, oestradiol and LH in the sow', *Animal Reproduction Science,* 110 (2009), pp. 172–85.
(21) 'Panda romance doubtful', *The Montreal Gazette,* 4 April 1966.
(22) 'Panda-monium – Chi-Chi plays hard to get', *Birmingham Mail,* 6 October 1966.
(23) 'One hug, no more, says Chi-Chi', *Leicester Mercury,* 7 October 1966.
(24) 'Chi-Chi is playing hard to get', *Oldham Evening Chronicle,* 7 October 1966; 'Chi-Chi gives An-An a cuff', *Swindon Advertiser,* 7 October 1966; 'Chi-Chi's right hook for the suitor', *Newcastle Evening Chronicle,* 7 October 1966.
(25) 'Two pandas spend night together', *Gloucester Echo,* 8 October 1966; 'Pandas' night of promise', *Shields Gazette,* 8 October 1966; 'Strangers in the night', *Birmingham Mail,* 8 October 1966.
(26) 'Time runs out for Chi-Chi', *Hull Daily Mail,* 11 October 1966; 'Chi-Chi has only three nights left', *The Citizen,* 11 October 1966; 'From Russia – without love', *Bath and Wiltshire Chronicle,* 11 October 1966.
(27) 'Chi-Chi, An-An, say ta-ta', *Staffordshire Evening Sentinel,* 17 October 1966; 'Bride who never was flies home', *Press and Journal,* 18 October 1966; 'Return of the virgin panda', *Morning Star,* 18 October 1966.
(28) David Myers, 'Frankly, George, I reckon you'll cause a big enough sensation there without the gimmicks', *Evening News,* 18 November 1966.
(29) Stanley Franklin, 'USA will put two animals into space orbit lasting a year', *Daily Mirror,* 18 October 1966.
(30) 'Why pandas are becoming', *Daily Mail,* 26 October 1966.
(31) 'A return 'match' for An-An', *Yorkshire Evening Press,* 25 February 1967; 'Another date for Chi-Chi?', *Northern Daily Mail,* 24 February 1967; 'Another marriage proposal for Chi-Chi?', *Lincolnshire Echo,* 25 February 1967.
(32) 'An-An is sick, so Chi-Chi's spring honeymoon is off', *Bournemouth Evening Echo,* 27 February 1967.
(33) 'May be love at second sight for Chi Chi', *Daily Mail,* 3 August 1968; 'A new romance?', *Sunderland Echo,* 3 August 1968; 'Another date?', *Bolton Evening News,* 3 August 1968.
(34) 'Crisis will not stop An-An', *Sunday Express,* 25 August 1968.
(35) Graham-Jones, p. 196.〔第 7 章註 14 と同書〕
(36) 同上 , p. 197 に引用。
(37) Konrad Lorenz, 'The companion in the bird's world', *Auk,* 54 (1937), pp. 245–73.
(38) Sabine Oetting and others, 'Sexual imprinting as a two-stage process: mechanisms of information storage and stabilisation', *Animal Behaviour,* 50 (1995), pp. 393–403.
(39) Keith M. Kendrick and others, 'Mothers determine sexual preferences', *Nature,* 395 (1998), pp. 229–30.
(40) Parsons のインタビューによる。
(41) Ramona Morris and Desmond Morris, *The Giant Panda,* revised by Jonathan Barzdo (Penguin, 1982), p. 104.
(42) J. Randall, 'Uniform for An-An', *The Guardian,* 4 September 1968.
(43) Catherine Storr, 'Peculiar panda?', *The Guardian,* 26 August 1968.
(44) 'Reunion was hardly rapturous', *Yorkshire Post,* 3 September 1968; 'Chi-Chi plays it cool', *Morning Advertiser,* 3 September 1968; 'An-An snores as Chi-Chi love calls', *South Wales Evening Argus,* 3 September 1968.
(45) 'Hello Moscow, this is An-An', *The Sunday Telegraph,* 10 November 1968.
(46) Michael R. Brambell and others, 'An-An and Chi-Chi', *Nature,* 222 (1969), pp. 1125–6.
(47) 'An-An goes home, mission unfulfilled', *Daily Telegraph,* 8 May 1969; 'The panda love-in is over', *Western Mail,* 8 May 1969; 'An-An gets back to the USSR', *The Journal,* 8 May 1969.
(48) Raymond Jackson, 'Gosh, I feel so sexy today!', *Evening Standard,* 22 May 1969.

第８章　第二の生涯

(1) BBC の番組 *Nationwide* での発言（1972 年 4 月）。
(2) Davis, *Fieldiana Zoology Memoirs*, p. 13.
(3) BBC の番組 'Chi-Chi the panda'（1992 年）での発言。
(4) 'British panda Chi-Chi dies', *Star-News*, 23 July 1972.
(5) BBC の番組 'Chi-Chi the panda'（1992 年）での発言。
(6) Herbert J. A. Dartnall, 'Visual pigment of the giant panda *Ailuropoda melanoleuca*', *Nature*, 244 (1973), pp.47–9.
(7) ジョン・S・ヘンズローへの手紙（1836 年 10 月 30 日）。Darwin Correspondence Database (letter no. 317).2010 年 6 月 18 日に確認。
(8) G. Frank Claringbull, 'Chi-Chi at the Natural History Museum', 27 July 1972, Natural History Museum Archives, DF 700/106.
(9) Richard Fortey, *Dry Store Room No. 1: The Secret Life of the Natural History Museum* (HarperPress, 2008), p. 203〔リチャード・フォーティ『乾燥標本収蔵１号室——大英自然史博物館　迷宮への招待』渡辺政隆・野中香方子訳、ＮＨＫ出版、2011 年〕.
(10) A. Clarke to Michael Belcher, 7 August 1972, DF 700/106.
(11) Claringbull, 'Chi-Chi at the Natural History Museum', 5 October 1972, DF 700/106.
(12) J. Anthony Dale to Belcher, 9 October 1972, DF 700/106.
(13) Joanna Lyall, *Kensington News & Post*, 12 October 1972 に引用。
(14) Georgina Wilson to Belcher, 1972, DF 700/106.
(15) William Henry Flower, *Essays on museums and other subjects connected with natural history* (Ayer Publishing, 1972), p. 17.
(16) Lyall に引用。〔第８章註 13 と同紙〕
(17) Belcher to Dale, 13 October 1972, DF 700/106.
(18) Ann Godden, 'Jean Rook, the First Lady of Fleet Street', 1991 (http://www.hullwebs.co.uk/content/l-20c/people/Jean%20Rook.pdf).
(19) Jean Rook, *Daily Express*, 12 October 1972.
(20) Dale to Belcher, 17 October 1972, DF 700/106.
(21) Belcher to J. Gordon Sheals, 20 September 1972, DF 700/106.
(22) Claringbull, *Chi-Chi at the Natural History Museum*, 8 December 1972, DF 700/106.
(23) Belcher to Claringbull, 23 November 1972, DF 700/106.
(24) 1972 年 12 月 11 日の放送での発言。
(25) Robin Tucker to Zoological Society of London, undated, NHM Archives, PH/219.
(26) Anthony Chaplin to Ronald H. Hedley, 6 November 1978, PH/219.
(27) Colin Rawlins to Roger S. Miles, 26 June 1978, PH/219.
(28) Sue Runyard to Hedley, 12 November 1980, PH/219.
(29) Arthur G. Hayward, 'Report', 23 July 1981, PH/219.
(30) 著者のインタビュー（2009 年 9 月 25 日）。
(31) Hedley to Hayward, 4 November 1982, PH/219.
(32) Tony Samstag, 'To Guy, with gratitude', *The Times*, 5 November 1982.
(33) BBC のインタビューに対する発言（1972 年 11 月）。
(34) David Bonavia, 'Mr Heath given a boisterous welcome by Chinese girls waving Union Jacks', *The Times*, 25 May 1974.
(35) John Campbell, *Edward Heath: A Biography* (Jonathan Cape, 1993), p. 635.
(36) PHS, 'The Times Diary', *The Times*, 7 August 1974.
(37) 一連の発言は以下による。Ollie Stone-Lee, 'Pandas "sparked diplomatic fears" (http://news.bbc.co.uk/2/hi/uk_news/politics/4555022.stm). 2010 年 6 月 18 日に確認。
(38) 1974 年 11 月 14 日付の書簡。National Archives FCO 21/1246.

第 9 章　大統領のパンダ

(1) 1971 年 7 月 15 日の記者会見。
(2) 1972 年 3 月 13 日の発言。Nixon Library, conversation no. 21–56.
(3) G. D. Shepherd to NZP, 17 March 1972, Smithsonian Institution Archives.
(4) Emery Molnar to NZP, 9 April 1972, Smithsonian Institution Archives.
(5) Wen-Tsuen Lee to Richard Nixon, 30 March 1972, Smithsonian Institution Archives.
(6) Sibyl E. Hamlet, draft letter, Smithsonian Institution Archives.
(7) Carl W. Larsen to Hamlet, 29 March 1972, Smithsonian Institution Archives.
(8) Theodore H. Reed, 'Plans for the Pandas, if we Receive them', 1972, Smithsonian Institution Archives.
(9) 1972 年 4 月 20 日の発言。Nixon Library, conversation no. 714–11A.
(10) Richard W. Burkhardt, 'A Man and His Menagerie', *Natural History*, February 2001 に引用。
(11) 同上に引用。
(12) 著者のインタビュー（2009 年 2 月 27 日）。
(13) 'Pandas in zoo make lazy lovers, keepers find', *The Palm Beach Post*, 21 April 1974.
(14) 1974 年 5 月 8 日付の書簡。Smithsonian Institution Archives, RU365, Box 24, Folder 8.
(15) Joshua H. Batchelder to J. Perry, 29 May 1974, Smithsonian Institution Archives.
(16) Reed, 'Water bed for the pandas', 29 May 1975, Smithsonian Institution Archives.
(17) 1974 年 5 月 8 日付の書簡。Smithsonian Institution Archives, RU 365, Box 24, Folder 8.
(18) Rosemary C. Bonney and others, 'Endocrine correlates of behavioural oestrus in the female giant panda (*Ailuropoda melanoleuca*) and associated hormonal changes in the male', *Journal of Reproduction and Fertility*, 64 (1982), pp. 209–15.
(19) Morris and Morris, *Men and Pandas*, (1966), p. 120.〔プロローグ註 1 と同書〕
(20) 著者宛ての電子メール（2009 年 3 月 3 日付）。
(21) Peters, 'A note on the vocal behavior of the giant panda, *Ailuropoda melanoleuca* (David, 1869)', *Z. Säugetierkunde*, 47 (1982), 236–45.
(22) 著者のインタビュー（2009 年 2 月 27 日）。
(23) 著者宛ての電子メール（2010 年 6 月 1 日付）。
(24) Carol Platz and others, 'Electroejaculation and semen analysis and freezing in the giant panda (*Ailuropoda melanoleuca*)', *J. Reprod. Fertil.* 67, (1983), pp. 9–12.
(25) Devra G. Kleiman, 'Successes in 1983 panda breeding outweigh death of cub', *Tigertalk* (July 1983), Smithsonian Institution Archives, RU 365, Box 24, Folder 12.
(26) 以下を参照。Hemin Zhang and others. 'Delayed implantation in giant pandas: the first comprehensive empirical evidence.' *Reproduction* 138 (2009), pp. 979–86.
(27) 'Keeping up with the Zoo's most popular celebrities', Smithsonian Institution Archives, RU 371, Box 3, Folder April 1981.
(28) Smithsonian Institution Archives.
(29) Stephen J. Gould, 'The panda's peculiar thumb', *Natural History* 87 (1978), pp. 20–30.

第 10 章　野生のパンダたち

(1) Schaller and others, *The Giant Pandas of Wolong*, (1985), p. xv.〔第 1 章註 5 と同書〕
(2) 同上 , p.172–8.
(3) Schaller, *The Last Panda*, p. 99.〔第 2 章註 20 と同書〕
(4) 著者のインタビュー（2010 年 2 月 12 日）。
(5) Armand David, '*Rapport adressé à MM. les professeurs administrateurs du Muséum d'histoire naturelle*', *Nouv. Arch.Mus.Hist.Nat.Paris,7* (1872), pp. 75–100.
(6) *The Giant Pandas of Wolong*, p. 49 に引用。〔第 1 章註 5 と同書〕
(7) *The Last Panda*, p. 53.〔第 2 章註 20 と同書〕
(8) 著者のインタビュー（2010 年 2 月 12 日）。

(9) *The Last Panda*, p. 53.〔第２章註 20 と同書〕

(10) 著者のインタビュー（2010 年 2 月 12 日）。

(11) 中国・WWF 合同プロジェクトの成果については、*The Giant Pandas of Wolong* に基づく。1984 年、中国と WWF は唐家河自然保護区に二つ目の研究拠点を設置し、さらに数頭のパンダに発信機を取りつけた（*The Last Panda*, pp. 169–99 を参照）。

(12) *The Last Panda*, p. 52.〔第２章註 20 と同書〕

(13) Songster, *A Natural Place for Nationalism*, p. 249.〔第１章註２と同書〕

(14) 著者のインタビュー（2010 年 3 月 1 日）。

(15) *The Last Panda*, pp. 204, 210–11.

(16) 著者のインタビュー（2010 年 3 月 1 日）。Alan H. Taylor and others, 'Spatial patterns and environmental associates of bamboo (*Bashania fangiana* Yi) after mass-flowering in Southwestern China', *Bulletin of the Torrey Botanical Club*, 118 (1991), pp. 247–54.

(17) Kenneth Johnson and others, 'Responses of giant pandas to a bamboo die-off', *National Geographic Research*, 4 (1988), pp. 161–77; Donald G. Reid and others, 'Giant panda *Ailuropoda melanoleuca* behaviour and carrying capacity following a bamboo die-off', *Biological Conservation*, 49 (1989), pp. 85–104.

(18) Zhi Lü, *Giant Pandas in the Wild: Saving an Endangered Species* (Aperture, 2002) への序文（p. 14）。

(19) 'Nancy Regan starts fund-raiser to benefit starving pandas', *Lakeland Ledger*, 27 March 1984.

(20) Lü（2002）への序文（p. 14）。〔第 10 章註 18 と同書〕

(21) Songster, p. 95.〔第１章註２と同書〕

(22) Songster, p. 108.〔第１章註２と同書〕

(23) Jianghong Ran and others, 'Conservation of the endangered giant panda *Ailuropoda melanoleuca* in China: successes and challenges', *Oryx*, 43 (2009), pp. 176–8.

(24) Franck Courchamp and others, 'Rarity value and species extinction: the anthropogenic Allee effect', *PLoS Biology*, 4 (2006), e415.

(25) Yi-Ming Li and others, 'Illegal wildlife trade in the Himalayan region of China', *Biodiversity and Conservation*, 9 (2000), pp. 901–18.

(26) Spence, p. 687.〔第１章註 18 と同書〕同書によれば、1970 年代後半の時点で両国の耕作面積は、中国が 9900 万ヘクタール、アメリカが１億 8600 万ヘクタールだった。

(27) Judith Shapiro, *Mao's War Against Nature*, (Cambridge University Press, 2001), p. 96.

(28) 同上 , p. 100.

(29) 同上 , pp. 108–9 に引用。

(30) *The Last Panda*, pp. 233.

(31) Ministry of Forestry of the People's Republic of China and WWF – World Wide Fund For Nature, *National Conservation Management Plan for the Giant Panda and its Habitat,* 1989.

(32) 著者のインタビュー（2010 年 3 月 15 日）。

(33) 報告書の引用は、以下による。*The Coming Fall of the House of Windsor,* ed. by N. Hamarman, Executive Intelligence Review, 1994.

(34) *Sunday Express,* 29 July 1990.

(35) Spence, pp. 696–711.〔第１章註 18 と同書〕同書によれば、国外からの直接投資は 9 億 1000 万ドル、国際融資は 10 億 5000 万ドル。

(36) John S. Dermott and Jamie Florcruz, 'Mining China', *Time*, 14 May 1984.

(37) *The Last Panda*, pp. 235–6.〔第２章註 20 と同書〕

(38) Wenshi Pan and others, *The Giant Panda's Natural Refuge in the Qinling Mountains* (Peking University Press, 1988); Wenshi Pan and others, *A Chance for Lasting Survival* (Peking University Press, 2001).

(39) Lü, *Giant Pandas in the Wild*, p. 61.〔第 10 章註 18 と同書〕

(40) 同上 , p. 60.

(41) *The Last Panda*, p. 67.〔第２章註 20 と同書〕

(42) Wenshi Pan and others, 'Future survival of giant pandas in the Qinling Mountains of China', in *Giant Pandas: Biology and Conservation*, ed. by D. Lindburg and K. Baragona (University of California Press, 2004),

pp. 81–7.
(43) *Giant Pandas in the Wild*, p. 66. 〔第 10 章註 18 と同書〕
(44) Zhi Lü and others, 'Mother-cub relationships in giant pandas in the Qinling Mountains, China, with comment on rescuing abandoned cubs', *Zoo Biology*, 13 (1994), pp. 567–8.
(45) Xiaojian Zhu and others, 'The reproductive strategy of giant pandas (*Ailuropoda melanoleuca*): infant growth and development and mother–infant relationships', *Journal of Zoology*, 253 (2001), pp. 141–55.
(46) Wenshi Pan and others, in *Giant Pandas: Biology and Conservation*, pp. 81–7.

第 11 章　飼育下での研究

(1) Zhihe Zhang and others, 'Historical perspective of breeding giant pandas ex situ in China and high priorities for the future', in *Giant Pandas: Biology, Veterinary Medicine and Management*, ed. by D. E. Wildt and others (Cambridge University Press, 2006), pp. 455–68.
(2) David E. Wildt and others, 'The Giant Panda Biomedical Survey: how it began and the value of people working together across cultures and disciplines', in *Giant Pandas: Biology, Veterinary Medicine and Management*, pp. 17–36.
(3) 著者のインタビュー（2010 年 3 月 11 日）。
(4) この会合に関して詳しくは、以下を参照。Wildt and others, pp. 17–36.
(5) JoGayle Howard and others, 'Male reproductive biology in giant pandas in breeding programmes in China', in *Giant Pandas: Biology, Veterinary Medicine and Management*, pp. 159–97.
(6) 著者のインタビュー（2010 年 3 月 11 日）。
(7) US Fish and Wildlife Service, *Florida Panther and the Genetic Restoration Program*, 1993.
(8) Stephen O'Brien and others, 'Giant panda paternity', *Science*, 223 (1984), pp. 1127–8.
(9) Jonathan D. Ballou and others, 'Analysis of demographic and genetic trends for developing a captive breeding masterplan for the giant panda', in *Giant Pandas: Biology, Veterinary Medicine and Management*, pp. 495–519, p. 514.
(10) Victor A. David and others, 'Parentage assessment among captive giant pandas in China', in *Giant Pandas: Biology, Veterinary Medicine and Management*, pp. 245–73, p. 246.
(11) 著者のインタビュー（2010 年 2 月 12 日）。
(12) 著者のインタビュー（2010 年 3 月 11 日）。
(13) 著者のインタビュー（2010 年 3 月 12 日）。
(14) Zhihe Zhang, 2009 *Working Report of the Giant Panda Breeding Technology Committee of China*, 10 November 2009.
(15) フンの評価システムに関しては、以下を参照。Mark Edwards and others, 'Nutrition and dietary husbandry', in *Giant Pandas: Biology Veterinary Medicine and Management*, pp. 101–58.
(16) エヴェリン・ドゥングルに対する著者のインタビュー（2008 年）。
(17) 著者のインタビュー（2010 年 3 月 31 日）。
(18) 以下の記述は、ロン・スワイスグッド（2010 年 2 月 10 日）とドナルド・リンドバーグ（2010 年 3 月 24 日）に対する著者のインタビューに基づく。
(19) Kathy Carlstead and David Shepherdson, 'Effects of environmental enrichment on reproduction', *Zoo Biology*, 13 (1994), pp. 447–58.
(20) Swaisgood and others, 'A quantitative assessment of the efficacy of an environmental enrichment programme for giant pandas', *Animal Behaviour*, 61 (2001), pp. 447–57.
(21) Swaisgood and others, 'Giant pandas discriminate individual differences in conspecific scent', *Animal Behaviour*, 57 (1999), pp. 1045–53.
(22) Swaisgood and others, 'The effects of sex, reproductive condition and context on discrimination of conspecific odours by giant pandas', *Animal Behaviour*, 60 (2000), pp. 227–37.
(23) 著者のインタビュー（2010 年 2 月 10 日）.
(24) Swaisgood and others, 'Application of behavioral knowledge to conservation in the giant panda', *Journal of Comparative Psychology*, 16 (2003), pp. 65-84.

(25) 著者のインタビュー（2010年3月12日）。
(26) Angela M. White and others, 'Chemical communication in the giant panda (*Ailuropoda melanoleuca*): the role of age in the signaller and assessor', *Journal of Zoology*, 259 (2003), pp. 171–8.
(27) Lee R. A. Hagey and Edith A. MacDonald, 'Chemical cues identify gender and individuality in giant pandas (*Ailuropoda melanoleuca*)', *Journal of Chemical Ecology*, 29 (2003), pp. 1479–88.
(28) 著者宛ての電子メールによる（2009年11月23日付）。
(29) Lee R. Hagey and Edith A. MacDonald, 'Chemical composition of giant panda scent and its use in communication', in *Giant pandas: biology and conservation*, ed. by D. Lindburg and K. Baragona (Berkeley: University of California Press, 2004), pp. 121–4.
(30) Rebecca J. Snyder and others, 'Behavioral and developmental consequences of early rearing experience for captive giant pandas (*Ailuropoda melanoleuca*)', *Journal of Comparative Psychology*, 117 (2003), pp. 235–45.
(31) 著者のインタビュー（2010年2月16日）。
(32) 著者のインタビュー（2010年3月11日）。
(33) Ben D. Charlton and others, 'Vocal cues to identity and relatedness in giant pandas (*Ailuropoda melanoleuca*)', *The Journal of the Acoustical Society of America*, 126 (2009), pp. 2721–32; ベン・チャールトンに対する著者のインタビュー（2010年2月10日）。
(34) Charlton and others, 'The information content of giant panda, *Ailuropoda melanoleuca*, bleats: acoustic cues to sex, age and size', *Animal Behaviour*, 78 (2009), pp. 893–98; Charlton and others, 'Female giant panda (*Ailuropoda melanoleuca*) chirps advertise the caller's fertile phase', *Proceedings of the Royal Society B: Biological Sciences*, 2009.
(35) 著者のインタビュー（2010年2月10日）。
(36) Angela S. Kelling and others, 'Color vision in the giant panda (*Ailuropoda melanoleuca*)', *Learning & Behavior: A Psychonomic Society Publication*, 34 (2006), pp. 154–61.
(37) Eveline Dungl, 'Große Pandas (*Ailuropoda melanoleuca*) konnen Augenflecken und andere visuelle Formen unterscheiden lernen' (PhD thesis, University of Vienna, 2007).
(38) Dungl and others, 'Discrimination of face-like patterns in the giant panda (*Ailuropoda melanoleuca*)', *Journal of Comparative Psychology*, 122 (2008), 335–343.
(39) 著者宛ての電子メールによる（2010年3月29日付）。
(40) Susie Ellis and others, 'The giant panda as a social, biological and conservation phenomenon', in *Giant Pandas: Biology, Veterinary Medicine and Management*, ed. D.E. Wildt and others (Cambridge University Press, 2006), pp. 1–16, p. 11.

第12章　未来へ

(1) Donald G. Reid and others, pp. 85–104, p. 90.
(2) Schaller, *The Last Panda*, pp. 162–3.〔第1章註5と同書〕
(3) Kristen R. Jule and others, 'The effects of captive experience on reintroduction survival in carnivores: A review and analysis', *Biological Conservation*, 141 (2008), pp. 355–63.
(4) Sue Mainka らの2000年の学会発表に引用。
(5) Mainka and others, 'Reintroduction of giant pandas', in *Giant pandas: biology and conservation*, ed. by D. Lindburg and K. Baragona (University of California Press, 2004), pp. 246–49.
(6) Caroline Liou, 'China's Third National Panda Survey helps create a new generation of conservationists' (WWF中国のウェブサイトより。2010年6月21日に確認)。
(7) 著者のインタビュー（2010年3月15日）。
(8) Xiangjiang Zhan and others, 'Molecular censusing doubles giant panda population estimate in a key nature reserve', *Current Biology*, 16 (2006), R451-R452.
(9) David L. Garshelis and others, 'Do revised giant panda population estimates aid in their conservation', *Ursus*, 19 (2008), pp. 168–176.
(10) Xiangjiang Zhan and others, 'Accurate population size estimates are vital parameters for conserving the giant panda', *Ursus*, 20 (2009), pp. 56–62.

(11) 著者のインタビュー（2010年3月8日）。
(12) Mainka and others.
(13) 著者のインタビュー（2010年3月12日）。
(14) Donald G. Lindburg and Karen Baragona, 'Consensus and challenge: the giant panda's day is now', in *Giant Pandas: Biology and Conservation*, pp. 271–6, p. 274.
(15) 著者のインタビュー（2010年3月9日）。
(16) Lü（2002）への序文（p. 17）。〔第10章註18と同書〕
(17) Lü, *Giant Pandas in the Wild*, p. 89.〔第10章註18と同書〕
(18) Jintao Xu and others, 'China's ecological rehabilitation: Unprecedented efforts, dramatic impacts, and requisite policies', *Ecological Economics*, 57 (2006), pp. 595–607.
(19) 'Sichuan Giant Panda Sanctuaries – Wolong, Mt Siguniang and Jiajin Mountains – UNESCO World Heritage Centre', Annex 4, p. 28.
(20) 'CIA – The World Factbook – Country Comparison: Population growth rate', estimated 2010（CIAのウェブサイトによる）。
(21) 以下を元に算出。'Footprint for Nations' http://www.footprintnetwork.org/en/index.php/GFN/page/footprint_for_nations/)。2010年6月21日に確認。
(22) 投資額は以下を参照。*Who's winning the green energy race?* The Pew Charitable Trusts (http://www.cfr.org/world/pew-s-winning-clean-energy-race/p21760, 2010年6月21日確認); 中国とアメリカの2009年のGDPはそれぞれ8兆7890億ドルと14兆7890億ドル。この数字は 'CIA – The World Factbook – Country Comparison: National product' に基づく（CIAのウェブサイトによる。2010年6月21日に確認）。
(23) John MacKinnon and Haibin Wang, *The Green Gold of China* (EU-China Biodiversity Programme, 2008), p. 278.
(24) 'China – Country Overview', The World Bank, (2010年6月21日に確認)。
(25) Chunquan Zhu and others, *China's Wood Market, Trade and the Environment* (WWF, 2004).
(26) Jianguo Liu and others, 'Ecological degradation in protected areas: the case of Wolong Nature Reserve for giant pandas', *Science*, 292 (2001), pp. 98–101.
(27) Zhi Lü and others, 'A framework for evaluating the effectiveness of protected areas: the case of Wolong Biosphere Reserve', *Landscape and Urban Planning*, 63 (2003), pp. 213–23.
(28) Guangming He and others, 'Spatial and temporal patterns of fuelwood collection in Wolong Nature Reserve: Implications for panda conservation', *Landscape and Urban Planning*, 92 (2009), pp. 1–9.
(29) Li An and others, 'Modeling the choice to switch from fuelwood to electricity. Implications for giant panda habitat conservation', *Ecological Economics*, 42 (2002), pp. 445–57.
(30) Liu and others, 'A framework for evaluating the effects of human factors on wildlife habitat: the case of giant pandas', *Conservation Biology*, 13 (1999), pp. 1360–70; Liu, 'Integrating ecology with human demography, behavior, and socioeconomics: needs and approaches', *Ecological Modelling*, 140 (2001), pp. 1–8.
(31) Weiqiong Yang and others, 'Impact of the Wenchuan Earthquake on tourism in Sichuan, China', *Journal of Mountain Science*, 5 (2008), pp. 194–208.
(32) He and others, 'Distribution of economic benefits from ecotourism: a case study of Wolong Nature Reserve for Giant Pandas in China', *Environmental Management*, 42 (2008), pp. 1017–25.
(33) Alexandra Witze, 'The sleeping dragon', *Nature* 457 (2009), pp. 153–7; Dajun Wang and others, 'Turning earthquake disaster into long-term benefits for the panda', *Conservation Biology*, 22 (2008), pp. 1356–60.
(34) 著者のインタビュー（2010年3月8日）。
(35) 著者宛ての電子メールによる（2010年5月9日付）。
(36) 著者のインタビュー（2010年3月15日）。
(37) Wang and others.〔第12章註33と同書〕
(38) Lynne Gilbert-Norton and others, 'A meta-analytic review of corridor effectiveness', *Conservation Biology*, 24 (2010), pp. 660–68.
(39) *The Giant Pandas of Wolong*.〔第1章註5と同書〕

(40) Wenshi Pan and others, *A Chance for Lasting Survival*; Xuehua Liu and others, 'Giant panda movements in Foping Nature Reserve, China', *Journal of Wildlife Management*, 66 (2002), pp. 1179–88.

(41) Xiangjiang Zhan and others, 'Molecular analysis of dispersal in giant pandas', *Molecular Ecology*, 16 (2007), pp. 3792–800.

(42) 著者のインタビュー（2010 年 3 月 7 日）。

(43) 著者のインタビュー（2010 年 3 月 9 日）。

(44) *The Last Panda*, p. 251.〔第 2 章註 20 と同書〕

(45) George B. Schaller, 'Foreword', in *Giant Pandas: Biology and Conservation*, p. xii.

(46) Donald G. Lindburg and Karen Baragona, 'Consensus and challenge: the giant panda's day is now', in *Giant Pandas: Biology and Conservation*, pp. 271–6.

(47) Swaisgood and others, 'Giant panda conservation science: how far we have come', *Biology Letters* 6 (2010), 143–5.

エピローグ

(1) Schaller, *The Last Panda*, p. 251〔第 2 章註 20 と同書〕

参考文献

全般

Desmond Morris and Ramona Morris, Men and Pandas (New York: McGraw-Hill, 1966)〔R & D・モリス『パンダ』根津真幸訳、中央公論社、1976 年〕
Chris Catton, *Pandas* (New York: Facts on File Publications, 1990).
Elena E. Songster *Panda Nation: Nature, Science, and Nationalism in the People's Republic of China* (forthcoming).
George B. Schaller, *The Last Panda* (Chicago:University of Chicago Press, 1993)〔ジョージ・B・シャラー『ラスト・パンダ――中国の竹林に消えゆく野生動物』武者圭子訳、早川書房、1996 年〕
Jonathan D. Spence, *The Search for Modern China*, first edn (New York: Norton, 1991).
Will Hutton, *The Writing on the Wall: China and the West in the 21st Century*, (Abacus, 2008).

第 1 部　未知の動物

Armand David, *Abbe David's Diary: Being an Account of the French Naturalist's Journeys and Observations in China in the Years 1866 to 1869,* trans. by H. Fox (Boston: Harvard University Press, 1949).
Fa-ti Fan, *British Naturalists in Qing China: Science, Empire and Cultural Encounter* (Boston: Harvard University Press, 2004)
Dwight D. Davis, 'The giant panda: a morphological study of evolutionary mechanisms', *Fieldiana Zoology Memoirs, 3* (1964).
Stephen J. O'Brien *et al,* 'A molecular solution to the riddle of the giant panda's phylogeny', *Nature,* 317 (1985).
Gregg Mitman, *Reel-Nature* (Boston: Harvard University Press, 1999).
Theodore Roosevelt and Kermit Roosevelt, *Trailing the Giant Panda* (New York: Scribner, 1929).
Michael Kiefer, *Chasing the Panda: How an Unlikely Pair of Adventurers Won the Race to Capture the Mythical 'White Bear'* (New York: Four Walls Eight Windows, 2002).
Vicki Croke, *The Lady and the Panda: The True Adventures of the First American Explorer to Bring Back China's Most Exotic Animal* (New York: Random House, 2006).
Ruth Harkness, *The Lady and the Panda* (London: Nicholson & Watson, 1938).
Yee Chiang, *The Story of Ming* (Penguin Books, 1945).
Shuyun Sun, *The Long March* (London: Harper Perennial, 2007).

第 2 部　象徴としての動物

Shu Guang Zhang, *Economic Cold War: America's Embargo Against China and the Sino-Soviet Alliance, 1949–1963* (CA. Stanford University Press, 2001).
Judith Shapiro, *Mao's War Against Nature: Politics and the Environment in Revolutionary China* (Cambridge: Cambridge University Press, 2001).
Sigrid Schmalzer, *The People's Peking Man: Popular Science and Human Identity in Twentieth-Century China* (Chicago: University of Chicago Press, 2008).
Alexis Schwarzenbach,'WWF – A Biography', Collection Rolf Heyne (forthcoming).
Max Nicholson, *The New Environmental Age* (Cambridge: Cambridge University Press, 1989).
Elspeth Huxley, *Peter Scott: Painter and Naturalist* (Faber and Faber, 1993).
'The Launching of a New Ark,' *in First Report of the President and Trustees of the World Wildlife Fund. An International Foundation for Saving the World's Wildlife and Wild Places 1961–64,* (London: Collins, 1965).
Bob Mullan and Garry Marvin, *Zoo Culture.* 2nd edn, (IL:University of Illinois Press, 1999).
Oliver Graham-Jones, *First Catch your Tiger* (London: Collins, 1970).
Roderick Nash, *Wilderness and the American mind,* fourth edn (CT: Yale UniversityPress, 2001).

Zuckerman, Solly. 'What went wrong', *Sunday Times,* 10 November 1968.
Ramona Morris and Desmond Morris, *The Giant Panda,* revised by Jonathan Barzdo (London: Penguin, 1982).
Michael R. Brambell *et al,* 'An-An and Chi-Chi', *Nature,* 222 (1969).
'Chi-Chi the panda' (BBC, 1992).
William T. Stearn, *The Natural History Museum at South Kensington. A History of the British Museum (Natural History) 1753–1980* (Heinemann, 1981).
Lorraine Daston and Gregg Mitman, eds, *Thinking with Animals: New Perspectives on Anthropomorphism* (New York: Columbia University Press, 2005).
Sam Alberti, ed., *Afterlives of Animals,* (University of Virginia Press, forthcoming).

第３部　保護される動物

George B. Schaller and others, *The Giant Pandas of Wolong* (Chicago: University of Chicago Press, 1985)〔ジョージ・B・シャラー、播文石、胡錦矗、朱靖『野生のパンダ』熊田清子訳、どうぶつ社、1989 年〕.
Zhi Lü, *Giant Pandas in the Wild: Saving an Endangered Species* (CA: Aperture, 2002).
Ministry of Forestry of the People's Republic of China and WWF – World Wide Fund For Nature, *National Conservation Management Plan for the Giant Panda and its Habitat,* 1989.
Wenshi Pan *et al, The Giant Panda's Natural Refuge in the Qinling Mountains* (Peking University Press, 1988).
Wenshi Pan and others, *A Chance for Lasting Survival* (Peking University Press, 2001).
Donald Lindburg and Karen Baragona (eds.) *Giant Pandas: Biology and Conservation* (CA: University of California Press, 2004).
David E. Wildt *et al, Giant Pandas: Biology, Veterinary Medicine and Management* (Cambridge: Cambridge University Press, 2006).
Xiangjiang Zhan *et al,* 'Molecular censusing doubles giant panda population estimate in a key nature reserve', *Current Biology,* 16 (2006).
Baowei Zhang *et al,* 'Genetic viability and population history of the giant panda, putting an end to the "evolutionary dead end"?', *Molecular Biology and Evolution* 24 (2007): 1801–10.
Sichuan Giant Panda Sanctuaries – Wolong, Mt Siguniang and Jiajin Mountains – UNESCO World Heritage Centre.
John MacKinnon and Haibin Wang, *The Green Gold of China* (EU-China Biodiversity Programme, 2008).
Jianguo Liu *et al,* 'A framework for evaluating the effects of human factors on wildlife habitat: the case of giant pandas', *Conservation Biology,* 13 (1999).
Jianguo Liu *et al,* 'Ecological degradation in protected areas: the case of Wolong Nature Reserve for giant pandas', Science, 292 (2001).
Dajun Wang et al, 'Turning earthquake disaster into long-term benefits for the panda', *Conservation Biology,* 22 (2008).
Swaisgood *et al,* 'Giant panda conservation science: how far we have come', Biology Letters 6 (2010), 143–5.

図版クレジット

p.16 著者撮影

p.35 著者撮影

p.41上 ©The New York Public Library.

p.49 Reprinted by permission from Macmillan Publishers Ltd: Stephen O'Brien and others, *Nature* 317: 140–144, ©1985.

p.53 Reprinted by permission from Macmillan Publishers Ltd: cover from *Nature* 463 (21 January 2010), ©2010.

p.56 http://upload.wikimedia.org/wikipedia/commons/8/88/Beijing_Castle_Boxer_Rebellion_1900_FINAL_courtesy_copy.jpg

p.67 from the Boone and Crockett Club's 1895 handbook *Hunting in Many Lands.*

p.73 Courtesy of the Smithsonian National Museum of Natural History.

p.74 Scherl/SZ Photo/Mary Evans.

p.82 Courtesy of *The China Journal.*

p.85 Virtual Shanghai.

p.88 Courtesy of Barbara Chiang.

p.92 United China Relief, Inc.

p.108 Photo by Fox Photos/Getty Images.

p.117 著者撮影

p.129 Courtesy of Nancy Nash.

p.147 Courtesy of the British Cartoon Archive, University of Kent, www.cartoons.ac.uk. © Mirrorpix.

p.149 Courtesy of Desmond Morris.

p.157 Photographer Luke Hayes; courtesy of the Design Museum. www.designmuseum.org.

p.167 ©The Natural History Museum, London.

p.171 著者撮影

p.183 The United States National Archives.

p.191 Smithsonian's National Zoo, Jessie Cohen.

p.206 Courtesy of George B. Schaller.

p.211 Courtesy of George B. Schaller.

p.219 IISH Stefan R. Landsberger Collection; http://chineseposters.net.

p.225 Courtesy of Lü Zhi, Center for Nature and Society, Peking University.

p.228 Courtesy of Lü Zhi, Center for Nature and Society, Peking University.

p.235 Courtesy of Susie Ellis.

p.245 著者撮影

p.251 Courtesy of Mark Edwards.

p.267 Associated Press.

p.271 Courtesy of Lü Zhi, Center for Nature and Society, Peking University.

p.285 著者撮影

p.289 Courtesy of Anne Belov (http://yourbrainonpandas.wordpress.com).

p.293 著者撮影